"十二五"普通高等教育本科国家级规划教材

高校土木工程专业指导委员会规划推荐教材
（经典精品系列教材）

爆 破 工 程

（第二版）

中国矿业大学　东兆星　主编
中 南 大 学　傅鹤林　主审

U0264232

中国建筑工业出版社

图书在版编目（CIP）数据

爆破工程/东兆星主编 . —2 版 . —北京：中国建筑工业
出版社，2015.12
“十二五”普通高等教育本科国家级规划教材 . 高校土
木工程专业指导委员会规划推荐教材（经典精品系列教材）
ISBN 978-7-112-18961-8

Ⅰ. ①爆…　Ⅱ. ①东…　Ⅲ. ①爆破技术-高等学校-教
材　Ⅳ. ①TB41

中国版本图书馆 CIP 数据核字（2016）第 004904 号

“十二五”普通高等教育本科国家级规划教材
高校土木工程专业指导委员会规划推荐教材
（经典精品系列教材）

爆破工程
（第二版）

中国矿业大学　东兆星　主编
中 南 大 学　傅鹤林　主审

*

中国建筑工业出版社出版、发行（北京西郊百万庄）
各地新华书店、建筑书店经销
北京红光制版公司制版
北京云浩印刷有限责任公司印刷

*

开本：787×960 毫米　1/16　印张：17　字数：468 千字
2016 年 4 月第二版　　2016 年 4 月第六次印刷
定价：36.00 元
ISBN 978-7-112-18961-8
（28200）

本书是"十二五"普通高等教育本科国家级规划教材，是在2005年出版的《爆破工程》基础上，根据最新规程规范和实践教学重新修订而成。本次修订在原有的基础上，新增了工程爆破带来的主要危害及其安全措施与技术的内容。

本书共分9章。第1章概述了爆破工程的作用以及爆破方法和爆破技术；第2章介绍了爆破器材和起爆技术；第3章比较全面地介绍了炸药爆炸的基本理论；第4章详细地介绍了岩土中爆炸的基本理论；第5章比较详细地介绍了地下工程爆破中的掏槽爆破、光面爆破、微差爆破及相应的施工技术；第6章介绍了露天工程爆破中的裸露药包爆破、露天深孔爆破、边坡开挖控制爆破和硐室爆破；第7章对基础、烟囱、水塔、建筑物和桥梁等的拆除控制爆破进行了详细地介绍；第8章介绍了工程爆破带来的主要危害及其安全措施与技术；第9章介绍了主要的钻孔方法及机具。

本书可供煤炭、冶金、铁道、军工和城建等系统院校土木类专业的师生使用，同时可供从事科研、设计和施工的工程技术人员参考使用。

责任编辑：王　跃　吉万旺　仕　帅
责任校对：李美娜　党　蕾

出　版　说　明

　　1998 年教育部颁布普通高等学校本科专业目录，将原建筑工程、交通土建工程等多个专业合并为土木工程专业。为适应大土木的教学需要，高等学校土木工程学科专业指导委员会编制出版了《高等学校土木工程专业本科教育培养目标和培养方案及课程教学大纲》，并组织我国土木工程专业教育领域的优秀专家编写了《高校土木工程专业指导委员会规划推荐教材》。该系列教材 2002 年起陆续出版，共 40 余册，十余年来多次修订，在土木工程专业教学中起到了积极的指导作用。

　　本系列教材从宽口径、大土木的概念出发，根据教育部有关高等教育土木工程专业课程设置的教学要求编写，经过多年的建设和发展，逐步形成了自己的特色。本系列教材投入使用之后，学生、教师以及教育和行业行政主管部门对教材给予了很高评价。本系列教材曾被教育部评为面向 21 世纪课程教材，其中大多数曾被评为普通高等教育"十一五"国家级规划教材和普通高等教育土建学科专业"十五"、"十一五"、"十二五"规划教材，并有 11 种入选教育部普通高等教育精品教材。2012 年，本系列教材全部入选第一批"十二五"普通高等教育本科国家级规划教材。

　　2011 年，高等学校土木工程学科专业指导委员会根据国家教育行政主管部门的要求以及新时期我国土木工程专业教学现状，编制了《高等学校土木工程本科指导性专业规范》。在此基础上，高等学校土木工程学科专业指导委员会及时规划出版了高等学校土木工程本科指导性专业规范配套教材。为区分两套教材，特在原系列教材丛书名《高校土木工程专业指导委员会规划推荐教材》后加上经典精品系列教材。各位主编将根据教育部《关于印发第一批"十二五"普通高等教育本科国家级规划教材书目的通知》要求，及时对教材进行修订完善，补充反映土木工程学科及行业发展的最新知识和技术内容，与时俱进。

高等学校土木工程学科专业指导委员会

中国建筑工业出版社

2015 年 12 月

第 二 版 前 言

我国是黑火药的诞生地，也是世界上爆破工程发展较早的国家。火药的发明，为人类社会的发展起到了巨大的推动作用。爆破技术的诞生，使人类拥有了更有力的改造自然和征服自然的武器，特别是 19 世纪化学工业兴起以后新品种炸药的发明问世，对爆破工程起到了重大促进作用，为爆破工程的发展开辟了广阔的前景。从此，爆破技术在国民经济建设中得以大量推广和应用。随着社会发展和科技进步，爆破技术发展迅速并渐趋成熟，其应用领域也在不断扩大。爆破已广泛应用于矿山开采、建（构）筑物拆迁、道路和铁路建设、水利水电、材料加工、工程勘察以及植树造林等众多工程与生产领域。由于我国改革开放的不断深入和发展，基础设施建设（特别是高速公路和高速铁路）和基础能源开发也在不断加快，以及我国最近提出的"丝绸之路"和"一带一路"建设，都给爆破技术的应用提供了新的机遇和挑战。

近年来，国内外在爆破理论、爆破工艺、爆破技术方面都有了新的发展和提高。随着岩体结构力学、岩石动力学和数值模拟技术的发展，爆破理论变得更科学化、更系统化和更实用化。同时在硐室爆破技术、深孔爆破、光面爆破和预裂爆破技术、隧道爆破技术、拆除爆破技术、水下爆破技术、爆破器材和爆破安全技术等方面也取得了令人瞩目的进步。但是，由于爆破过程的瞬时性和岩体特征的模糊性和不确定性，致使在爆破理论、爆破测量和爆破参数的确定等方面还不是十分成熟，一些爆破中的计算公式仍是经验之谈。这就需要爆破工作者不断地去探索和实践。

目前，高等教育正在面临新的变革，随着"大土木"专业的形成，原有的教学计划已经不适应新的形势。为此，本教材在借鉴同类教材的优点和精华的基础上，根据拓宽专业知识、提高综合素质、增强创新能力的要求，重新编写了本教材。本教材的一个主要特点是，体现继承性与前瞻性的有机结合，既有比较成熟和经典的理论和技术，又有新技术和新进展，坚持了科学性、实用性和先进性。另一个特点是，理论与实践的有机结合，既有系统的理论知识，又提供了一些实例及分析计算方法。本教材的前半部分偏重于理论，后半部分偏重于实践。考虑到不同读者的需求，在内容编排上，力求由浅入深、通俗易懂，理论公式推导避免过于深奥，计算实例与工程实例阐述尽量详尽。

本书由中国矿业大学东兆星任主编。具体编写分工如下：第 1 章、第 3 章、

第5章、第6章、第7章由东兆星编写；第2章、第8章由安徽理工大学马芹永编写；第4章、第9章由中国矿业大学田建胜编写。全书由中南大学教授、博士生导师傅鹤林主审。

由于工程爆破理论和技术尚不十分成熟，加上编者水平有限，时间仓促，在编写的系统性和连贯性以及对材料的选择及理解等方面，错漏之处在所难免，欢迎读者批评指正。

编　者

2015 年 12 月

第 一 版 前 言

我国是黑火药的诞生地，也是世界上爆破工程发展较早的国家。火药的发明，为人类社会的发展起到了巨大的推动作用。爆破技术的诞生，使人类拥有了更有力的改造自然和征服自然的武器，特别是19世纪化学工业兴起以后新品种炸药的发明问世，对爆破工程起到了重大促进作用，为爆破工程的发展开辟了广阔的前景。从此，爆破技术在国民经济建设中得以大量推广和应用。随着社会发展和科技进步，爆破技术发展迅速并渐趋成熟，其应用领域也在不断扩大。爆破已广泛应用于矿山开采、建（构）筑物拆迁、公路和铁路建设、水利水电、材料加工以及植树造林等众多工程与生产领域。由于我国改革开放的不断深入和发展，基础设施建设和基础能源开发也在不断加快，这也给爆破技术的应用提供了新的机遇和挑战。

近年来，国内外在爆破理论、爆破工艺、爆破技术方面都有了新的发展和提高。随着岩体结构力学、岩石动力学和数值模拟技术的发展，爆破理论变得更科学化、更系统化和更实用化。同时在硐室爆破技术、深孔爆破、光面爆破和预裂爆破技术、隧道爆破技术、拆除爆破技术、水下爆破技术、爆破器材和爆破安全技术等方面也取得了令人瞩目的进步。但是，由于爆破过程的瞬时性和岩体特征的模糊性和不确定性，致使在爆破理论、爆破测量和爆破参数的确定等方面还不是十分成熟，一些爆破中的计算公式仍是经验之谈。这就需要爆破工作者在新的世纪里不断地去探索和实践。

目前，高等教育正在面临新的变革，随着"大土木"专业的形成，原有的教学计划已经不适应新的形势。为此，本教材在借鉴同类教材的优点和精华的基础上，根据拓宽专业知识、提高综合素质、增强创新能力的要求，重新编写了本教材。本教材的一个主要特点是，体现继承性与前瞻性的有机结合，既有比较成熟和经典的理论和技术，又有新技术和新进展，坚持了科学性、实用性和先进性。另一个特点是，理论与实践的有机结合，既有系统的理论知识，又提供了一些实例及分析计算方法。本教材的前半部分偏重于理论，后半部分偏重于实践。考虑到不同读者的需求，在内容编排上，力求由浅入深、通俗易懂，理论公式推导避免过于深奥，计算实例与工程实例阐述尽量详尽。

本书由东兆星、邵鹏任主编。具体编写分工如下：第1章、第5章、第7章由东兆星编写；第2章、第3章由邵鹏编写；第4章、第8章由田建胜编写；

第 6 章由张勇编写。全书由中南大学教授、博士生导师傅鹤林主审。

由于工程爆破理论和技术尚不十分成熟，加上编者水平有限，时间仓促，在编写的系统性和连贯性以及对材料的选择及理解等方面，错漏之处在所难免，欢迎读者批评指正。

编者

2005 年 1 月

目　　录

第1章 爆破工程概论

§1.1 爆破工程在国民经济建设中的作用

爆破工程是以工程建设为目的的爆破技术，它作为工程施工的一种手段，直接为国民经济建设服务。爆破工程与其他爆破（如军用爆破）不同，它是以破坏的形式达到新的建设目的。作为爆破工程能源的工业炸药，其前身是黑火药，远在公元7世纪，我们的祖先就首先发明了火药。唐代就出现了完整的黑火药的配方。公元13世纪，火药经印度、阿拉伯传入欧洲。1627年，匈牙利人最先将黑火药用于采掘工程，从而开拓了工程爆破的历史。

虽然17世纪就有了利用黑火药开采矿石的记载，其后又有了许多专家学者研究爆破技术的著作和设计计算公式，然而爆破工程技术的大发展和推广应用，却是在19世纪末随着许多新品种工业炸药的发明才兴旺起来的。在我国则是随着新中国的建立而迅速发展起来的。2014年，我国耗用工业炸药300万t左右，工业需雷管24.2万发，工业索类23.94亿m，主要用于煤矿、金属矿、建材矿山及修建铁路、公路、水利设施等领域。我国年采煤约38.7亿t（2014年），挖掘巷道数万公里，其中除少量用水力或机械采掘外，绝大部分是采用爆破方法开采的。在冶金行业，我国年产钢11.25亿t（2014），铁矿石产量在10.7亿t左右；在非金属矿山，我国年产水泥24.76亿t，消耗石灰石在8亿t以上。还有每年修建新线铁路特别是高速铁路几百公里，公路几千公里，大、中型水库几座，都要采用爆破方法作为施工手段。由此可见，爆破工程在我国国民经济建设中的重要地位和作用。

新中国成立以来，在我国进行过装药量在万吨以上的土石方大爆破三次；千吨级的爆破百余次；百吨级的爆破达数上千次之多。其中在1992年12月28日实施的珠海炮台山硐室大爆破，一次爆破用药量达1.2万t，爆破石方量达1085万m³，抛掷率达51.8%。2007年12月30日，神华宁煤集团大峰煤矿硐室大爆破，一次爆破用药量为5500t，爆破石方量达600万m³，是继三次万吨大爆破后近23年来世界第一大爆破工程。用定向爆破技术筑成的水利坝、尾矿坝、拦灰坝和交通路堤有五六十座，其中千吨级的大坝有两座。如在1969年，广东省南水水电站定向爆破筑坝，总装药量1394t，土石方量105万m³，堆积平均坝高62.3m，与设计值相比，准确率达96%。1973年，陕西省石泛峪水库又成功地进行了 1575t 炸药的定向爆破筑坝，准确率达到了 98%。

在城市建筑物、构筑物以及基础、桥梁等拆除爆破中，控制爆破得到了空前的发展和应用。城市拆除爆破的对象多种多样，有工业厂房和居民楼、高大的烟囱、水塔，也有牢固坚实的机床基础，还有废弃的军事堡垒、人防工事和桥梁等等。在城市和厂区进行爆破，在技术上的要求与野外的爆破工程有着很大差别。它首先要求保证周围人和物不受损害；其次是爆破药量不能过多，而装药的炮孔数量却远远超过野外的土石方爆破，至今已积累了一次准确起爆 12000 个炮孔的经验。城市控制爆破技术的发展，不仅把过去危险性大的爆破作业由野外安全可靠地推进到了人口密集的城镇，更重要的是创造了许多新技术、新工艺和新的经验。20 世纪 70 年代以来，从北京饭店新楼基础爆破施工以来，原北京华侨大厦和北京工艺美术大楼先后于 1989 年、1995 年采用控制爆破技术成功进行拆除。另外，还有深圳市火车站旧站房、新侨饭店原礼堂和中餐厅、广东省政府招待所大楼、南京中央门广场楼房、广东茂名市 120m 高的钢筋混凝土烟囱、上海市长征医院 16 层高的旧病房大楼、广州体育馆、北京西直门 18 层居民楼的爆破拆除等。

在机电工程中，爆炸切割和爆炸加工技术发展迅速，利用爆炸能可以切割金属，也可以将金属冲压成形，将两种金属焊接在一起、将金属表面硬化或者人工合成金刚石等。

另外，采用高温爆破法可以清除高炉、平炉和炼焦炉中的炉瘤或爆破金属灼热物等；水利部门用于打开水库引水隧洞的岩塞爆破；铁道交通部门的路堑爆破，填筑路堤和软土、冻土地带的爆破；石油化工部门埋设地下管道和过江管道以及处理油井卡钻事故的爆破；还有水下炸礁、疏浚河道和为压实软土的水下码头、堤坝地基处理的水下爆破等等，都是经常使用的爆破方法。至于医学上用爆炸方法破碎膀胱结石的报道，二十几年前就已见诸报端。

可以认为，现代爆破技术已经深入应用到我国国民经济的各个部门，并取得了可喜的成就。

§1.2　爆破方法和爆破技术

爆破工程作为一项科学技术的出现是随着社会生产实践发展起来的。工程爆破的目的是在破坏中求建设，是为了特定的工程项目而进行的，爆破的结果必须满足该工程的设计要求，同时还必须保证其周围的人和物的安全。这就意味着爆破工程师除了应用一般的爆破方法去进行爆破施工外，还应掌握一定的技术手段才能达到所进行的工程目的。

爆破方法的分类通常按药包形状和装药方式与装药空间形式的不同分为两

大类。

1.2.1　按药包形状分类

按药包形状分类即按药包的爆炸作用及其特性进行分类。按此法又可分为四种：

（1）集中药包法。当药包的最长边长不超过最短边长的4倍时，称为集中药包。从理论上讲，这种药包的形状应是球形体，起爆点从球体的中心开始，爆轰波按辐射状以球面形式向外扩张，即爆炸作用以均匀的分布状态作用到周围的介质上。然而在工程实际中几乎不可能将药包加工成这种形状，因此习惯上是把药包做成正立方体或长方体形状。通常把集中药包的爆破叫做药室法和药壶法。

（2）延长药包法。也称为柱状药包法，即当药包的最长边长大于最短边长或直径的4倍时，称为延长药包。实践中通常使用的延长药包，其长度要大于17～18倍药包直径。在实际应用中，深孔法、炮眼法和药室爆破中的条形药包爆破法都属于延长药包法。延长药包起爆后，爆炸冲击波以柱面波的形式向四周传播并作用到周围介质上。

（3）平面药包法。当药包的直径大于其厚度的3～4倍时，称为平面药包。这种药包的爆破不同于前述两种方法，它不需钻孔也不需掏挖硐室，而是直接将炸药敷设在介质表面，因此爆炸作用只是在介质接触药包的表面上，大多数能量都散失到空气中，所产生的爆轰波可以近似为平面波，这就是加工机械零部件时的所谓爆炸加工法。

（4）形状药包法。这是将炸药做成特定形状的药包，用以达到某种特定的爆破作用。应用最广的是聚能爆破法，把药包外壳的一端加工成圆锥形或抛物面形的凹穴，使爆轰波按圆锥或抛物线凹穴的表面聚集在它的焦点或轴线上，形成高能射流，击穿与它接触的介质某一特定部位。这种药包在军事上用作穿甲弹以穿透坦克的甲板或其他军事目标；在工程上用来切割金属板材、大块的二次破碎以及在冻土中穿孔等。

1.2.2　按装药方式与装药空间形状的不同分类

按装药方式与装药空间形状的不同可分为以下四种爆破方法：

（1）药室法。这是大量土石方挖掘工程中常用的爆破方法。它的优点是，需要的施工机具比较简单，不受地理和气候条件的限制，工程数量越大越能显示出高工效。一般来说，药室法爆破根据在岩体内开挖药室体积的大小，还可分为大型药室法、小型药室法和条形药室法三种，每个药室装入的炸药的容量，小到几百千克，大到几百吨，条形药室的容量可大到几千吨，我国曾进行过几次千吨和万吨级的大爆破。

(2) 药壶法。即在普通炮孔的底部，装入小量炸药进行不堵塞的爆破，使孔底逐步扩大成圆壶形，以求达到装入较多药量的爆破方法。药壶法属于集中药包类，适用于中等硬度的岩石爆破，能在工程数量不大，钻孔机具不足的施工条件下，以较少的炮孔爆破，获得较多的土石方量。随着现代机械化施工水平的提高，药壶爆破的运用面有所缩小，但仍为某些特殊条件的工程所采用。

(3) 炮孔法。通常根据钻孔孔径和深度的不同，把孔深大于 4m，孔径大于 50mm 的炮孔叫做深孔爆破，反之称为浅孔爆破或炮眼法爆破。从装药结构看，这是属于延长药包一类，是工程爆破中应用最广、数量最大的一种爆破方法。

(4) 裸露药包法。这是一种最简单、最方便的爆破施工方法。进行裸露药包法爆破作业不需钻孔，直接将炸药敷设在被爆破物体表面并加简单覆盖即可。这样的爆破方法对于清除危险物、交通障碍物以及破碎大块石的二次爆破是简便而有效的，虽然它的炸药爆炸能量利用率低，应用数量不大，使用的机会也不多，但至今仍不失其使用价值。

1.2.3　爆　破　技　术

常用的爆破技术，主要有以下几种：

(1) 定向爆破。使爆破后土石方碎块按预定的方向飞散、抛掷和堆积，或者使被爆破的建筑物按设计方向倒塌和堆积，都属于定向爆破范畴。土石方的定向抛掷要求药包的最小抵抗线或经过改造后的临空面而形成的最小抵抗线的方向指向所需抛掷、堆积的方向；建筑物的定向倒塌则需利用力学原理布置药包，以求达到设计目的。

定向爆破的技术关键是要准确地控制爆破时所要破坏的范围以及抛掷和堆积的方向与位置，有时还要求堆积成待建构筑物的雏形（如定向爆破筑坝），以便大大减少工程费用和加快建设进度。对大量土石方的定向爆破通常采用药室法或条形药室法；对于建筑物拆除的定向倒塌爆破，除了合理布置炮孔位置外，还须从力学原理上考虑爆破时各部位的起爆时差、受力状态以及对旁侧建筑物的危害程度等一系列复杂的问题。

(2) 预裂、光面爆破。预裂和光面爆破的爆破作用机理基本相同，目的在于爆破后获得平整的岩面，以保护围岩不受到破坏。二者的不同在于，预裂爆破是要在完整的岩体内，在爆破开挖前施行预先的爆破，使沿着开挖部分和不需要开挖的保留部分的分界线裂开一道缝隙，用以隔断爆破作用对保留岩体的破坏，并在工程完毕后出现新的光滑面。光面爆破则是当爆破接近开挖边界线时，预留一圈保护层（又叫光面层），然后对此保护层进行密集钻孔和弱装药的爆破，以求得到光滑平整的坡面和轮廓面。

(3) 微差爆破。微差爆破是在相邻炮孔或排孔间以及深孔内以毫秒级的时间间隔顺序起爆的一种起爆方法。由于相邻炮孔起爆的间隔时间很短，先爆孔为相邻的后爆孔增加了新的自由面，以及由于爆炸应力波在岩体中的相互叠加作用和岩块之间的碰撞，使爆破的岩体破碎质量、爆堆成形质量均较好，从而可以降低大块率，降低炸药单耗，降低地震效应，减小后冲，提高施工效率。微差爆破技术目前在露天及地下开挖和城市控制爆破中已普遍采用，大型药室法爆破的定向爆破筑坝也开始应用。

（4）聚能爆破。聚能爆破与一般的爆破有所不同，它只能将炸药爆炸的能量的一部分按照物理学的聚焦原理聚集在某一点或线上，从而在局部产生超过常规爆破的能量，击穿或切断需要加工的工作对象，完成工程任务。由于这种原因，聚能爆破不能提高炸药的能量利用率，而且需要高能的炸药才更能显示聚能效应。聚能爆破技术的使用要比一般的工程爆破要求严格，必须按一定的几何形状设计和加工聚能穴或槽的外壳，并且要使用高威力的炸药。目前聚能爆破技术已由军事上的穿甲弹逐渐扩大到工程爆破的范畴，例如利用聚能效应在冻土内穿孔，为炼钢平炉的出钢口射孔，为石油井内射孔或排除钻孔故障以及切割钢板等等。

（5）其他特殊条件下的爆破技术。爆破工作者有时会遇到某种不常见的特殊问题，用常规施工方法难以解决，或因时间紧迫以及工作条件恶劣而不能进行正常施工，这时需要我们根据自己所掌握的爆破作用原理与工程爆破的基础知识，大胆设想采用新的爆破方案，解决当前的工程难题。如森林灭火、油井灭火、抢堵洪水和泥石流、疏通被冰凌或木材堵塞的河道，水底炸礁或清除沉积的障碍物，处理软土地基或液化地基，切除桩头、水下压缩淤泥地基，排除悬石、危石以及炸除烧结块或炉瘤等等。

对于爆破工作者来说，掌握上述几种爆破方法并不困难，但要灵活运用这些方法去解决爆破工程中的各种复杂的工程问题，却有相当的难度。不能不承认，熟练地掌握各种爆破技术，既要具有一定的数学、力学、物理、化学和工程地质知识，还要有一定的施工经验的积累。一个良好的爆破工程师，首先应熟悉各种介质的物理力学性质、爆破作用原理、爆破方法、起爆方法、爆破参数计算原理、施工工艺方面的知识，同时还要熟知爆破时所产生的地震波、空气冲击波、碎块飞散、噪声、有害气体和破坏范围等爆破作用规律，以及相应的安全防护知识。

总之，现代爆破技术的发展，完全有可能利用炸药的爆炸能量去代替大量机械或人力所难以完成的工作，甚至超越人工所能去为社会主义建设服务。

§1.3 爆破安全及相关法规

"安全第一"就是在生产经营活动中，在处理保证安全与生产经营活动的关系上，要始终把安全放在首要位置，优先考虑从业人员与其他人员的人身安全，实行"安全优先"的原则。在确保安全的前提下，努力实现生产的其他目标。

"预防为主"就是系统化、科学化的管理思想，按照事故发生的规律和特点，千方百计预防事故的发生，做到防患于未然，将事故消灭在萌芽状态。

"安全第一"、"预防为主"要做到，安全意识在先，安全投入在先，安全责任在先，建章立制在先，防患预防在先，监督执法在先。

安全生产法规分为行政法规和地方性法规。国务院有关部门依照安全生产法律和行政法规的规定或者国务院的授权，可以制定发布相关的安全生产规章。

法定安全生产标准分为国家标准和行业标准，两者对生产经营单位的安全生产具有同样的约束力。

国家现行对工程爆破作业的安全管理主要有以下法规：

(1)《中华人民共和国民用爆炸物品安全管理条例》（2006 年 5 月 10 日，国务院第 466 号令）。

(2) 中华人民共和国国家标准：《爆破安全规程》GB 6722—2014。

为了加强对民用爆炸物品的安全管理，预防爆炸事故的发生，保障公民生命、财产安全和公共安全，特制定了《中华人民共和国民用爆炸物品安全管理条例》。条例规定，国家对民用爆炸物品的生产、销售、购买、运输和爆破作业实行许可证制度。未经许可，任何单位和个人不得生产、销售、购买、运输爆炸物品，不得从事爆破作业。严禁转让、出借、转借、抵押、赠送、私藏或者非法持有爆炸物品。

《爆破安全规程》GB 6722—2014 规定了爆破作业和爆破作业单位爆炸物品的购买、运输、储存、使用、加工、检验与销毁的安全技术要求及管理工作要求。

本标准适用于各种民用爆破作业和中国人民解放军、中国人民武装警察部队从事的非军事目的的工程爆破。

思考题与习题

1. 我国目前的爆破行政条例与技术法规有哪些？
2. 工程爆破主要有哪些方法？常用的爆破技术有哪些？

第 2 章　爆破器材和起爆技术

在工程爆破中，正确选择和运用爆破器材并掌握合理的起爆技术，才能达到一定的爆破目的，保证爆破效果和爆破作业的安全。

通常，将应用于矿业、铁道、水利、建材和农田基建等部门的民用炸药称为工业炸药。工业炸药有两个大的变革，一是硝化甘油炸药的出现和使用，二是含水硝铵炸药的出现和使用。在 19 世纪中期，诺贝尔发明了以硝化甘油为主的混合炸药，从而取代了黑火药。硝化甘油炸药威力大，但成本高，安全性相对较差。20 世纪初，以硝酸铵为主的混合炸药出现后，其性能和安全性更适合于各类工程爆破，得到了广泛应用，并形成了各种品种、系列的炸药。

起爆器材包括激发炸药爆炸所需的一系列点火和起爆的材料，如雷管、导火索、导爆索、继爆管、导爆管等。根据所采用的起爆材料的不同，工业炸药的起爆方法有以下几种：电力起爆法、导爆索起爆法、火雷管起爆法、导爆管起爆法。此外，为保证所有装药都能起爆，常常把两种方法混合使用，称为联合起爆法。

§2.1　工　业　炸　药

在一定的条件下，能够发生快速化学反应，放出能量，生成大量气体产物，显示爆炸效应的化合物或混合物称为炸药。

工业炸药按组成成分可分为两大类，即单质炸药和混合炸药。单质炸药是指成分为单一化合物的炸药，混合炸药是由爆炸性成分和非爆炸性成分按照一定配比混合制成的炸药。民爆工程中大量使用的是混合炸药。

工业炸药的特点：爆炸性能好；较低的机械感度和适当的起爆感度；炸药组分配比为零氧平衡或接近零氧平衡；较高的热安定性、物理化学相容性和适当的稳定贮存期；加工工艺简单，生产操作安全可靠。

2.1.1　单　质　炸　药

单质炸药按用途可分为起爆药、猛炸药和火药。

1. 起爆药

起爆药的特点是极敏感，受到很小的外界作用就能立即发生爆炸反应，但其威力往往不大，一般用来制作雷管等起爆器材。常用的起爆药有二硝基重氮酚（DDNP）、氮化铅和雷汞等。

（1）二硝基重氮酚。二硝基重氮酚简称 DDNP，为黄色或黄褐色晶体。它的安全性好，在常温下长期贮存于水中仍不降低其爆炸性能。干燥的二硝基重氮酚在 75℃ 时开始分解，170～175℃时爆炸。二硝基重氮酚对撞击、摩擦的感度均比雷汞或氮化铅低，它的热感度则介于两者之间。由于二硝基重氮酚的原料来源广、生产工艺简单、安全、成本较低，而且具有良好的起爆性能，所以目前国产工业雷管起爆药主要是二硝基重氮酚。

（2）雷汞。白色或灰白色针状结晶体，有毒，难溶于水，受潮后爆炸能力减弱，当含水 10％时只能燃烧不能爆炸，含水 30％时则不能燃烧。在起爆药中，雷汞的机械感度最大，火焰感度也较敏感，遇到轻微的冲击、摩擦和火花等影响，就会引起爆炸，爆发点为 170～180℃。当密度为 3300kg/m³ 时，爆速为 4500m/s。雷汞能腐蚀铝，所以装有雷汞的雷管用铜或纸作外壳。

（3）氮化铅。白色粉末结晶体，不溶于水。对冲击、摩擦和热的感度比雷汞迟钝，但起爆能力大于雷汞，爆发点为 305～405℃。当密度为 3800kg/m³ 时，爆速为 4500m/s。氮化铅能与铜起化学反应，生成敏感的氮化铜，所以装有氮化铅的雷管用铝作外壳。

2. 猛炸药

猛炸药的特点是不十分敏感，需要较强的外界作用才能爆炸，但爆炸时对周围介质有强烈的破坏作用，它是制造工业和军事爆破器材的主要成分。常用的有梯恩梯、特屈儿、黑索金等。

（1）梯恩梯（TNT）。又名三硝基甲苯，属芳香族硝基化合物，为淡黄色或黄褐色结晶体，味苦有毒，吸湿性小，难溶于水，精制的梯恩梯熔点为 80.7℃，凝固点为 80.2℃，对冲击、摩擦不敏感，枪弹贯穿不爆炸也不燃烧。常用的梯恩梯炸药有鳞片状和块状两种，鳞片状梯恩梯的密度 750～850kg/m³；块状梯恩梯有压制与铸制两种，密度约为 1600kg/m³。梯恩梯的爆炸性能与密度有关，当密度为 1600kg/m³ 时，爆速为 7000m/s，爆力为 285～330mL，猛度 16～18mm，殉爆距离 15cm。

（2）黑索金（RDX）。白色结晶体，无臭无味，不吸湿，难溶于水。对冲击、摩擦比特屈儿敏感，枪弹贯穿会爆炸。遇火燃烧，冒浓烟，可由燃烧转为爆炸，爆发点为 230℃。当密度为 1760kg/m³ 时，爆速为 8600m/s。

（3）太安（PETN）。白色结晶体，不吸湿，不溶于水。对冲击、摩擦比黑索金敏感，枪弹贯穿会爆炸。遇火燃烧，在密闭容器中会由燃烧转为爆炸，爆发点为 225℃。当密度为 177kg/m³ 时，爆速为 8010m/s。

（4）奥克托金（HMX）。无色结晶体，无臭无味，不吸湿，不溶于水。对冲击、摩擦比特屈儿敏感，枪弹贯穿会爆炸。遇火燃烧，冒浓烟，可由燃烧转为爆炸，爆发点为 298℃。当密度为 $1880kg/m^3$ 时，爆速为 $9010m/s$。

3. 火药

火药能产生快速的燃烧反应，军事上用作发射药，工业上做导火索和延期雷管中的延期药。火药可分为有烟火药和无烟火药，常用的有黑火药、发射药和烟火剂。

2.1.2 混 合 炸 药

混合炸药是根据使用的要求不同，由两种或两种以上的单体炸药及非爆炸性的各种成分组合而成，用以调整炸药的爆炸性能。在品种上有铵油炸药、铵梯炸药、水胶炸药和乳化炸药等。

1. 铵油炸药

铵油炸药是 20 世纪 60 年代采用结晶硝酸铵作为主要原料配制粉状铵油炸药，20 世纪 70 年代末期研制成功多孔粒状硝酸铵，为多孔粒状铵油炸药的应用创造了条件。

（1）铵油炸药的组成

1）硝酸铵。它是炸药的主要成分，为氧化剂。有粉状结晶和粒状两种形式，细粉状硝酸铵制成的炸药质量较好，爆炸性能好，爆速高且临界直径小，但吸湿严重，常另加表面活性剂防止结块；粒状硝酸铵松散性好，吸湿少，但吸油率低，一般仅为 2％～3％，故爆炸性能弱些；另有一种多孔粒状硝酸铵吸油率可高达 9％～14％，能改善爆炸性能，其松散性和流动性都比较好，不易结块，适合于机械化装药。

2）柴油。它既是可燃剂又是敏化剂。柴油发热量高，能产生大量气体，利于爆炸反应的发展，又可以提高炸药威力。选用柴油应以轻柴油为主，并根据使用地区的气温，选择相应低凝固点的型号。

3）木粉、碳粉等。它是作为松散剂和可燃剂加入的，用以防止硝酸铵结块。

4）表面活性剂。硝酸铵是亲水物质，但与油不易亲和，为提高吸油率，使油水亲和，需加入一些表面活性剂，如十二烷基硫酸钠等，一般用量为 0.5％。

一些情况下，为提高炸药敏感度和威力，在炸药中也加入一些铝镁合金成分。

（2）铵油炸药的性能和特点

铵油炸药的配比、硝酸铵的粒度和含油率以及水分含量都影响着铵油炸药的爆炸性能。合理的配比是以达到零氧平衡为原则，然后根据爆炸性能和有害气体量进行调整。含水率通常要小于 2％。铵油炸药的容许储存期一般为 15 天，潮湿天气为 7 天。表 2-1 是几种铵油炸药的成分和性能。

铵油炸药的优点是原料广泛，价格低廉，安全性好，加工简单，利于机械加工和现场混药。缺点是不抗水，易吸湿结块，感度低，临界直径大，威力小，产生有毒气体量多，使其应用条件受到限制。

铵油炸药的成分和性能　　　　　　　　　　表 2-1

成分及性能		92-4-4 细粉状	100-2-7 粗粉状	露天细粉状	露天粗粉状
成分 (%)	硝酸铵	92	91.7	89.5±1.5	94.2
	柴油	4	1.9	2.0±0.2	5.8
	木粉	4	6.4	8.5±5.0	—
性能	爆速（m·s^{-1}）	3600	3300	3100	—
	爆力（mL）	280~310	—	240~280	—
	猛度（mm）	9~13	8~11	8~10	≥7
	殉爆距离（cm）	4~7	3~6	≥3	≥2

2. 铵梯炸药

（1）铵梯炸药的组成

铵梯炸药是以硝酸铵为主要成分，以梯恩梯为敏化剂并配以其他组分的一种混合炸药。

1）硝酸铵。它是铵梯炸药的主要成分，起氧化剂作用。它本身是一种低威力的炸药，其 TNT 当量为 52%，爆炸后生成气体量大，不能用雷管或导爆索直接起爆。硝酸铵吸湿性强，当空气相对湿度大于硝酸铵吸湿点时，随空气湿度增高，吸湿速度加快。

2）梯恩梯。在铵梯炸药中梯恩梯是敏化剂，用以提高炸药的敏感度和威力。它同硝酸铵配合后，使炸药爆轰性能得到改善，具有足够的威力，可被工业雷管起爆。

3）木粉等。木粉、谷糠等兼有可燃剂和松散剂的作用，一是调节炸药的氧平衡和增加爆炸反应时的放热量和爆生气体量，提高炸药的做功能力；二是防止硝酸铵结块。

4）沥青、石蜡、松香。它们在炸药中起憎水剂作用，使炸药有一定防潮和抗水能力。

5）食盐、氯化钾等。它们在炸药中起消焰剂作用，能降低爆温和减少爆炸时的火焰，以降低爆炸时引起瓦斯和煤尘爆炸的危险性。

（2）铵梯炸药类别

1）岩石铵梯炸药

适用于岩石巷道和硐室掘进，对炸药的安全性要求较低，不加消焰剂和憎水剂，由硝酸铵、梯恩梯和木粉三种成分组成。根据梯恩梯含量不同，其爆炸威力不同，价格成本也不同。为适应有水工作面爆破作业的需要，再加入沥青、石蜡，组成抗水岩石铵梯炸药。

2) 露天铵梯炸药

适用于露天爆破作业，与岩石铵梯炸药不同之处是梯恩梯含量低，成本要更低些。也有抗水露天铵梯炸药，其成分中增加了沥青、石蜡。

3) 煤矿铵梯炸药

为煤矿许用炸药，有普通型和抗水型。用于有瓦斯矿井，在炸药成分中增加消焰剂，通常为食盐。

4) 高威力铵梯炸药

高威力铵梯炸药是指猛度大于 16mm，爆速高于 4000m/s 的炸药。在炸药成分中，除梯恩梯作敏化剂外，还增加黑索金或铝粉等。

表 2-2 为部分国产岩石铵梯炸药的组分和性能。

部分国产岩石铵梯炸药的组分和性能 表 2-2

组分及性能		岩石铵梯炸药		露天铵梯炸药		
		1 号	2 号	1 号	2 号	3 号
组成(%)	硝酸铵	82±1.5	85±1.5	82±2	86±2	88±2
	梯恩梯	14±1.0	11±1.0	10±1.0	5±1.0	3±0.5
	木粉	4±0.5	4±0.5	8±1.0	9±1.0	9±1.0
性能	密度（kg·m^{-3}）	950~1100	950~1100	850~1100	850~1100	850~1100
	爆速（m·s^{-1}）	—	3600	3600	3525	3455
	爆力（mL）	350	320	300	250	230
	猛度（mm）	13	12	11	8	5
	殉爆距离（cm）	6	5	4	3	2

3. 水胶炸药

水胶炸药是在浆状炸药的基础上发展起来的一种含水炸药。水胶炸药是将硝酸甲铵、氧化剂（以硝酸铵为主）、辅助敏化剂、辅助可燃剂、密度调节剂等溶解悬浮于有凝胶剂的水溶液中，再经化学交联而制成的一种凝胶状炸药。水胶炸药的出现，在某种程度上克服了硝铵类炸药威力低、不抗水、密度低的缺点，更突出了廉价和安全的优点。

(1) 水胶炸药的组成

1) 氧化剂。通常以硝酸铵为主，含量约为 40%~60%。也加入部分硝酸钠，硝酸钠能降低炸药的析晶点，增加流动性，改善工艺性，提高炸药的起爆感度，一般含量为 10%~20%。

2) 水。水在炸药中作为溶剂，含量为 8%~15%。水使硝酸铵等固体成分变成过饱和溶液，形成溶胶，炸药便不再吸收水分，起到抗水作用，水在炸药中为连续相，不可压缩，利于爆轰波的传播，并使炸药密度提高，体积强度增加。但是在炸药加入水分后使炸药钝感，必须增加敏化剂。水也影响炸药威力，炸药爆炸时，将水变成汽，要消耗热能，因此需合理确定含水量。

3）敏化剂。

4）可燃剂。常用植物纤维、煤粉、燃料油等。其作用是增大爆炸热值，调节氧平衡，兼有吸附气体的效果。

5）胶粘剂。也叫做增稠剂，它被水溶解、溶胀和分散后能与溶液中的固相产生亲和作用，使溶液中的固相和气相均匀地粘结为整体，呈胶体系统，保持较好的稳定性。常用植物胶和其他高分子聚合物作胶粘剂。由于生产工艺的要求，为控制水合速度，需要加入少量胶粘加速剂或胶粘延迟剂。

6）交联剂。它的作用是使胶粘剂的大分子基团发生键合，形成体形网状结构，进一步使炸药成为一个整体，以防止胶体系统各组分的分离以及增加炸药的抗水性能。常用的交联剂为硼砂、重铬酸盐等。

（2）水胶炸药的特点

水胶炸药主要有以下特点：抗水性能强，一般在水中浸泡 24h 不影响其爆炸性能；机械感度低，运输、储存、使用安全性好；爆速高、威力大；炸药安全性好，对机械作用、火花均不敏感，炸药本身基本无毒，爆生的炮烟少；储存期长，一年内其爆炸性能几乎不变。

水胶炸药分为岩石水胶炸药和煤矿许用水胶炸药。前者适用于无瓦斯或煤尘爆炸危险矿井的岩石工作面和露天的爆破工程，尤其适用于井下有水、岩石坚硬的深孔爆破。后者适用于有瓦斯或煤尘爆炸危险矿井中的工作面。岩石水胶炸药与煤矿许用水胶炸药的组成成分、加工过程基本相同，只是组成成分中加入一定量的食盐、大理石粉、氟化钙、氯化钾等消焰剂。表 2-3 为几种国产水胶炸药的性能参数。

国产水胶炸药的性能参数　　　　　　　　　　表 2-3

炸药性能	SHJ-K 型	101 型	CS-30 型
密度（kg·m^{-3}）	1000～1300	1050～1250	1100～1250
药卷直径（mm）	φ32～35	φ35	φ32
爆速（m·s^{-1}）	3500～4000	≥3500	3500～4000
爆力（mL）	350	≥300	—
猛度（mm）	≥15	≥16	14.1～15.2
殉爆距离（cm）	≥8	≥10	≥8
有毒气体生成量（L·kg^{-1}）	29.6	41.5	14.0

4. 乳化炸药

乳化炸药也称乳胶炸药，是 20 世纪 70 年代发展起来的另一种类型的含水工业炸药。它以含氧酸无机盐水溶液作分散相，不溶于水、可液化的碳质燃料作连续相，借助乳化剂的乳化和敏化剂或敏化气泡的敏化作用，而制成的一种油包水型的乳脂状混合炸药。

（1）乳化炸药的组成

乳化炸药由氧化剂水溶液、燃料油、乳化剂、稳定剂、敏化发泡剂、高热剂等成分组成。

1）氧化剂水溶液。通常采用硝酸铵和硝酸钠的过饱和水溶液作氧化剂，在炸药中的重量百分率可达 80%～95%。硝酸钠能降低硝酸铵析晶点和提高炸药体积能量。氧化剂水溶液构成炸药油包水结构的内相。

2）燃料油。用石蜡－柴油或石蜡－机油混合物，以控制燃料油的凝固点和闪点。因燃料油负氧平衡率很高，适当加入尿素、铝粉、硫黄粉等物质。燃料油是炸药油包水结构的外相。

3）乳化剂。是一种表面活性剂，国产乳化炸药多用斯本－80，用量通常为 0.5%～6%，其作用是降低油水表面张力，使油水亲和，形成油包水型乳化物。

4）敏化剂。可以加入猛炸药、金属粉末、发泡剂或空心微球等，用以提高炸药的起爆感度。空心玻璃和塑料微球或膨胀珍珠岩粉等密度降低材料能够长久保持微小气泡，故多用于商品乳化炸药。

（2）乳化炸药的特点

乳化炸药具有较高的猛度、爆速和感度，可以用 8 号雷管直接起爆；密度范围较宽，在 $1.05～1.30g/cm^3$ 内可调；抗水性能比水胶炸药更强；加工使用安全，可实现装药机械化；原料广泛，加工工艺简单；适合各种条件下的爆破作业。国产乳化炸药的主要品种和技术性能列于表 2-4。

乳化炸药的组分和性能 表 2-4

	成分及性能	RL-2	EL-103	RJ-1	MRY-3	CLH
成分（%）	硝酸铵	65	53～63	50～70	60～65	50～70
	硝酸钠	15	10～15	5～15	10～15	15～30
	尿素	2.5	1.0～2.5	—	—	—
	水	10	9～11	8～15	10～15	4～12
	乳化剂	3	0.5～1.3	0.5～1.5	1～2.5	0.5～2.5
	石蜡	2	1.8～3.5	2～4	（蜡－油）3～6	（蜡－油）2～8
	燃料油	2.5	1～2	1～3	—	—
	铝粉	—	3～6	—	3～5	—
	亚硝酸钠	—	0.1～0.3	0.1～1.7	0.1～0.5	—
	甲胺硝酸盐	—	—	5～20	—	—
	添加剂	—	—	0.1～0.3	0.4～1.0	0～4，3～5

续表

	成分及性能	RL-2	EL-103	RJ-1	MRY-3	CLH
性能	爆速（m·s⁻¹）	3600～4200	4300～4600	4500～5400	4500～5200	4500～5500
	爆力（mL）	302～304	—	301	—	295～330
	猛度（mm）	12～20	16～19	16～19	16～19	15～17
	殉爆距离（cm）	5～23	12	9	8	—

5. 煤矿许用炸药

(1) 煤矿许用炸药应具备的安全条件及安全等级

凡是在有瓦斯和煤尘爆炸危险的煤矿中允许使用的炸药，称为煤矿许用炸药。由于煤矿井下采掘工作面空气中大部分都有瓦斯或煤尘，当其在空气中的含量达到一定浓度时，一旦遇到电火花、明火及爆破作业，就可能引起爆炸。因此，用于煤矿生产的炸药应当具备一定的安全条件，对于不同瓦斯等级的煤矿所使用的炸药，也应具有相应的安全等级。煤矿生产中，引燃、引爆瓦斯煤尘的因素，除电气火花和明火外，主要来自井下的爆破作业，井下爆破引燃、引爆瓦斯煤尘的原因主要有3个，即空气冲击波的发火作用、炽热或燃烧的固体颗粒的发火作用和气态爆炸产物的发火作用。其中爆炸产物中的灼热固体颗粒和气态的爆炸产物的发火作用是主要的因素。

由于矿井瓦斯等级不同，对煤矿许用炸药的要求也不同，矿井瓦斯等级高的，要求使用相应的高安全等级的煤矿许用炸药。煤矿炸药的安全等级是指在特定条件下，炸药爆破对瓦斯、煤尘的引爆能力而言的。在相同的条件下，炸药的安全等级越低，爆破时引爆瓦斯、煤尘的可能性就越大。

《煤矿安全规程》规定，井下爆破作业，必须使用煤矿许用炸药，煤矿许用炸药的选用应遵守下列规定：

①低瓦斯矿井的岩石掘进工作面必须使用安全等级不低于一级的煤矿许用炸药。

②低瓦斯矿井的煤层采掘工作面、半煤岩掘进工作面必须使用安全等级不低于二级的煤矿许用炸药。

③高瓦斯矿井、低瓦斯矿井的高瓦斯区域，必须使用安全等级不低于三级的煤矿许用炸药。有煤（岩）与瓦斯突出危险的工作面，必须使用安全等级不低于三级的煤矿许用含水炸药。

④严禁使用黑火药和冻结或半冻结的硝化甘油类炸药。同一工作面不得使用2种不同品种的炸药。

⑤在高瓦斯矿井和有煤（岩）与瓦斯突出危险的采掘工作面的实体煤中，为增加煤体裂隙、松动煤体而进行的10m以上的深孔预裂控制爆破，可使用二级煤矿许用炸药，但必须有安全措施。

煤矿许用炸药的安全等级及使用范围见表2-5。

我国煤矿炸药的分级、种类和使用范围　　　　　　表 2-5

炸药名称	炸药安全等级	使用范围
2 号煤矿铵梯炸药 2 号抗水煤矿铵梯炸药 一级煤矿许用水胶炸药	一级	低瓦斯矿井
3 号煤矿铵梯炸药 3 号抗水煤矿铵梯炸药 二级煤矿许用乳化炸药	二级	高瓦斯矿井
三级煤矿许用水胶炸药 三级煤矿许用乳化炸药	三级	煤与瓦斯突出
四级煤矿许用乳化炸药	四级	矿井
五级煤矿许用食盐被筒炸药 离子交换炸药	五级	

（2）常见煤矿许用炸药的种类及选用

我国煤矿常用的煤矿许用炸药一般有煤矿许用铵梯炸药、煤矿许用水胶炸药、煤矿许用乳化炸药、被筒炸药和离子交换型高安全煤矿炸药等。

1）煤矿许用铵梯炸药

煤矿许用铵梯炸药分为抗水型和非抗水型两种，有用于无水炮眼的 2 号和 3 号煤矿铵梯炸药，用于有水炮眼的 2 号抗水和 3 号抗水煤矿铵梯炸药以及刚性被筒炸药 5 个品种。其对瓦斯的安全性按 2 号、3 号、被筒炸药的顺序递增，爆炸威力则按此顺序递减；2 号煤矿铵梯炸药和 2 号抗水煤矿铵梯炸药属于Ⅰ级安全炸药，适用于低瓦斯矿井；3 号煤矿铵梯炸药和 3 号抗水煤矿铵梯炸药属于Ⅱ级安全炸药，可用于高瓦斯矿井；被筒炸药可用于高瓦斯矿井、煤与瓦斯突出矿井及被卡溜煤眼的处理。

国产煤矿铵梯粉状炸药的品种、组成、性能与爆炸参数见表 2-6。

国产煤矿铵梯炸药的品种、组成、性能与爆炸参数　　　　表 2-6

组成和性能		炸药品种			
		2 号煤矿 铵梯炸药	3 号煤矿 铵梯炸药	2 号抗水煤矿 铵梯炸药	3 号抗水煤矿 铵梯炸药
		AMⅠ-2	AMⅡ-3	AMⅠ-2（K）	AMⅡ-3（K）
组成 （%）	硝酸铵			72±1.5	67±1.5
	TNT	71±1.5	67±1.5	10±0.5	10±0.5
	木粉	10±0.5	10±0.5	2.2±0.5	2.6±0.5
	食盐	4±0.5	3±0.5	15±1.0	20±1.0
	沥青	15±1.0	20±1.0	0.4±0.1	0.2±0.05
	石蜡			0.4±0.1	0.2±0.05

续表

组成和性能		炸药品种			
		2号煤矿铵梯炸药	3号煤矿铵梯炸药	2号抗水煤矿铵梯炸药	3号抗水煤矿铵梯炸药
		AMⅠ-2	AMⅡ-3	AMⅠ-2（K）	AMⅡ-3（K）
性能	水分（%）	≤0.3	≤0.3	≤0.3	≤0.3
	密度（g·cm⁻³）	0.95~1.10	0.95~1.10	0.95~1.10	0.95~1.10
	猛度（mm）	≥10	≥10	≥10	≥10
	爆力（ml）	≥250	≥240	≥250	≥240
	殉爆（cm）				
	浸水前	≥5	≥4	≥4	≥4
	浸水后			≥3	≥3+
	爆速（m·s⁻¹）	3600	3262	3600	3397
爆炸参数计算值	氧平衡率（%）	+1.28	+1.86	+1.48	+1.12
	比容（L·kg⁻¹）	782	735	783	734
	爆热（MJ·kg⁻¹）	3.3243	3.0606	3.3201	3.1446
	爆温（℃）	2230	2056	2244	2098
	爆压（Pa）	3.3061×10⁵	2.7145×10⁵	3.3061×10⁵	2.9438×10⁵

注：1. 殉爆距离测定浸水深度1m，浸水时间1h；
　　2. 型号中字母意义：M—煤矿许用型（表示适用性）；Ⅰ、Ⅱ——一级、二级（表示安全级别），其他字母意义同前表。

　　煤矿许用铵梯炸药一般包装成直径32mm、35mm、38mm的药卷，长度为100~190mm，药卷的质量有100g、150g、200g 3种。

　　被筒炸药是以含消焰剂较少、爆轰性能较好的2号煤矿硝铵炸药为药芯，外包一个粉状惰性被筒而做成的"安全被筒"样的复合结构炸药。被筒炸药的特点：安全性能高，爆温、爆热、做功能力、猛度和爆轰感度低，制作工艺复杂，药卷直径大，被筒易于破裂。被筒炸药主要用在处理溜煤眼堵塞和煤与瓦斯突出地点的爆破作业。

　　盐量均匀分布，而且安全性与被筒炸药相当的炸药称为当量炸药。当量炸药的含盐量要比被筒炸药高，爆力、猛度和爆热远比被筒炸药低。总含盐量为48%的被筒炸药（惰性盐为KCL）与含盐量为65%的当量炸药比较，它们的爆力、猛度和爆热如表2-7所示。

被筒炸药和当量炸药的爆炸性能比较　　　　表2-7

性能指标	被筒炸药（总含盐量48%）	当量炸药（含盐量65%）
爆力（mL）	142	58
猛度（mm）	7.7	3.9
计算爆热（kJ/kg）	2176	1465

2）煤矿许用水胶炸药

煤矿许用水胶炸药是一种在煤矿中应用比较广泛的煤矿许用炸药，其品种主要有二级煤矿许用水胶炸药和三级煤矿许用水胶炸药两种。二级煤矿许用水胶炸药适用于低瓦斯矿井，三级煤矿许用水胶炸药可用于低瓦斯矿井、低瓦斯矿井的高瓦斯区域及煤与瓦斯突出矿井。

二级煤矿许用水胶炸药（安全标志编号：20022309-2005，执行 GB 18094—2000 标准），型号为 T-320，规格为药卷直径（35±1）mm，药卷质量（333±5）g，药卷长度（310±15）mm。每箱 75 支药卷，每箱药卷净重（25±0.4）kg。也可根据用户需要生产其他长度和直径的水胶炸药。主要技术性能如表 2-8 所示。

二级煤矿许用水胶炸药主要技术性能 表 2-8

密度（g/cm^3）	爆速（m/s）	殉爆距离（cm）	猛度（mm）
1.13±0.10	≥3200	≥2	≥10

二级煤矿许用水胶炸药适用于低瓦斯矿井的煤层采掘工作面，半煤岩掘进工作面，且具有抗水性，可在有水的工作面进行爆破使用。自生产之日起，有效期为 180 天。

三级煤矿许用水胶炸药适用于煤矿井下小断面中硬以下岩石巷道掘进的全断面爆破工程。药卷直径 29mm，每箱药重（25±0.4）kg。也可根据用户需要生产其他长度和直径的水胶炸药。抗间隙时间为在内径 32mm 钢管中的爆轰长度≥2mm；抗水性能为在 98kPa 水压下浸泡 2h 后能完全爆轰。主要技术性能如表 2-9 所示。

三级煤矿许用水胶炸药主要技术性能 表 2-9

密度（g/cm^3）	猛度（mm）	殉爆距离（cm）	做功能力（ml）	熄爆直径（mm）	爆速（m/s）
1.05±0.1	≥10	≥1	≥220	≤18	≥3.0×10^3

3）煤矿许用乳化炸药

它是一种新型的煤矿许用含水炸药，其品种主要有二级、三级和四级煤矿许用乳化炸药，二级煤矿许用乳化炸药适用于低瓦斯矿井，三级和四级矿许用乳化炸药适用于高瓦斯矿井和煤与瓦斯突出矿井。

§2.2 起 爆 器 材

2.2.1 雷 管

根据引爆方式和起爆能源的不同，雷管种类有火雷管、电雷管、导爆管毫秒雷管等几种形式，其中使用最广泛的是电雷管，电雷管又有普通电雷管、磁电雷管和数码电子雷管。

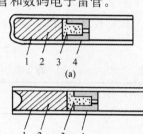

图 2-1 火雷管构造

(a) 金属壳火雷管；

(b) 纸壳火雷管

1—管壳；2—加强药；

3—起爆药；4—加强帽

1. 火雷管

火雷管由管壳、起爆药、加强药和加强帽组成，如图 2-1 所示。

管壳通常用金属、纸或塑料制成圆管状。金属管壳一端开口供插入导火索，另一端冲压成聚能穴（图 2-1a）。纸管壳则两端开口，先将加强药一端压制成圆锥形或半球形凹穴，再在凹穴表面涂上防潮剂（图 2-1b）。聚能穴起定向增强起爆能力的作用。

起爆药装在雷管的上部，紧靠发火机构，是首先爆轰的部分，我国目前采用二硝基重氮酚（DDNP）做起爆药。

我国火雷管中加强药一般采用猛炸药，分两次装填。头遍药压装钝化黑索金，钝化的目的是降低机械感度和便于成型；二遍药是未经钝化的黑索金，目的是提高感度，容易被起爆药引爆。

使用中，通过导火索的火焰引爆雷管中的起爆药使雷管爆炸，由火雷管的爆炸能再激起炸药的爆炸。

火雷管结构简单、但不能延期，具有一定的危险性，国家爆破器材主管部门已明令淘汰火雷管。

2. 电雷管

电雷管是用电点火元件点火起爆的雷管。其结构主要由一个电点火装置和一个火雷管组合而成。常用的有瞬发电雷管、延期电雷管以及特殊电雷管等。延期电雷管根据延期单位的不同，又分为秒延期电雷管和毫秒延期电雷管。

（1）瞬发电雷管

瞬发电雷管是一种通电即刻爆炸的电雷管。瞬发电雷管的结构如图 2-2 所示。它的装药部分与火雷管相同。不同之处在于其管内装有电点火装置。电点火装置由脚线、桥线和火药组成。根据电点火装置的不同，瞬发电雷管的结构有两种。图 2-2 (a) 为直插式，其特点是正起爆药 DDNP 是松散的，取消了加强帽。

点火装置的桥丝上没有引火药，桥丝直接插入松散的 DDNP 中，DDNP 既是正起爆药，又是点火药。当电流经脚线传至桥丝时，灼热的桥丝直接引燃 DDNP，并使之爆轰。图 2-2（b）为引火头式，桥丝周围涂有引火药，做成一个圆珠状的引火头。当桥丝通电灼热，引起引火药燃烧，火焰穿过加强帽中心孔，即引起正、副起爆药的爆炸。

为了固定脚线和封住管口，在管口灌以硫黄或装上塑料塞。若灌以硫黄，为防止硫黄流入管内，还安装了厚纸垫或橡皮圆垫。使用金属管壳时，则在管口装一个塑料塞，再用卡钳卡紧，外面涂以不透水的密封胶。

（2）延期电雷管

延期电雷管是装有延期元件或延期药，以电能激发后间隔一定时间爆炸的电雷管。延期间隔时间以秒和毫秒计，由不同延期间隔时间的雷管组成延期电雷管系列。

1）秒或半秒延期电雷管

结构如图 2-3 所示。电引火元件与起爆药之间的延期装置是用精制导火索段或在延期体壳内压入延期药构成的，延期时间由延期药的装药长度、药量和配比来调节。

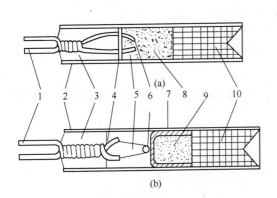

图 2-2 瞬发电雷管结构示意图
（a）直插式；（b）引火头式
1—脚线；2—管壳；3—密闭塞；4—纸垫；5—线芯；6—桥线（引火药）；7—加强帽；8—散装 DDNP；9—正起爆药；10—副起爆药

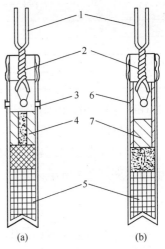

图 2-3 秒和半秒延期电雷管
（a）索式结构；（b）装配式结构
1—脚线；2—引火线；3—排气孔；4—精制导火线；5—火雷管；6—延期体壳；7—延期药

起爆过程是：通电后引火头发火，引起延期装置燃烧，延迟一段时间后雷管爆炸。国产秒或半秒延期电雷管的延期时间和标志见表 2-10 和表 2-11，主要用于巷道和隧道掘进、采石场采石、土方开挖等爆破作业。

秒延期电雷管的段别、秒量及脚线颜色　　　　　　　　表 2-10

段　　别	延期时间（s）	脚线标志颜色
1	0	灰红
2	1.2	灰黄
3	2.3	灰蓝
4	3.5	灰白
5	4.8	绿红
6	6.2	绿黄
7	7.7	绿蓝

半秒延期电雷管的段别与秒量　　　　　　　　表 2-11

段　　别	延期时间（s）	标　　志
1	0	
2	0.5	
3	1.0	
4	1.5	
5	2.0	雷管壳上有段别标志，
6	2.5	每发雷管还有段别标签
7	3.0	
8	3.5	
9	4.0	
10	4.5	

在有瓦斯和煤尘爆炸危险的工作面不准使用秒延期电雷管。

2）毫秒延期电雷管

毫秒延期电雷管通电后爆炸的延期时间是以毫秒数量级来计量的，毫秒电雷管的结构如图2-4所示。

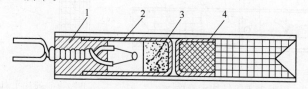

图 2-4　毫秒延期电雷管
1—塑料塞；2—延期内管；3—延期药；4—加强帽

毫秒延期电雷管的组成基本上与秒和半秒延期电雷管相同，不同点在于延期装置。毫秒电雷管的延期装置是延期药，常采用硅铁（还原剂）和铅丹（氧化剂）的混合物，并掺入适量的硫化锑，以调节药剂的反应速度。为了便于装置，常用酒精、虫胶等做黏合剂造粒。通过改变延期药的成分、配比、药量及压药密度可以控制延期时间。毫秒延期药反应的气体生成量很少，反应过程中的压力变化也不大，所以反应速度很稳定，延期时间比较精确。

部分国产毫秒电雷管各段别及其延期时间见表 2-12，其中第一系列是目前应用最广泛的一种；其他系列为精度较高的毫秒电雷管。

部分国产毫秒延期电雷管的延期时间（ms）　　　表 2-12

段　别	第一系列	第二系列	第四系列 LYG30D900	G-1 系列	MG803-A 系列
1	<13	<5	5^{+10}_{-5}	<13	<10
2	25±10	25±5	25±10	25±10	25±7.5
3	50±10	50±5	45±20	50±10	40±7.5
4	75^{+15}_{-10}	75±5	65±10	75±10	55±7.5
5	110±15	100±5	85±10	100±10	$70^{+10}_{-7.5}$
6	150±15	125±7	105±10	125±10	90±10
7	200^{+20}_{-25}	150±7	125±10	150±10	110±10
8	250±25	175±7	145±10	175±10	130±10
9	310±30	200±7	165±10	200±10	150±10
10	380±35	225±7	185±10	225±10	$170^{+12.5}_{-10}$
11	460±40		205±10	250±10	195±12.5
12	550±45		$225^{+12.5}_{-10}$	275±10	220±12.5
13	650±50		250±12.5	300±10	245±12.5
14	760±55		275±12.5	325±10	270±12.5
15	880±60		$300^{+12}_{-12.5}$	350^{+20}_{-10}	$295^{+17.5}_{-12.5}$
16	1020±70		330±15	400±20	330±17.5
17	1200±90		$360^{+17.5}_{-15}$	450±20	365±17.5
18	1400±100		395±17.5	500±20	400±17.5
19	1700±130		$430^{+20}_{-17.5}$	550±20	435±17.5
20	2000±150		470±20	600±20	470±17.5
21			510±20		520±25
22			550±20		570±25
23			590±20		620±25
24			630±20		670±25
25			670±20		720±25
26			710±20		770±25
27			750^{+25}_{-20}		820^{+30}_{-25}
28			800±25		880±30
29			850±25		940±30
30			900^{+20}_{-25}		1000±30

（3）抗杂电雷管

常用电雷管在使用时对雷电和杂散电流比较敏感，在工程爆破中，发生多次因为雷电和杂散电流诱发的爆破事故。为了防止这类事故的发生，研制生产了抗杂电雷管。

1）无桥丝抗杂电雷管

它与普通电雷管的区别在于取消了桥丝，如图 2-5 所示，而在引火头内添加了导电物质——乙炔、碳黑和石墨，做成导电性引火头。引火头电阻取决于导电物质的数量和导电物质颗粒的接触状态。当电压小于某一数值时，引火头的电阻很大，通过的电流很小，不足以点燃引火头；当电压上升到足够大时，导电物质颗粒受热膨胀，接触面积增大，电阻率下降，导致引火头发火。无桥丝抗杂电雷管的主要技术指标见表 2-13，延期时间见表 2-14。

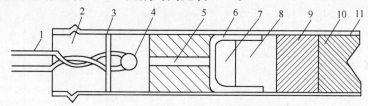

图 2-5　无桥丝抗杂电雷管结构

1—脚线；2—封口；3—纸垫；4—点火点；5—延期装置；6—加强帽；7—点火药；
8—起爆药；9—正起爆药；10—副起爆药；11—管壳

无桥丝抗杂电雷管的主要技术指标　　　　　　　　　　　　表 2-13

电阻范围（Ω）	安全电压（V）	发火电压（V）	铅板穿孔	单串串联发数	
				380V 交流电	900V 起爆器
50～200	5	10～20	合格	20	50

无桥丝抗杂电雷管延期时间　　　　　　　　　　　　　　表 2-14

段　别	延期时间（ms）	段　别	延期时间（ms）
2	25±10	7	200±20
3	50±10	8	250±20
4	75±10	9	310±25
5	100±15	10	390±45
6	150±15	11	490±45

2）低阻桥丝式抗杂电雷管

低阻桥丝式抗杂电雷管用电阻率比较低的紫铜丝代替了镍铬和康铜桥丝。当通过电流比较小时，桥丝产生的热量很少，不会使引火头发火。只有当电流强度达到一定值以后才能引燃引火头，从而保证了安全。表 2-15 是低阻桥丝式抗杂电雷管基本参数表。

低阻桥丝式抗杂电雷管基本参数　　　　表 2-15

参数名称	数　值	参数名称	数　值
桥丝直径（mm）	0.06	最低准爆电流（A）	3.2
全电阻（Ω）	0.25～0.30	最小传导时间（ms）	2.75
最高安全电流（A）	2.80	点燃起始能（$A^2 \cdot ms$）	545

（4）煤矿许用电雷管

允许在有瓦斯和煤尘爆炸危险的环境中使用的电雷管统称煤矿许用电雷管。煤矿许用电雷管分为瞬发和毫秒延期两种类型。

电雷管爆炸时产生高温高压气体，并将灼热的残渣和残片作用于周围瓦斯和煤尘，当爆炸火焰温度、持续时间和灼热粒子所释放的能量达到引爆瓦斯煤尘能量时，就会引起瓦斯煤尘爆炸。因此，应抑制雷管传爆药爆炸火焰和温度，减少灼热的飞散产物，使电雷管在规定检验条件下引爆率达到合格标准。

为确保雷管的爆炸不致引起瓦斯和煤尘的爆炸，煤矿许用电雷管在普通电雷管的基础上采取了以下措施：

1）为消除雷管爆炸时产生的高温和火焰的引燃作用，在雷管的主装药内加入适量的消焰剂。

2）为消除雷管爆炸飞散出的灼热碎片或残渣的引燃作用，禁止使用铝质管壳。

3）采用铅质五芯延期体，减少了延期药用量，并能吸收燃烧热，同时具有抑制延期药燃烧残渣喷出的作用。

4）采用燃烧温度低、气体生成量少的延期药。加强雷管的密封性，避免延期药燃烧时，火焰喷出管体引爆瓦斯或煤尘。

5）煤矿许用毫秒延期电雷管的段别分为五段，最长延期时间不超过130ms。

3. 电磁雷管

电磁感应雷管又称电磁雷管，由电磁感应产生的电能激发的雷管。1984年我国生产有电磁感应雷管和与之配套的电磁感应发爆器。

电磁感应雷管的结构与一般雷管的不同处是两极脚线为短路，形成闭环并缠绕在一个圆形磁环（由强磁体 Mn-Zn 铁氧体制成）上。另一种是将磁芯做成方形其上可穿套3～5个雷管，如图2-6（a）、（b）所示。

电磁感应雷管的起爆是由专用发爆器输出的数万赫兹的高频脉冲电流经爆破母线和辅助母线穿过雷管脚线上的磁环（实际上是一个电磁转换器）中心，使雷管短接的环形脚线产生感应电流而起爆雷管（图2-6a、b）。辅助母线穿过磁环相当于一次线圈，雷管脚线相当于二次线圈，实质上成为一个电流互感器。

电磁感应电雷管的最大特征是安全，它只接受专用发爆器输出的一定频率的交流电、工频电，其他频率的交流电以及各种外来电对它不发生作用。而且电雷

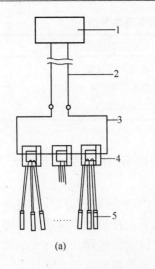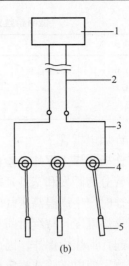

(a)   (b)

图 2-6   电磁感应雷管及起爆系统

(a) 方形磁芯电磁雷管；(b) 圆环磁芯电磁雷管

1—专用发爆器；2—爆破母线；3—辅助母线；4—磁芯；5—电雷管

管脚线始终保持短路和绝缘，杂散电流不能直接进入桥丝回路，这是安全的基本保证。实验测定直电流在 120A 时，感应电流为 0A；交流电流（60Hz）100A时，感应电流仅 0.42A（感应能量 0.0419mJ）；都不能引起雷管爆炸。同时，系统连线简单，只需将雷管脚线环和辅助母线穿入磁环即可。它适用于电器、电缆、高压线等产生杂散，泄漏电流较大，淋水、涌水较大的爆破场所。

4. 电子雷管

电子雷管也称高精度数码雷管。电子雷管的起爆能力与人们所熟悉的 8 号雷管相同，其外形尺寸和管壳结构也与其他瞬发雷管一样。传统延期雷管的段别越高，雷管尺寸越长，但电子雷管的长度是统一的，雷管的段别（延期时间）在其装入炮眼并组成起爆网路后，用编码器自由编程设定。电子雷管由五部分组成：集成电路块、塑性外壳、装药部分、电缆和连接器，如图 2-7 所示。

电子雷管使用起来如同通常的电雷管一样简单，但电子雷管的延期时间不是在工厂预先设定的，起爆系统也不是传统雷管那样的段别式系统。雷管的延期时间在爆破现场由爆破员按其愿望设定，并在现场对整个爆破系统实施编程。新的电子爆破系统延期时间以 1ms 为单位，可在 0～8000ms 范围内为每发雷管任意设定延期时间。

电子雷管与传统延期雷管的

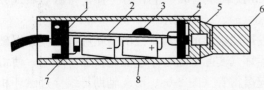

图 2-7   电子雷管

1—导线；2—PCB；3—集成电路块；4—电桥开关；

5—引火线；6—装药部分；7—管塞；8—壳体

根本区别是管壳内部的延期结构和延期方式。电子雷管和传统电雷管的"电"部分是不同的，对电雷管来说，这部分是一根电阻丝和一个引火头，点火电流通过时，电阻丝加热引燃引火头和邻近的延期药，由延期药长度来决定雷管的延期时间。在电子雷管内，也有一个这种形式的引火头，但电子延期芯片取代了电和非电雷管引火头后面的延期药。

电子雷管生产过程中，在线计算机为每发雷管分配一个识别（ID）码，打印在雷管的标签上并存入产品原始电子档案。ID码是雷管上可以见到的唯一标志，在其投入使用时，编码器对其予以识别。依据ID码，电子雷管计算机管理系统可以对每发雷管实施全程管理，直至完成起爆。此外，管理系统还记录了每发雷管的全部生产数据，如制造日期、时间、机号、元器件号和购买用户等。

电子雷管有如下优点：

1）电子延时集成芯片取代传统延期药，雷管发火延时精度高，准确可靠，有利于控制爆破效应，改善爆破效果。

2）前所未有地提高了雷管生产、储存和使用的技术安全性。

3）使用雷管不必担忧段别出错，操作简单快捷。

4）可以实现雷管的国际标准化生产和全球信息化管理。

2.2.2　电雷管的特性参数

电雷管的特性参数主要包括电雷管全电阻、最大安全电流、最小发火电流、6ms发火电流、100ms发火电流、电雷管反应时间、发火冲能和雷管的起爆能力等。这些参数是保证电雷管安全准爆和进行电爆网路计算的基础，也是检验电雷管质量和选择起爆电源、测量仪表的依据。

（1）电雷管全电阻。包括桥丝电阻和脚线电阻，是进行电爆网路计算的基本参数。

我国目前常采用的桥丝材料有两种：康铜丝的桥丝电阻一般在 $0.65\sim0.95\Omega$ 之间，镍铬丝的桥丝电阻一般在 $2.5\sim3.5\Omega$ 之间。脚线材料使用以聚氯乙烯为绝缘层的镀锌铁芯线，电阻率在 $0.52\sim0.60\Omega/m$ 之间。脚线长度有 $0.5\sim3.0m$ 等多种规格。

特别值得注意的是，即使同厂同批产品，其电阻值也会因各种原因而有较大范围的波动。所以在每次爆破之前，都应对每个电雷管逐发进行检查，同次爆破的电雷管电阻值之间相差值不宜过大，一般不应超过 0.25Ω，否则会因电流不平衡引起早爆或拒爆 。

（2）最大安全电流。给电雷管通以恒定直流电流，5min内不致引爆雷管的电流最大值叫做最大安全电流。

此值的实际意义在于，用仪表对雷管进行检测时，不致发生引爆电雷管的事故，一般的爆破仪表只要工作电流小于此值，就保证不会引起电雷管爆炸。国产电雷管的最大安全电流值：康铜丝电雷管为 0.3～0.4A；镍铬丝电雷管为0.15～0.2A。考虑到留有足够的安全系数，安全规程规定仪表的最大安全电流值为 0.03A，各类仪表均不得超过此值。

（3）最小发火电流。给电雷管通以恒定的直流电，能准确引爆雷管的最小电流强度叫做最小发火电流，一般不大于 0.7A。

（4）6ms 发火电流。在有瓦斯工作面爆破时，为保证安全，放炮通电时间不能超过 6ms。通电 6ms 能引爆电雷管的最小电流强度为 6ms 发火电流。

（5）100ms 发火电流。通电时间为 100ms，能引爆电雷管的最小电流强度称为 100ms 发火电流。

（6）电雷管的反应时间。从开始通电到雷管爆炸所需的时间称为电雷管的反应时间 τ。它由点燃时间 t_B 和传导时间 θ 组成，即：

$$\tau = t_B + \theta \tag{2-1}$$

点燃时间是指从通电到引火药被点燃的时间；传导时间是指从引火药被点燃到雷管爆炸的时间。

（7）发火冲能。电雷管在点燃时间 t_B 内，每欧姆桥丝所提供的热能，称为发火冲能。在 t_B 内，若通过电雷管的电流强度为 I，则发火冲能为：

$$K_B = I^2 t_B \tag{2-2}$$

实际上，只有在发火电流极大，激发时间又短，桥丝热损失可以忽略不计时，雷管的发火冲能才是一个定值。当发火电流不很大，激发时间相当长，以至桥丝热损失明显增加时，发火冲能随电流的增大而变化，其关系见图 2-8。

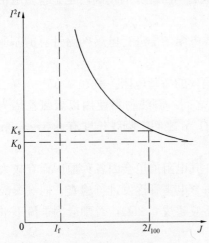

图 2-8 中曲线的水平渐进线所对应的 K 值，是在发火电流相当大时的最小发火冲能值 K_0，它是一个与发火电流无关的常数，但在实际中 K_0 的试验测定很困难。实践表明，当电流强度等于两倍 100ms 发火电流时的发火冲能值已基本稳定，只能比最小发火冲能大 5%～6%，该值称为标称发火冲能，用来表示电雷管的电发火冲能。标称发火冲能为：

$$K_s = (2 \times I_{100})^2 t_B \tag{2-3}$$

（8）发火感度。电雷管的发火冲能越小，则电雷管越敏感。将标称发火冲能 K_s 的倒数称为电雷管的发火感度 S，即：

$$S = 1/K_s \tag{2-4}$$

图 2-8 发火冲能与电流强度的关系

K_0—最小发火冲能；K_s—标称发火冲能；

I_f—最大安全电流；I_{100}—百毫秒发火电流

2.2.3 导爆索与继爆管

1. 导爆索

导爆索是以猛炸药为药芯，以棉麻纤维等为外层的被覆材料，能够传播爆轰波的索状起爆器材，其结构如图 2-9 所示。

导爆索索芯的直径为 3～4mm，由粉状的泰安或黑索金构成，外层用棉麻等纤维材料缠绕制成，最外层表面涂成红色作为与导火索相区别的标志。

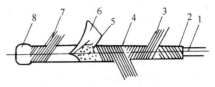

图 2-9 导爆索结构示意图

1—芯线；2—药芯；3—内层棉纱；4—中层棉纱；5—内防潮层（沥青层）；6—纸条；7—外层棉纱；8—外防潮层

根据使用条件不同，导爆索分为三类，即普通导爆索、安全导爆索和油井导爆索。普通导爆索应用最广泛，有一定抗水性能，可直接引爆工业炸药；安全导爆索爆轰时火焰很小，温度较低，不会引爆瓦斯和煤尘；油井导爆索专门用以引爆油井射孔弹，其结构与普通导爆索类似。

2. 继爆管

导爆索爆速很高，因而单纯的导爆索起爆网路中各药包起爆时间相差很小，几乎是齐发起爆。为了实现毫秒延期爆破，通常使用继爆管配合导爆索来达到毫秒起爆的效果。

继爆管的结构如图 2-10 所示，由延期火雷管和消爆管组成，消爆管与延期火雷管的延期药之间有一减压室，消爆管和减压室的作用是减小冲击波的压力和温度，使其只能点燃缓燃剂，不至于穿透缓燃剂而点燃连接的导爆索或起爆药，通过缓燃剂的燃烧达到延期的目的。因此在两根导爆索中间连接继爆管之后，就能达到延期效果。

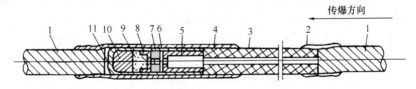

图 2-10 单向继爆管

1—导爆索；2—连接管；3—消爆管；4—外套管；5—大内管；6—纸垫；7—延期药；8—加强帽；9—起爆药；10—加强药；11—雷管壳

继爆管的延期时间间隔与毫秒电雷管基本相同。继爆管有单向和双向两种，单向继爆管的传播方向只能从消爆管一端传向火雷管一端，在导爆索网路中不能装反，否则会发生拒爆。双向继爆管（图 2-11）两端都装有延期药和起爆药，呈对称结构，因而两个方向都可以传爆，不会因方向接错而发生拒爆事故。继爆管

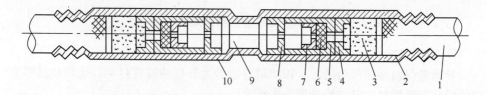

图 2-11　双向继爆管

1—导爆索；2—外套管；3—雷管壳；4—加强帽；5—黑索金；6—DDNP；
7—延期药；8—长内管；9—消爆管；10—纸垫

的段别和延期时间见表 2-16。

继爆管延期时间 表 2-16

段别	延期时间（ms）		段别	延期时间（ms）	
	单向	双向		单向	双向
1	15±6	10±3	6		60±4
2	30±10	20±3	7	125±10	70±4
3	50±10	30±3	8	155±10	80±4
4	75±15	40±4	9		90±4
5	100±10	50±4	10		100±4

2.2.4　导爆管与导爆管连通器具

1. 导爆管

导爆管又叫诺内尔（Nonel）管。它具有安全可靠、轻便、经济、不受杂散电流干扰和便于操作等优点，而且可以作为非危险品运输。目前在国内外的矿山、水利水电工程、交通工程、城市爆破及其他爆破工程中得到普遍应用。

导爆管是高压聚乙烯熔后拉出的透明塑料空心管，外径为（2.95±0.15）mm，内径为（1.4±0.1）mm，在管的内壁涂有一层很薄而均匀的高能炸药（91%的奥托金或黑索金、9%的铝粉与 0.25%～0.5%的附加物的混合物），药量为 14～16mg/m。

导爆管被激发后，管内产生冲击波并向前传播，导爆管内壁表面的薄层炸药在冲击波的作用下发生爆炸，所释放的能量又补偿了冲击波在传播时的能量消耗，维持冲击波的强度不衰减。导爆管内的炸药爆炸能力微弱，不会炸坏管壁，声响也不大，即使管路铺设中有相互交叉、叠堆，也不影响传爆作用。

导爆管的主要性能有起爆感度、传爆速度、传爆性能、耐火性能、抗冲击性能、抗水性能、抗电性能等。导爆管能被一切可以产生冲击波的起爆器材激发；传爆速度一般为（1950±50）m/s；数千米导爆管，中间不要中继雷管接力，或管内断药长度不超过 15cm 时，都可正常传爆；用火焰点燃时，只像塑料一样缓慢地燃烧；一般的机械冲击下不能激发导爆管；与金属雷管组合后，在80m深水下放置24h仍能正常起爆；能抗30kV以下的直流电；传爆时不损坏管壁，对周围环境不造成破坏；在50～70kN拉力作用下不变细，传爆性能不变。

2. 导爆管连通器具

导爆管线路的接续应用使用专用连接元件或用雷管分级起爆的方法实施。连通器具的功能是实现导爆管到导爆管之间的冲击波传播，起到连续传爆或分流传爆的作用。

爆破工程中常用的连通器具有连通管（图2-12）、连接块（图2-13）和多路分路器（图2-14），使一根导爆管可以激发几根到几十根被发导爆管。

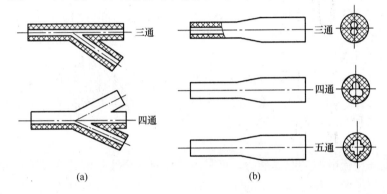

图 2-12　连通管结构

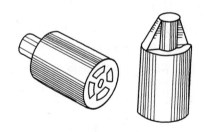

图 2-13　连接块结构

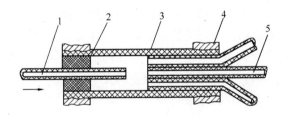

图 2-14　多路分路器

1—主发导爆管；2—塑料塞；3—壳体；4—金属箍；
5—被发导爆管

导爆管与装药的连接，必须在导爆管起爆装药的一端，用8号雷管或毫秒延期雷管通过卡口塞（图2-15）连接后插入装药中。

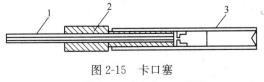

图 2-15　卡口塞

1—导爆管；2—卡口塞；3—雷管

§2.3 起 爆 方 法

起爆炸药所采用的工艺、操作和技术叫做起爆方法。起爆方法主要分成两大类，即电力起爆法和非电起爆法。电力起爆法是利用电能首先引起电雷管爆炸然后引起炸药爆轰的方法；非电起爆法是指采用非电能量起爆炸药的方法，如导爆索起爆法和导爆管起爆法等。

2.3.1 电 力 起 爆 法

电力起爆法是通过由电雷管、导线和起爆电源三部分组成的起爆网路来实现的。

1. 起爆电源

起爆电源就是引爆电雷管所用的电源。直流电、交流电和其他脉冲电源都可作为起爆电源，如干电池、蓄电池、照明线、动力线以及专用的发爆器等。常用的是发爆器和 220V 或 380V 交流电源。

（1）220V 或 380V 交流电源

为提高交流电源的起爆能力，可采用三相交流全波整流技术，将三相交流电源变成直流电源，并提高电源的输出电压。这种电源的电流强度大，因此在电爆网路中的雷管数量多，网路连接复杂，总电流强度大时应用较多。

《煤矿安全规程》规定，煤矿井下爆破不能用这种电源，只能用于无瓦斯的井筒工作面和露天爆破。使用动力和照明线路时，应事先把电源引入到一个专用的起爆刀闸开关装置中，刀闸开关与线路连接，并装置在带锁的箱内，通常有两道开关和一个指示灯。它在构造上必须保证电源线路不可能和起爆网路发生偶然的闭合，以确保起爆作业的安全。

（2）发爆器

发爆器有发电机式和电容式两种，前者是手提发电机，后者是用干电池变流升压对主电容充电，然后对电爆网路放电引爆电雷管，目前多采用电容式发爆器。电容式发爆器通常由以下几部分组成：

①直流电源：一般采用 1.5V 干电池。

②变流器：将直流电源经振荡线路变为交流高压电源。

③整流线路：将交流高压电源变为直流高压电源。

④直流高压电路：对主电容器充电。

⑤充电电压指示：有氖灯和分压线路构成，当主电容电压达到额定电压之后，氖灯发光指示可以起爆。

⑥毫秒限时开关及放电回路：起爆时，旋拧毫秒限时开关，可在 3～6ms 接

通电爆网路，引燃电雷管。随即限时开关接通内放电电阻，释放主电容的剩余电荷。

⑦防爆外壳：煤矿井下等为防止电路系统的触点火花引燃瓦斯，确保爆破安全，应使用带防爆外壳的发爆器。而金属矿和其他地点，则可使用无防爆外壳的非防爆型发爆器。

电容式发爆器的起爆能力取决于主电容的充电电压和电容量。为便于使用单位选购，一般以理论引燃电雷管的数量作为型号，部分电容式发爆器的性能指标见表2-17。

部分国产电容式发爆器性能指标　　　　　　　　表 2-17

型号	引爆能力 （发）	峰值电压 （V）	主电容量 （μF）	输出冲能 （$A^2 \cdot ms$）	供电时间 （ms）	最大外阻 （Ω）
MFB-80A	80	95	40×2	27	4～6	260
MFB-100	100	1800	20×4	25	2～6	320
MFB-100/200	100	1800	20×4	24	2～6	340/720
MFB-100	100	1800	20×4	≥18	4～6	320
MFB-150	150	800～1000	40×3		3～6	470
MFB-100	100	900	40×2	25	3～6	320
MFF-100	100	900	40×2	>30	3～6	320
FR$_{82}$-150	150	1800～1900	30×4	>20	2～6	470
YJQL-1000	4000	3600	500×8	2347		104/600

2. 电雷管的串联准爆条件和准爆电流

工业爆破中，经常将电雷管串联在一起，实现多个电雷管同时起爆。但是每个电雷管的性能参数是有差异的，特别是桥丝电阻、发火冲能、传导时间的差异等对电雷管的引爆能力影响最大。为保证串联网路中每个电雷管都能被引爆，必须满足以下准爆条件：

1）最敏感的电雷管爆炸之前，最钝感的电雷管必须被点燃，即最敏感电雷管的爆发时间 τ_{min} 必须大于或等于最钝感电雷管的点燃时间 t_{Bmax}，即：

$$\tau_{min} = t_{Bmin} + \theta_{min} \geqslant t_{Bmax} \tag{2-5}$$

式中　τ_{min}——最敏感电雷管的点燃时间；

t_{Bmax}——最钝感电雷管的点燃时间；

θ_{min}——电雷管传导时间差异范围的最小值。

以下按直流电源起爆、交流电源起爆、电容式发爆器起爆三种情况分析以上准爆条件：

①直流电源起爆。若将以上准爆条件两边都乘以电流强度的平方，则有：

$$I^2 t_{B\min} + I^2 \theta_{\min} \geqslant I^2 t_{B\max} \tag{2-6}$$

式（2-6）中 $I^2 t_{B\min}$ 和 $I^2 t_{B\max}$ 分别为最敏感和最钝感电雷管的发火冲能，若 $I \geqslant 2I_{100}$，即电流强度大于等于两倍百毫秒发火电流时，发火冲能可近似等于标称发火冲能，则准爆条件变化为：

$$I_{DC} = \sqrt{\frac{K_{s\max} - K_{s\min}}{\theta_{\min}}} \geqslant 2I_{100} \tag{2-7}$$

式中　　I_{DC}——直流串联准爆电流；

$K_{s\min}$、$K_{s\max}$——分别为最敏感和最钝感雷管的标称发火冲能；

I_{100}——百毫秒发火电流。

工业电雷管直流串联准爆电流的标准为：串联 20 发电雷管时，康铜桥丝不大于 2A，镍铬桥丝不大于 1.5A。这个标准可以使电雷管的串联准爆性能有一定保证，但要保证串联网路中每个电雷管都被引爆，还需符合准爆条件。若不进行串联准爆验算，只按串联准爆电流标准 2A 来引爆，就不能保证所有电雷管都被引爆。

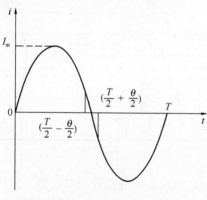

图 2-16　交流电有效值最小时通电相位

②交流电源起爆。我国采用频率 50Hz 周期为 20ms 的交流电。通常用交流电表测得的电流强度和电压都是有效值，而非瞬时值。

当采用交流电源起爆时，若对电雷管的通电时间比一个周期（20ms）大很多，则按有效值进行计算准爆电流是正确的；但若通电时间小于一个周期，则对电雷管的通电时间可能处于瞬时电流强度为零附近的区域，即 $(T/2 - \theta/2) \sim (T/2 + \theta/2)$，这时电流的有效值最小（图 2-16），称为最不利情况。

将最不利情况代入串联准爆条件，得交流电的串联准爆电流为：

$$I_{AC} \geqslant \sqrt{\frac{K_{s\max} - K_{s\min}}{\theta_{\min} \pm \frac{1}{\omega}\sin\omega\theta_{\min}}} \tag{2-8}$$

式中　　I_{AC}——交流串联准爆电流强度；

$K_{s\min}$、$K_{s\max}$——分别为最敏感和最钝感电雷管的标称发火冲能；

$\theta_{\min}$——传导时间最小值；

ω——交流电的角频率。

工业电雷管交流串联准爆电流的标准：串联 20 发，康铜桥丝电雷管不大于 2.5A；镍铬桥丝不大于 2.0A。

③电容式发爆器起爆。当采用电容式发爆器时，为保证串联电雷管被引爆，发爆器的输出冲能应大于最钝感电雷管的发火冲能。准爆条件可表示为：

$$R \leqslant \frac{2\theta_{min}}{C\ln\left(\dfrac{U^2C - 2RK_{smin}}{U^2C - 2RK_{smax}}\right)} \qquad (2-9)$$

式中　　R——外电阻；

　　　　C——电容放电电流；

　　　　U——电容充电电压；

K_{smin}、K_{smax}——分别为最敏感和最钝感电雷管的标称发火冲能；

　　　　θ_{min}——传导时间最小值。

2）当使用电容式发爆器时，最钝感电雷管的点燃时间应小于放电电流降到最小发火电流的放电时间，这个条件可表示为：

$$R \leqslant \frac{-K_{smax} + \sqrt{K_{smax}^2 + C^2 I_0^2 U^2}}{C I_0^2} \qquad (2-10)$$

式中　I_0——电雷管的最小发火电流式；

其他符号意义同前。

3. 电爆网路

电爆网路联结的基本形式有串联（图 2-17）、并联（图 2-18）和混合联（图 2-19）三种。电爆网路必须根据采用的起爆电源和雷管参数进行设计。

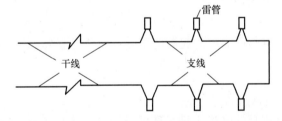

图 2-17　串联网路

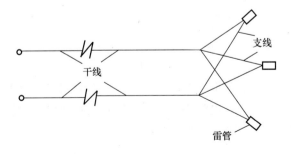

图 2-18　并联网路

（1）串联

串联网路的优点是网路简单，操作方便，易于检查，网路所要求的总电流小。串联网路总电阻为：

$$R_0 = R_m + nr \tag{2-11}$$

式中　R_0——网路总电阻；

　　　R_m——导线电阻；

　　　r——雷管电阻；

　　　n——串联电雷管数目。

串联总电流为：

$$I = I_d = \frac{U}{R_m + nr} \tag{2-12}$$

式中　I_d——通过单个电雷管的电流；

　　　U——电源电压。

当通过每个电雷管的电流 I_d 大于串联准爆条件要求的准爆电流时，串联网路中的电雷管将被全部引爆，即：

$$I_d = \frac{U}{R_m + nr} \geqslant I_{准} \tag{2-13}$$

式中　$I_{准}$——准爆电流。

由式（2-13）可看出，若要在串联网路中进一步提高起爆能力，应当提高电源电压和减小电雷管的电阻。

（2）并联

并联网路的特点是所需要的起爆电压低，而总电流大。并联网路总电阻为：

$$R_0 = R_m + \frac{r}{m} \tag{2-14}$$

式中　m——并联电雷管数目。

当通过每个电雷管的电流 I_d 满足准爆条件时，并联网路中的电雷管将被全部引爆，即

$$I_d = \frac{I}{m} = \frac{U}{mR_m + r} \geqslant I_{准} \tag{2-15}$$

根据式（2-15），提高电源电压和减小导线电阻是提高并联网路起爆能力的有效措施。

采用电容式发爆器做起爆电源时，很少采用并联网路，因为电容式发爆器的特点是输出电压高，而输出电流小，与并联网路的特点要求恰恰相反。如果采用电容式发爆器做电源，应按下式设计计算：

$$R \leqslant \frac{-K_{smax} + \sqrt{K_{smax}^2 + \dfrac{C^2 I_0^2 U^2}{m^2}}}{C I_0^2} \tag{2-16}$$

（3）混合联

混合联是由串联和并联组合而成的电爆网路，在电雷管数目较多，爆破电源难以达到准爆条件时，多采用混合联爆破网路，所以混合联的优点是可以同时起爆大量电雷管。按电雷管连接方式不同，混合联进一步分为串并联和并串联。

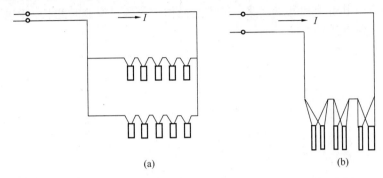

图 2-19 混合联

(a) 串并联；(b) 并串联

若先将 n 个雷管串联成组，再将 m 组并联，则构成串并联（图 2-19a）。此时，网路总电阻为：

$$R_0 = R_m + \frac{nr}{m} \tag{2-17}$$

网路总电流为：

$$I = \frac{U}{R_m + \dfrac{nr}{m}} \tag{2-18}$$

通过每个电雷管的电流为：

$$I_d = \frac{I}{m} = \frac{U}{mR_m + nr} \tag{2-19}$$

准爆条件为：

$$I_d = \frac{U}{mR_m + nr} \geqslant I_{准} \tag{2-20}$$

若先将 m 个电雷管并联，再将 n 组串联，则构成并串联（图 2-19b）。此时网路总电流、通过每个电雷管的电流以及准爆条件的计算式均与串并联相同。

在混合联中，为了能使每个电雷管均获得最大电流，必须对网路中串联或并联进行合理地分组。若网路中电雷管总数为 N，则雷管总数为 $N = m \cdot n$，在电压、导线电阻、雷管电阻都已确定时，将 $n = N/m$ 代入式（2-20）后，根据极值条件经简单的数学运算，可求得通过每个雷管电流最大时的 m 值，即：

$$m = \sqrt{\frac{Nr}{R_m}} \tag{2-21}$$

计算出的 m 值，在串并联中表示最优的电雷管并联分组数，在并串联中表示每一组雷管的最优并联个数。

总之，电力起爆法应用范围十分广泛，地面、地下爆破中均可使用。它的优点是可以同时起爆大量雷管，可以准确控制起爆时间和延期时间，可以在爆破之前用仪表检测电雷管和电爆网路。缺点是操作较复杂，作业时间长，需要有足够的电源和消耗电线较多。

2.3.2　非 电 起 爆 法

1. 导爆索起爆法

导爆索（传爆线）起爆法是利用雷管的爆炸，首先引爆导爆索，然后由导爆索网路的爆轰引爆药包的方法。

（1）导爆索的起爆

导爆索通常采用电雷管起爆，为了保证起爆的可靠性，在峒室和深孔爆破时常在导爆索与雷管的联结处加 1～2 个炸药卷，雷管的集中穴应朝向传爆方向，雷管或药卷绑结的位置需离开导爆索末端 100mm。为了安全，只准在临起爆前将起爆雷管绑结于导爆索上。

（2）导爆索网路的联结

导爆索联结方式，可分为串联、分段并联、并簇联以及继爆管同导爆索组成的联合起爆网络。

串联是在每个药包之间直接用传爆线联结起来。此法当一个药包拒爆时，影响到后面的药包也拒爆，因此很少采用。

分段并联是将联结每个药包的每段传爆线与另外一根传爆线（主线）联结起来。这种联结起爆较可靠，因而在爆破中应用较多。

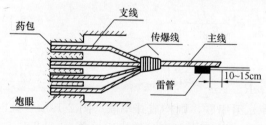

图 2-20　传爆线的并簇联

并簇联是将联结每个药包的传爆线一端联成一捆，再与另外一根传爆线（主线）联结起来，如图 2-20。这种联结，传爆线消耗量很大。因此，只有在药包集中在一起时（如隧道爆破）应用。

联合起爆网路是继爆管同导爆索联合起爆网络，适用于露天、地下（无瓦斯爆炸危险）多排深孔微差爆破。有关爆破网路的联结方式如图 2-21、图 2-22、图 2-23 所示。

联结传爆线时应注意接头搭接长度不应小于 10cm，一般用 20～30cm，并用麻绳或其他细绳扎紧，如图 2-24；支线与主线联结时，支线的端头必须朝着主线

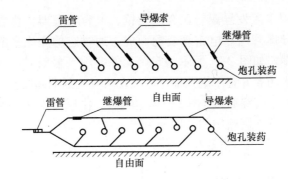

图 2-21　单排孔孔间微差爆破网路

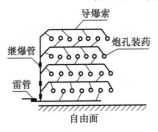

图 2-22　排中间隔微差起爆

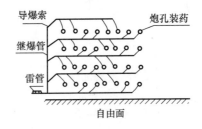

图 2-23　排间对孔间隔微差起爆

起爆方向，其间的夹角不得小于 90°，如图 2-25；在药包内（或起爆体内），传爆线的一端应卷绕成起爆束，如图 2-26，以增加起爆能力；起爆传爆线用的火雷管，应捆扎在距传爆线端头 10～15cm 处，雷管底部的窝槽应指向传爆方向。

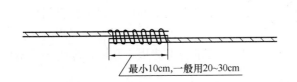

图 2-24　接头搭接

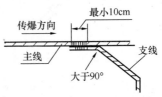

图 2-25　支线与主线的连接

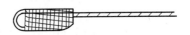

图 2-26　传爆线在药包内卷成起爆束

　　导爆索起爆法的优点是操作技术简单，安全性较高，可以使成组装药的深孔或峒室同时起爆，由于导爆索的爆速高，可以提高弱性炸药的爆速和传爆的可靠性。缺点是导爆索不能用仪表检查起爆网路的质量。

　　2. 导爆管起爆法

　　导爆管起爆系统由塑料导爆管、连接元件、击发元件、传爆元件、起爆元件组成。

　　连接元件可采用连通管或连接块，也可以使用工业胶布，既经济方便又简单可靠。击发元件用来激发导爆管,有激发枪、电容激发器、普通雷管和导爆索等。传爆元件由导爆管与非电雷管装配而成,通过它的爆炸来激发更多的导爆管,实现成组起爆,如图2-27所示。起爆元件多用8号瞬发或延期雷管与导爆管装配而成,装入药卷并置于炮孔中,可实现瞬发或延期起爆。

导爆管起爆网络有簇联法(图2-28)、串联法(图2-29)和并联法(图2-30)。一般根据导爆管雷管在网路中的作用分为传爆雷管(地表雷管)和起爆雷管(孔内雷管),可通过选择传爆雷管和起爆雷管实现同段或分段起爆。

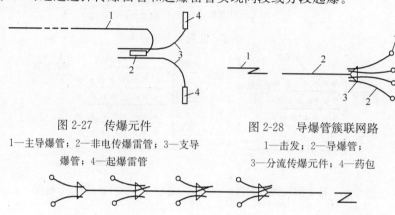

图 2-27　传爆元件　　　　　　　图 2-28　导爆管簇联网路
1—主导爆管;2—非电传爆雷管;3—支导　　1—击发;2—导爆管;
爆管;4—起爆雷管　　　　　　　3—分流传爆元件;4—药包

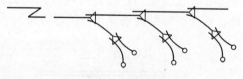

图 2-29　导爆管串联网路

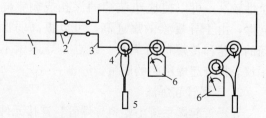

图 2-30　导爆管并联网路

导爆管起爆系统操作简单,使用安全,能抗杂散电流和静电等影响,可节省大量的棉线和金属材料,成本较低。但不能用仪表来检测网路连接质量,不能用于瓦斯、煤尘爆炸危险的地点等。

3. 磁电起爆法

为了吸取电力起爆法的优点,同时又要克服杂散电流的危害,国内外已研制成功了磁电起爆法。

磁电起爆法网路包括由 QB-1 型起爆器、无接头磁环电雷管等组成磁电起爆系统,并配备专用 HZ-1 型网路检测仪。该系统如图 2-31 所示。

在电磁起爆系统中,电雷管脚线是全封闭没有接头的。生产电雷管时,就将脚线缠绕在全封

图 2-31　磁电起爆系统示意图
1—QB-1 型起爆器;2——次线;3—导线;4—磁环;
5—电雷管;6—HZ-1 型检测仪

闭的磁环上，故外部电流不可能从脚线输入。起爆时由 QB-1 型起爆器供给固定频率的交流电信号，经磁环产生感应电流引爆电雷管，不接收外界其他任何电信号，所以有较好的抗杂电效果。

　　网路检查系统，是由信号发生器和无触点检测仪（HZ-1 型）组成，可迅速检查出网路中接触不良或断头情况。我国研制的磁电起爆系统，性能已可与国外的相比，一次起爆雷管量达 200 多发，脚线长达 10m，检测系统安全可靠。

　　4. 无线电遥控起爆系统

　　无线电遥控起爆系统，多用于水下爆破等特殊条件下，主要有超声波遥控起爆和电磁波遥控起爆两种。

　　超声波遥控起爆系统由指令装置发出超声波信号，使起爆电容放电，进而使电雷管通电起爆。信号采用调频波，频率为 $25kHz \pm 500Hz$，调制频率范围为 380Hz 和 420Hz，可在 100m 水深以内使用。

　　电磁波遥控起爆系统由振荡器、环形天线、接收器和雷管组成，输出功率 20kW，接收器按调谐频率而同时齐发，在 1ms 内即可动作。

思考题与习题

　　1. 对工业炸药的基本要求有哪些？

　　2. 起爆药与单质炸药有哪些特点？

　　3. 硝铵类炸药的主要成分有哪些？各在炸药中起什么作用？

　　4. 试比较铵梯炸药、铵油炸药和铵松蜡炸药的优缺点及适用条件。

　　5. 试比较浆状炸药、水胶炸药和乳化炸药的组成、优缺点及适用条件。

　　6. 绘图说明火雷管、电雷管（瞬发、秒延期和毫秒延期）、非电雷管和无起爆药雷管的构造及工作原理。

　　7. 解释下列术语：①电雷管全电阻；②最大安全电流；③最小发火电流；④电雷管的反应时间；⑤发火冲能（最小发火冲能、标称发火冲能）；⑥电雷管的敏感度；⑦准爆电流。

　　8. 说明导火索和导爆索的构造、性能和工作原理。

　　9. 工程爆破中常用的点火器材有哪几种？

　　10. 试说明导爆管的传爆原理。

　　11. 常用的起爆方法有哪几种？试述各种起爆方法所用的器材、起爆原理、优缺点、适用条件及操作要点。

　　12. 电爆网路有哪些连接方法？各自的优缺点及适用条件是什么？

　　13. 说明电雷管的串联准爆条件。

　　14. 使用各种起爆方法时，可能引起哪些意外爆炸事故？原因是什么？

第3章 炸药爆炸的基本理论

§3.1 爆炸现象及基本特征

3.1.1 爆 炸 现 象

爆炸是物质系统一种极迅速的物理或化学变化。在变化过程中，瞬时放出其内含的能量，并借助系统内原有气体或爆炸生成的气体膨胀对周围介质做功，产生巨大破坏效应并伴有强烈的发光和声响。

爆炸做功的根本原因在于系统原有的高压气体或爆炸瞬间形成的高温、高压气体骤然膨胀。爆炸的一个最重要的特征是在爆炸点周围介质中发生急剧的压力突跃，这种压力突跃是造成周围介质破坏或对周围生命体杀伤的直接原因。

在自然界、工程、日常生活中以及在军事上存在大量的爆炸现象，爆炸现象多种多样，大致归为三类：

①物理爆炸

由物理变化引起的爆炸称为物理爆炸。在爆炸过程中，爆炸物质仅有温度、压力、体积的变化，例如蒸汽锅炉或高压气瓶的爆炸，雷电以及细金属丝因通过高压电流而发生的爆炸，以及雪崩、地震、高速粒子撞击物体表面等引起的爆炸等。

②化学爆炸

由化学变化引起的称为化学爆炸。在爆炸过程中，形成了新的化学物质。这类爆炸包括常见的炸药和火药的爆炸，浮悬于空气中的细煤粉或其他可燃粉尘的爆炸，甲烷、乙烷以一定比例与空气混合时所发生的爆炸等等。

③核爆炸

由核裂变或核聚变引起的爆炸称为核爆炸。在爆炸过程中，生成了新的元素。核爆炸可能形成数百万到数千万度的高温，在爆炸中心会造成数百万大气压，同时还有很强的光辐射和热辐射，因此它所造成的破坏要比一般的炸药大得多。

尽管各种类型爆炸的物理机制不同，所产生的力学效果也不同，但它们都是在极短的时间内迅速释放能量的过程。在生产实践中，最广泛应用的是炸药的爆炸反应，因此在以后的内容中主要讨论炸药的爆炸。

3.1.2 炸药爆炸的基本特征

在热力学意义上，炸药是一种相对稳定系统，一旦外界作用达到一定程度时，它就能迅速地释放出热量，同时产生大量高温气体。炸药爆炸是化学体系的非常迅速的化学反应过程。炸药爆炸速度快，其速度每秒高达数千到万米，所形成的气体温度可达 $3000\sim5000℃$，压力可达几十万大气压，因而气体可以迅速膨胀并对周围介质做功。

炸药爆炸过程具有以下三个特征：反应过程的放热性；反应过程的高速性并能够自行传播；反应过程中生成大量的气体产物。这三个条件正是任何物质的化学反应成为爆炸反应所必备的，三者相互关联，缺一不可。

1. 反应的放热性

反应过程的放热性是爆炸反应的首要条件，因为炸药爆炸时，首先要进行能量转换，即将其内含能转变成热能，再由热能转变成机械能对外做功。如果反应不放热或放热量很小，就不可能提供做功的能量。而且，炸药要发生爆炸，首先需要使炸药分子活化，并产生急剧化学反应而释放能量，通过能量转换再激发下一层炸药发生化学反应，因此爆炸释放的热量是激发未爆炸炸药的能源，否则爆炸反应将不能自行传播下去。

放出大量热能是形成爆炸的必备条件，吸热反应或放热不足都不能形成爆炸，例如：

$ZnC_2O_4\rightarrow2CO_2+Zn-20.5\ kJ/mol$ 　　　　　不爆炸

$CuC_2O_4\rightarrow2CO_2+Cu+23.9\ kJ/mol$ 　　　　爆炸性不明显

$HgC_2O_4\rightarrow2CO_2+Hg+72.4\ kJ/mol$ 　　　　爆炸

$(Ag)_2C_2O_4\rightarrow2CO_2+2Ag+123.4\ kJ/mol$ 　　爆炸

对于同一种化合物，由于激起反应的条件和热效应不同，也有类似结果，如：

$NH_4NO_3\rightarrow$（低温加热）$NH_3+HNO_3-170.7\ kJ/mol$ 　　　　不爆炸

$NH_4NO_3\rightarrow$（雷管引爆）$N_2+2H_2O+0.5O_2+126.4\ kJ/mol$ 　　爆炸

由于反应放热，使之炸药的产物气体温度达数千度，反应放热和反应传播速度越大，则爆炸的破坏性也就越大。

2. 反应的快速性

爆炸反应与一般的化学反应的最大差异是反应速度，爆炸反应过程极快，以至于可认为爆炸反应释放的能量几乎全部聚集在相当于原来炸药体积的产物气体之中，从而达到高度的能量集中。一般的化学反应也是放热的，而且所放出的热量可能要比炸药多得多，然而反应速度太慢，使得生成的产物气体在反应进行中就发生了相当程度的膨胀，同时放出的热量通过热传导和辐射而严重地散失，从而使生成的气体只能达到相当低的能量密度，因此达不到高能量密度。炸药爆炸所达到的能量密度要比一般燃料燃烧所达到的能量密度高出数百倍乃至数千倍，正是由于这个原因，炸药爆炸才具有巨大的做功能力。

由于反应速度快，爆炸反应时对周围介质做功的功率就很大。例如 1kgTNT 爆炸时放热 4×10^3 kJ，假设爆炸产物做绝热膨胀，反应时间为 10^{-5} s，则功率可达 4 亿 kW；而 1kg 无烟煤与空气混合物的燃烧放热量为 9.2×10^3 kJ，但反应时间一般为数分钟到数十分钟，其功率很小。这种做功功率的巨大差异，导致破坏能力有很大不同。

3. 生成大量气体

炸药爆炸之所以能够膨胀做功并对周围介质造成破坏，根本原因之一就在于炸药爆炸时，能在极短的时间内生成大量气体产物。由于爆炸反应迅速，加之反应放热，从而造成所生成的气体高温高压。如果反应过程中不产生大量气体，那么爆炸就不能在瞬间造成高压状态，从而也就没有对周围产生破坏的做功介质或者只有很少的做功介质。炸药爆炸过程正是利用气体的这种特点把炸药的势能迅速地转变为爆炸的机械功。

例如，铝热剂的化学反应虽然能释放大量热量，足以将反应产物加热到3000℃，但是没有生成气体产物，所以不发生爆炸。

$$2Al+Fe_2O_3 \rightarrow Al_2O_3 + 2Fe + 829 \text{ kJ/mol}$$

一般炸药在爆炸反应时，可以产生 1000L/kg 左右的气体产物。

3.1.3 炸药化学反应的形式

炸药在不同的条件下和受到不同的外界作用时，可能出现三种不同的反应形式：缓慢分解、燃烧和爆炸。这三种反应形式在性质上有很大区别，所以了解不同反应形式的特点及其转化条件，对于炸药的正确使用、加工和报废处理是非常必要的。

1. 缓慢分解

炸药的缓慢分解一般在常温下进行，反应速度很慢，分解反应在全部炸药中同时进行，没有一定的反应区。分解生成物往往不是爆炸反应的最终生成物。反应过程中不产生火、光和声响，不易觉察，对外界没有破坏作用。

分解反应的速度受温度、浓度、压力等环境因素影响。随着温度升高，反应速度加快。当炸药的分解反应为放热反应而且不能及时散热时，反应会自动加速，最终会引起炸药的燃烧和爆炸。

炸药的分解反应反映出炸药的化学安定性，对炸药的长期储存、加工安全都有一定意义。

2. 炸药的燃烧

炸药的燃烧是一种激烈的氧化反应。反应在一定温度上进行，速度较快，燃烧在炸药的局部进行并向炸药内部未燃烧部分扩展，存在集中的燃烧反应区。反应区的传播速度称为燃烧速度，炸药的燃烧速度一般为 $10^{-3} \sim 10^{2} \, \mathrm{m/s}$。炸药燃烧时，有火、光产生，没有显著声响，对外界不产生强烈的破坏作用。

炸药的燃烧速度受外界环境的影响，特别是压力和温度影响较大，此外也受炸药的结构、密度和外壳等因素的影响。炸药的快速燃烧一般称为爆燃，速度可达每秒数百米。

3. 炸药的爆轰

炸药的爆炸过程与燃烧过程类似，化学反应区也只是在局部区域内进行并在炸药内传播。爆炸与燃烧的区别在于，燃烧靠热传导传递能量和激起化学反应，而爆炸则是靠瞬间产生的压缩冲击波的作用来传递能量和激起化学反应；燃烧受环境影响较大，而爆炸基本上不受环境条件影响；爆炸反应比燃烧反应更为激烈；燃烧产物的运动方向与反应区传播方向相反，而爆炸产物的运动方向则与反应区传播方向相同，从而可产生很高压力。

爆炸反应区在炸药中的传播速度称为爆炸速度。一般将具有稳定爆炸速度的反应称为爆轰，不稳定的称为爆炸。因此，爆轰是爆炸的一种定态形式。

炸药的上述三种化学变化形式，在一定条件下能够相互转化，缓慢分解可发展为燃烧、爆炸。反之，爆炸也可转化为燃烧和缓慢分解。

§3.2　炸药的爆炸反应及热化学参数

3.2.1　氧　平　衡

大量使用的炸药主要是由 C、H、N、O 四种元素组成，其中 C、H 是可燃剂，O 是氧化剂。它们在爆炸的瞬间所形成的典型产物成分为 H_2O、CO、CO_2、N_2、H_2、O_2 和 C，此外还有少量 CH_4、C_2H_2、HCN、HN_3 等气体。如果炸药中含有 Al、Mg 等金属粉末，则在爆轰产物中还会生成一部分金属氧化物及微量的氮化物。

若炸药内只含有 C、H、N、O 四种元素，则单质炸药和混合炸药都可写成通式 $C_aH_bN_cO_d$。

炸药爆炸反应与其他化学氧化反应不同的是氧化剂由炸药本身提供，因此炸药中氧化剂与可燃剂的含量，直接影响到爆炸反应的生成物，也影响到爆炸反应释放能量的多少。为了描述这方面的特征，一般用氧平衡来反映炸药中氧化剂的含量。

1. 氧平衡的概念

炸药内含氧量与可燃元素充分氧化所需氧量之间的关系称为氧平衡。氧平衡用氧平衡值或氧平衡率表示。

每克炸药中保证可燃元素充分氧化时多余或欠缺的氧量称为氧平衡值，单位为 g/g。

以重量百分比表示的氧平衡值称为氧平衡率。

2. 氧平衡的计算

（1）单质炸药的氧平衡计算

若炸药的通式为 $C_a H_b N_c O_d$，则单质炸药的氧平衡按下式计算：

$$K=\frac{d-\left(2a+\dfrac{b}{2}\right)}{M}\times16\times100\%$$ (3-1)

式中 M——炸药的摩尔质量。

（2）混合炸药的氧平衡计算

混合炸药氧平衡的计算有两种方法。若炸药的通式按 1kg 写出，则计算式为：

$$K=\frac{d-\left(2a+\dfrac{b}{2}\right)}{1000}\times16\times100\%$$ (3-2)

若按炸药中各组分的重量百分比计算，则有：

$$K=m_1 K_1+m_2 K_2+\cdots+m_n K_n$$ (3-3)

式中 m_1、m_2、$\cdots$、m_n——混合炸药中各组分重量百分比；

K_1、K_2、$\cdots$、K_n—— 混合炸药各组分的氧平衡值。

3. 氧平衡的分类

根据氧平衡值的大小，可将氧平衡分为正氧平衡、零氧平衡和负氧平衡。

①负氧平衡（$K<0$）。炸药的爆炸产物中含有 CO、H_2 等气体，甚至出现固体碳。由于可燃元素不能充分氧化，不能放出最大热量，且 CO 有毒，很少在井下使用。

②正氧平衡（$K>0$）。炸药的爆炸产物中会出现 NO、NO_2 等气体。虽然可燃元素能得到充分氧化，放出最大热量，但是生成氮的氧化物是吸热反应，会降低爆炸反应的放热量。氮的氧化物有强烈的毒性，并能促使煤矿瓦斯和煤尘的燃烧、爆炸，不适于在井下使用。

③零氧平衡（$K=0$）。炸药由于没有多余的氧也不缺氧，可燃元素能充分氧化，放出最大热量，也不产生毒气。

因此，一般工业炸药都设计成零氧平衡炸药。一些炸药及组分的氧平衡见表3-1。

一些炸药和物质的氧平衡和定容生成热 表 3-1

物质名称	分子式	氧平衡（%）	定容生成热（kJ·mol⁻¹）
硝酸铵	NH_4NO_3	20.0	354.83
硝酸钾	KNO_3	39.6	489.56
硝酸钠	$NaNO_3$	47.0	463.02
硝化乙二醇	$C_2H_4(ONO)_2$	0.0	233.41
乙二醇	$C_2H_4(OH)_2$	−129.0	444.93
泰安 PETN	$C_5H_8(ONO_2)_4$	−10.1	512.50
黑索金 RDX	$C_3H_6N_3(NO)_3$	−21.6	−87.34
奥托金 HNX	$C_4H_4N_4(NO_2)_4$	−21.6	−104.84
特屈儿 CE	$C_6H_2(NO_2)_4NCH_3$	−47.4	−41.49
梯恩梯 TNT	$C_6H_2(NO_2)_3CH_3$	−74.0	56.52
二硝基甲苯 DNT	$C_6H_3(NO_2)_2CH_3$	−114.4	53.4
硝化棉 NC	$C_{24}H_{31}(ONO_2)_9O_{11}$	−38.5	2720.16
苦味酸 PA	$C_6H_2(NO_2)_3$	−55.9	
叠氮化铅 LA	$Pb(N_3)_2$		−448.00
雷汞 MP	$Hg(CNO)_2$	−1184.0	−273.40
二硝基重氮酚 DDNP	$C_6H_2(NO_2)_2NON$	−58.0	−198.83
石蜡	$C_{18}H_{38}$	−346.0	558.94
木粉	$C_{15}H_{22}O_{11}$	−137.0	2005.48
轻柴油	$C_{16}H_{32}$	−342.0	946.09
沥青	$C_{30}H_{18}O$	−276.0	594.53
淀粉	$(C_6H_{10}O_5)n$	−118.5	948.18
古尔胶（加拿大）	$C_{3.21}H_{6.2}O_{3.38}N_{0.043}$	−98.2	6878.90（kJ/kg）
甲胺硝酸盐	$CH_6N_2O_3$	−34.0	339.60
水（气）	H_2O		240.70
水（液）	H_2O		282.61
二氧化硫	SO_2		297.10
二氧化碳	CO_2		395.70
一氧化碳	CO		113.76
二氧化氮	NO_2		−17.17
一氧化氮	NO		−90.43
硫化氢	H_2S		20.16
甲烷	CH_4		74.10
氯化钠	$NaCl$		410.47
三氧化二铝	Al_2O_3		1666.77

3.2.2   爆 炸 反 应 方 程

爆炸反应方程反映了炸药爆炸后产物的成分和数量，同时也是进一步确定爆炸释放能量、计算炸药爆炸的热化学参数和爆轰参数的依据。

由于炸药爆炸反应时间极短，爆炸过程中往往存在中间反应和产物的二次反应，且爆炸反应及产物受炸药组分、密度多种因素影响。因此，精确确定炸药产物组分是很困难的，只能近似建立炸药爆炸反应方程式。

①对于正氧和零氧平衡炸药，即满足 $d \geqslant 2a + \dfrac{b}{2}$ 的炸药，其爆轰产物的构成符合最大能量释放原则，即 $C_aH_bN_cO_d$ 中的碳全部氧化成 CO_2、氢全部氧化成为 H_2O，整个爆炸反应的近似方程为：

$$C_aH_bN_cO_d \rightarrow aCO_2 + \frac{b}{2}H_2O + \frac{c}{2}N_2 + \frac{1}{2}\left(d - 2a - \frac{b}{2}\right)O_2$$

例如，硝化甘油爆炸的反应方程可写成：

$$C_3H_5(NO_3)_3 \rightarrow 3CO_2 + 2.5H_2O + 1.5N_2 + 0.25O_2$$

②对于一般的负氧平衡炸药，即满足 $a + \dfrac{b}{2} \leqslant d < 2a + \dfrac{b}{2}$ 的炸药，其所含氧量足以使氢被氧化成 H_2O、使碳全部氧化成 CO，但不足以使全部的碳变成 CO_2，它们爆炸反应的近似方程为：

$$C_aH_bN_cO_d \rightarrow \frac{b}{2}H_2O + \left(d - a - \frac{b}{2}\right)CO_2 + \left(2a + \frac{b}{2} - d\right)CO + \frac{c}{2}N_2$$

例如，泰安爆炸的反应方程可写成：

$$C(CH_2ONO_2)_4 \rightarrow 4H_2O + 3CO_2 + 2CO + 2N_2$$

可见，对于正氧、零氧和一般负氧平衡炸药，其爆炸生成物遵循的原则是，$C_aH_bN_cO_d$ 中的氧优先把氢氧化成 H_2O，而后使碳氧化成 CO，如果还有多余的氧，会使 CO 再氧化成 CO_2，即生成物组分的顺序为 $H_2O \rightarrow CO \rightarrow CO_2$。

③对于严重的负氧平衡炸药，即满足 $\dfrac{b}{2} \leqslant d < a + \dfrac{b}{2}$ 的炸药，如梯恩梯、三氨基三硝基苯（TATB），它们的含氧量不足以使爆轰产物完全氧化，其生成产物的优先顺序为 $H_2O \rightarrow CO \rightarrow C$，其爆炸反应方程可近似写作：

$$C_aH_bN_cO_d \rightarrow \frac{b}{2}H_2O + \frac{c}{2}N_2 + \left(d - \frac{b}{2}\right)CO + \left(a - d + \frac{b}{2}\right)C$$

例如，苦味酸炸药爆炸反应方程可写成：

$$C_6H_2(NO_2)_3OH \rightarrow 1.5H_2O + 1.5N_2 + 5.5CO + 0.5C$$

3.2.3   爆炸反应的热化学参数

炸药爆炸反应的热化学参数包括爆容、爆热、爆温和爆压。

1. 爆容

单位质量炸药爆炸时所生成的气体产物，换算在标准状态下所占的体积，称为爆容。通常以 1kg 炸药为单位进行表示，其单位为 L/kg。

由于气体产物是爆炸所释放热量转变为机械功的介质，故爆容是爆炸做功能力的一个标志。爆容越大，炸药做功能力越强。

若炸药的通式 $C_aH_bN_cO_d$ 是按 1mol 写出的，其爆容计算式为：

$$V_0 = \frac{22.4n}{M} \times 1000 \tag{3-4}$$

式中　n——气体产物的总摩尔数；

　　　M——炸药的摩尔质量。

若炸药的通式按 1kg 写出，则爆容按下式计算：

$$V_0 = 22.4n \tag{3-5}$$

2. 爆热

单位质量炸药爆炸时所释放出的热量，称为爆热。通常以 1kg 或 1mol 炸药所放出的热量来表示，其单位为 J/kg 或 J/mol。

爆热是一个很重要的爆炸性能参数，它是炸药对外做功的能源。炸药爆热越大，炸药对外做功的能力就越强。表 3-2 列出了一些炸药的爆热。

一 些 炸 药 的 爆 热		表 3-2
炸药名称	爆热（kJ·kg^{-1}）	装药密度（g·cm^{-3}）
梯恩梯	4222	1.5
黑索金	5392	1.5
泰安	5685	1.65
特屈儿	4556	1.55
雷汞	1714	3.77
硝化甘油	6186	1.6
硝酸铵	1438	—
（80:20）铵梯炸药	4138	1.3
（40:60）铵梯炸药	4180	1.55

炸药爆热计算的理论基础是盖斯定律。盖斯定律认为，化学反应的热效应与反应进行的途径无关，只取决于反应的初态和终态。图 3-1 是盖斯定律的图解，图中 1、2、3 表示在标准状态下的元素、炸药和爆轰产物。

根据盖斯定律，有：

$$Q_{2-3} = Q_{1-3} - Q_{1-2} \tag{3-6}$$

式中　Q_{2-3}——炸药的爆热；

　　　Q_{1-2}——炸药的生成热；

　　　Q_{1-3}——爆轰产物的生成热。

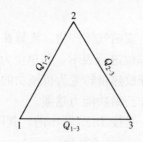

图 3-1　盖斯三角形图解

1—元素；2—炸药；3—爆轰产物

生成热是指由元素生成 1kg 或 1mol 化合物放出或吸收的热量。反应过程在定容条件下的生成热称为定容生成热；反应在 0.1MPa 的恒压下产生的生成热称为定压生成热。表 3-3 为部分爆炸产物的生成热。

部分爆炸产物的生成热   表 3-3

物质名称	摩尔质量	分子式	生成热（kJ·mol⁻¹）	
			定压	定容
二氧化碳	44	CO_2	396	396
一氧化碳	28	CO	113	114
水（汽）	18	H_2O	242	241
二氧化氮	46	NO_2	−33	−17
一氧化氮	30	NO	−90	−90
一氧化二氮	44	N_2O	−82	−74
二氧化硫		SO_2		297
氯化氢	36.5	HCl	92	92
硫化氢（气）		H_2S		20
甲烷	16	CH_4	77	74
氨	17	NH_3	46	44

炸药的爆炸过程非常接近于定容过程，故爆热一般是指定容爆热 Q_v。但是，由于物质的生成热大都是在定压条件下测得的，所以需要将定压爆热 Q_p 换算成定容爆热 Q_v，即：

$$Q_v = Q_p + 2.48\Delta n \qquad (3-7)$$

式中　Q_p——定压爆热；

Q_v——定容爆热；

Δn——产物中气体摩尔数 n_2 与炸药中气体摩尔数 n_1 之差（$n_2 - n_1$）。

炸药的爆热受以下因素影响：

①炸药的氧平衡。工业用混合炸药应尽量配成零氧平衡炸药，其爆热最高。

②炸药的密度。随着炸药密度增大，爆轰压力会增大，使爆炸瞬间的二次可

逆反应向着减小体积和增大放热的方向进行，这对负氧平衡炸药的影响较为明显。

③附加物。在炸药中加入铝粉、镁粉等金属粉末时，反应生成金属氧化物和氮化物的过程都是剧烈的放热过程，从而增加爆热。

④装药外壳。增加外壳强度或重量，能阻止气体产物的膨胀，提高爆压，从而提高爆热。

3. 爆温

炸药爆炸瞬间将爆炸产物加热所达到的最高温度，称为爆温，其单位可以用热力学温度 K 或摄氏度表示。

爆温也是炸药的一个重要参数，它取决于爆热和爆炸产物组成。在某些情况下希望炸药的爆温高些，以获得较大的威力；但在另一些情况下，尤其是煤矿用炸药则要求爆温控制在较低的范围内，以防引起瓦斯、煤尘爆炸，确保使用安全。

由于爆炸过程迅速，给爆温测定带来很大困难，目前采用测色温确定爆温。表 3-4 为几种炸药的爆温实测值。

炸药的实测爆温					表 3-4
炸药名称	硝化甘油	黑索金	泰安	特屈儿	梯恩梯
密度（g·cm^{-3}）	1.60	1.70	1.77	—	—
爆温（K）	4000	3700	4200	3700	3010

4. 爆压

爆炸产物在爆炸反应完成瞬间所达到的压力称为爆压，单位为 MPa。它实质上是假定爆炸反应为绝热等容过程，爆炸产物在炸药原体积内达到热和化学平衡后的流体静压值。

爆压一般通过阿贝尔状态方程计算，即：

$$p = \frac{nRT}{V-\alpha} = \frac{n\rho}{1-\alpha\rho}RT \qquad (3\text{-}8)$$

式中　α——气体分子的余容，是炸药密度的函数；

ρ——炸药密度；

V——比容，$V = 1/\rho$；

T——爆温。

§3.3　炸药的起爆与感度

炸药是一种相对稳定的物质，在没有受到外界作用时不产生爆炸反应，只有受到外界足够能量的作用时才爆炸。炸药受到外界作用发生爆炸的过程称为起爆。引爆炸药所需要的能量，称为初始冲能或起爆冲能，引爆需要的能量越小，则表明炸药越敏感，反之则较为钝感。

所谓感度，就是指炸药在外界作用下，发生爆炸的难易程度。它是衡量炸药稳定性大小的重要标志。掌握炸药对外界作用下的感度规律，对于炸药的加工、使用、保存以及运输等均具有重大意义。

3.3.1　炸药的起爆机理

1. 起爆与起爆能

根据化学动力学观点，在通常情况下，炸药分子的平均能量不足以引起炸药的爆炸反应，只有炸药分子的能量提高到使分子进一步活化时，才能发生爆炸反应。使炸药分子从稳定状态变成活化分子所需要的能量，称为炸药的活化能。

引起炸药发生爆炸的能量，其形式是多种多样的：

①热能。利用加热作用使炸药起爆，如直接加热、火焰或电线灼热起爆等。

②机械能。通过撞击、摩擦、针刺等机械作用使炸药分子间产生强烈的相对运动，并在瞬间产生热效应，使炸药起爆。

③冲击波能量。利用爆轰波以及冲击波的冲击作用使炸药起爆。

④电能。利用静电作用、高压火花放电以及高强度电磁辐射和高能粒子辐射能等引爆炸药。

2. 炸药起爆机理

根据活化能理论，化学反应只是在具有活化能量的分子相接触和碰撞时才发生。活化分子具有比一般分子更高的能量，故比较活泼。因此，为使炸药起爆，就必须有足够的外能使部分炸药分子变成活化分子。活化分子的数量越多，其能量与分子平均能量相比越大，则爆炸反应速度也高。

起爆机理大致可分为热直接作用下的热爆炸理论、机械作用下的热点学说和爆炸冲能起爆机理。

(1) 热爆炸理论

该理论是谢苗诺夫提出的，他做了以下三点假设：

①在整个炸药中各处温度相同且不随时间变化，即炸药的温度 $T = \text{const}$；

②环境温度恒定，即炸药周围的温度 $T_0 = \text{const}$；

③如果炸药要发生爆炸，则要求 $T > T_0$，且 T 与 T_0 相差不大。

依据上述假设，可以列出炸药系统的热平衡方程。显然，只有在单位时间里炸药所放出的热量大于散失给周围环境的热量，才能在炸药中产生热的积累，使之温度不断升高，引起炸药的反应速度加快，最后导致爆炸。此外，还须满足另一条件，即放热随温度的变化率大于散发热量随温度的变化率，只有这样才能引起炸药的自动加速反应。

（2）热点学说

该学说认为，在过程较快的机械作用下，冲击所产生的热来不及均匀地分布到受冲击的炸药整体，而集中在药体的局部点上，例如集中在个别结晶的两面角上，特别是在多面棱角或小气泡处。在这些小点上温度达到高于爆发点时，就会在这些局部点上开始爆炸，而后扩展为整个装药体爆炸。整个过程分为：热点形成阶段；以热点为中心向周围扩展成长阶段，这种扩展往往以速燃形式进行；由燃烧转变成低速爆轰的过渡阶段；稳定爆轰阶段。

产生热点的途径很多，概括起来有：炸药中的空气隙或气泡在机械作用下的绝热压缩；炸药颗粒之间，炸药与杂质之间，炸药与容器壁之间发生摩擦而生成热；液体炸药（或低熔点炸药）高速黏性流动加热。

一般炸药的热点须具备以下条件才能成长为爆炸：热点的温度在 $300\sim600℃$；热点的半径为 $10^{-5}\sim10^{-3}$cm；热点的作用时间在 10^{-7}s 以上；热点所具有的热量在 $10^{-10}\sim10^{-8}$J。以上所提供的只是个数量级范围，并非准确的数值。

（3）爆炸冲能起爆机理

在工程爆破中常利用雷管、导爆索或药包的爆炸能引爆炸药，其起爆机理同机械能起爆类似。由于瞬间爆轰波（强冲击波）作用，首先在炸药某些局部形成热点，引起热点周围炸药分子的爆炸，使炸药起爆。

3.3.2 炸药的感度

1. 热冲量感度

炸药对热冲量的感度是指炸药的热感度和火焰感度。

（1）热感度

炸药的热感度是指在热的作用下引爆炸药的难易程度，通常用爆发点来表示。

爆发点是指在一定的试验条件下，将炸药加热到爆炸时的加热最低温度（爆燃温度）。爆发点越低，则表明炸药对加热敏感度越高；反之，则对热敏感度越低。

爆发点是在规定的条件下确定的。通常的实验条件为：用 0.05g 炸药，装在铜质管壳中，管口用软木塞封闭，将装置好的铜管插入伍德合金浴中（图 3-2），插入深度为 30mm，插入时伍德合金浴已加热到一定温度（能引起爆燃的温度）。如在 5min 内不爆炸，则需将温度升高 5℃再试；如不到 5min 就爆炸，则需将温度降低 5℃再试。如此反复试验，直到求出被试炸药的爆发点。

爆发点不是仅取决于炸药本身特性的固定不变的数值，它与实验条件密切相关。所以，爆发点只是一个用来比较各种炸药热感度高低的相对尺度，不可作为

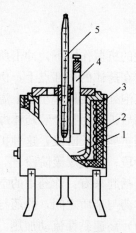

图 3-2   爆发点测定器

1—合金浴锅；2—电热丝；3—隔热层；4—铜试管；5—温度计

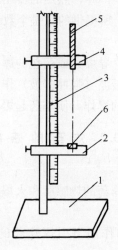

图 3-3   火焰感度试验装置

1—底座；2—下盘架；3—标尺；4—上盘架；5—导火索；6—火帽壳

加热炸药时的安全温度的上界值。

（2）火焰感度

炸药在明火或火花作用下发生爆炸的难易程度称为火焰感度。常用炸药对导火索喷出的火焰的最大引爆距离来表示，单位为"mm"。

测定火焰感度是在火焰感度测定仪（图 3-3）上测定的。将 0.05g 炸药试样装入火帽中，调节导火索端面到被测药面之间的距离，点燃导火索，导火索燃烧到最后的末端喷出火焰可以引爆炸药的最大距离即为所求。用发火距离的上、下限来表示炸药的火焰感度。上限是使炸药 100％发火的最大距离，下限是炸药

100％不被点燃的最小距离。

2. 机械感度

炸药在生产、运输和使用中不可避免地会遇到各种机械作用，因此研究炸药对机械作用的感度，在安全方面有着重要的意义。

（1）冲击感度

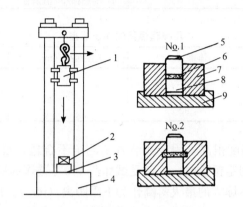

图 3-4   立式落锤仪

1—落锤；2—撞击器；3—钢砧；4—基础；5—上击柱；
6—炸药；7—导向套；8—下击柱；9—底座

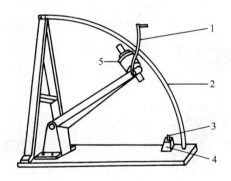

图 3-5   弧形落锤仪

1—手柄；2—有刻度的弧架；3—击柱；
4—击柱和火帽定位器；5—落锤

炸药冲击感度的试验方法和表示方法有多种，其基本原理相同。猛炸药的冲击感度通常采用立式落锤仪（图 3-4）测定。测定时将 0.05g 炸药试样置于撞击器内上、下两击柱之间，让 10kg 重锤自 25cm 的高度自由下落而撞击在上击柱上。采用 25 次平行试验中炸药样品发生爆炸的百分率来表示该炸药的冲击感度，部分炸药的冲击感度见表 3-5。

标准条件下一些炸药的冲击感度　　　　　表 3-5

炸药名称	爆炸百分数（%）	炸药名称	爆炸百分数（%）
泰安	100	梯恩梯	4～8
黑火药	100	特屈儿	44～52
黑索金	72～80	钝化黑索金	28～32
奥托金	72～80	50 梯恩梯/50 黑索金	50

几种起爆药的冲击感度　　　　　表 3-6

起爆药名称	锤重（g）	上限距离（mm）	下限距离（mm）
雷汞	480	80	55
氮化铅	975	235	65～70
二硝基重氮酚	500	—	225

起爆药的冲击感度很高，用上述装置来测定不合适，可用弧形落锤仪（图 3-5）进行测量。在固定锤重时，以使受试炸药 100％爆炸的最小落高作为上限距离（mm）和 100％不爆炸的最大落高作为下限距离（mm）。试验药量 0.02g，平行试验次数 10 次以上。上限距离表示起爆药的冲击感度，下限距离表示安全条件。表 3-6 为几种起爆药的冲击感度。

（2）摩擦感度

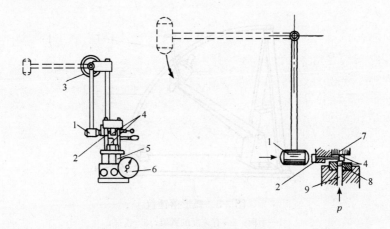

图 3-6　摩擦摆

1—摆锤；2—击柱；3—角度标盘；4—测定装置（上下击柱）；
5—油压机；6—压力表；7—顶板；8—导向套；9—柱塞

炸药的摩擦感度通常采用摆式摩擦仪来测定（图 3-6）。施加静荷载的击柱之间夹有炸药试样，在摆锤打击下，上、下两击柱间发生水平移动以摩擦炸药试样，观察爆炸的百分率。试验药量 0.02g，摆锤重 1500g，摆角 90°，平行试验 25 次。试验方法和感度表示方法与冲击感度相类似。一些炸药的摩擦感度见表 3-7。

一些炸药的摩擦感度　　　　　　　　　　　　　　　　　　　　　　表 3-7

炸药名称	摩擦感度（%）	炸药名称	摩擦感度（%）
梯恩梯	0	1 号煤矿炸药	28
特屈儿	24	4 号高威力硝铵炸药	32
黑索金	48～52	铵铝高威力炸药	40
泰安	92～96		

（3）起爆冲能感度

炸药在起爆冲能作用下发生爆炸的难易程度称为起爆冲能感度或爆轰感度。通常用极限起爆药量来表示猛炸药的爆轰感度。

极限起爆药量是指在规定的试验条件下，使一定量的猛炸药完全爆轰所需要的最少起爆药量。所需的起爆药量越少，说明所测猛炸药的爆轰感度越高。

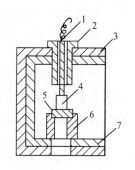

图 3-7　极限药量
测定装置
1—导火索；2—套管；
3—防护罩；4—雷管；
5—铅板；6—支撑筒；
7—铅护板

测定极限起爆药量的试验条件及方法：把 1g 受试炸药以 50MPa 的压力压入 8 号铜雷管壳内，然后再装进一定量的起爆药，扣上加强帽，用 30MPa 的压力压实，并插入导火索，将装好的雷管垂直放在 $\phi40mm \times 4mm$ 的铅板上并引爆雷管。如果爆炸后铅板被击穿且孔径大于雷管外径，则表示猛炸药完全爆轰，否则说明猛炸药没有完全爆轰。改变起爆药量反复试验，即可确定使猛炸药试样完全爆轰所需要的极限起爆药量。试验装置如图 3-7 所示。

用上述方法测定几种猛炸药的极限起爆药量列在表 3-8 中。

几种猛炸药的极限起爆药量　　　　　　　　　　　　　　　　　　表 3-8

起爆药名称	受试炸药		
	梯恩梯	特屈儿	黑索金
雷汞	0.24	0.19	0.19
氮化铅	0.16	0.10	0.05
二硝基重氮酚	0.163	0.17	0.13

3. 冲击波感度和殉爆

（1）冲击波感度

炸药在冲击波作用下发生爆炸的难易程度称为冲击波感度。炸药的冲击波感度常采用隔板试验和飞片撞击试验测定。

①隔板试验

如图 3-8 所示，利用不同的惰性材料作隔板，通过改变隔板厚度来调节主发炸药爆炸传入受试炸药的冲击波强度，通过一系列试验，找出使受试炸药爆炸频率为50％的隔板厚度来作为炸药对冲击波感度的指标。

②飞片撞击试验

利用飞出的金属圆片来撞击受试炸药，使之发生爆炸。飞片撞击炸药所产生的冲击波强度，可用改变飞片速度来调节。炸药对冲击波的感度是采用使炸药发生爆炸的最低飞片速度来表示的。

(2) 殉爆

某处炸药爆炸时，引起相隔一定距离处的另一炸药爆炸的现象称为殉爆。

首先爆炸的炸药称为主动装药，被诱导爆炸的炸药称为被动装药。能产生殉爆的两装药间的最大距离称为殉爆距离（图3-9）。

产生殉爆的原因是主动装药爆炸后产生的冲击波在周围介质中传播时，冲击波强度足以引起被动装药爆炸。因此，对主动装药而言，殉爆距离反映了炸药爆炸的冲击波强度。对被动装药而言，殉爆距离反映了炸药对冲击波的感度。

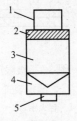

图 3-8 隔板试验
1—受试炸药；2—隔板；3—主发炸药；
4—平面波发生器；5—起爆药柱

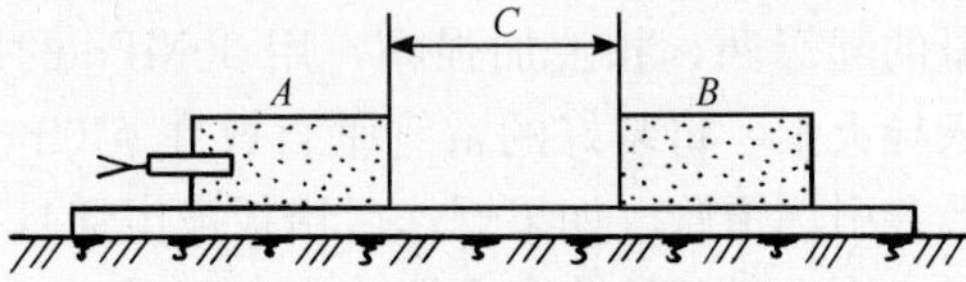

图 3-9 炸药殉爆试验
A—主动装药；B—被动装药；C—殉爆距离

殉爆距离决定于主动装药的炸药性质和药量、被动装药对冲击波的感度及装药间的介质性质。通常采用空气中的殉爆距离来表示工业炸药的殉爆指标，试验中主、被动装药一般均采用ϕ32mm、重200g的炸药，殉爆距离以厘米为单位。表3-9为几种工业炸药的殉爆值。

几种工业炸药的殉爆值 表3-9

炸药名称	密度（g·cm^{-1}）	殉爆距离（cm）
2号岩石铵梯炸药	0.95～1.10	5.0
2号露天铵梯炸药	0.85～1.10	3.0
铵梯黑Ⅱ号炸药		25.0
2号煤矿铵梯炸药	0.95～1.10	5.0
露天铵油炸药	0.8～0.9	2.0
2号水胶炸药		25.0
乳化油岩石炸药	1.00～1.25	8.0

炸药的殉爆距离常常是炸药厂和使用单位质量检验和炸药在贮存期间有无变质的一个重要指标，也作为炸药生产工房、贮存库房等安全距离的设计依据。在工程上，殉爆距离 R 可用如下的经验公式来计算：

$$R = K\sqrt{Q} \tag{3-9}$$

式中　R——殉爆距离（m）；

　　　K——由炸药种类、传导介质和爆破条件所决定的系数；

　　　Q——主动装药的药量（kg）。

主动装药与被动装药之间不发生殉爆的最小距离称为殉爆安全距离。在设计炸药、雷管库房位置时，应考虑某一库房爆炸不得殉爆另一库房，此时的殉爆安全距离也可采用上式确定，其中的 Q 则为炸药的库存量（kg）或雷管的库存量（个）。

4. 静电感度

炸药在静电火花作用下发生爆炸的难易程度称为炸药的静电感度。

在一般情况下，由于静电电流强度很小，即使电压很高，但处于这样高电压场中的炸药由于同处于高电位，所以是不容易发生爆炸的。但是在放电时，由于高压静电的放电能量很大，因而有可能引起炸药或雷管意外爆炸。

静电感度可用引燃或引爆炸药所需的最小放电能量表示，或在固定放电量条件下用引燃或引爆炸药的百分数来表示。

§3.4　炸药的爆轰理论

要描述炸药的爆炸作用，必须清楚地了解爆炸过程的机理。只有在掌握爆轰学的基本规律之后，才能处理爆炸作用的问题。

从 19 世纪末期以来，对爆轰过程进行了深入的研究，并建立了以流体动力学为基础的爆轰理论。爆轰理论阐明了爆轰传播的规律和实质，正确解释了爆轰过程的特点，如爆轰机理、稳定条件等，导出了爆轰传播的基本理论公式，计算出了各种爆轰参数，如爆速、爆轰压力等，得到比较满意的结果。

流体动力学爆轰理论的基本观点：

①炸药的爆轰是冲击波在炸药中传播而引起的。

②炸药在冲击波作用下的快速化学反应所释放出的能量又支持了冲击波的传播，使其波速保持恒定而不衰减。

③爆轰参数是以流体动力学为基础计算的。

3.4.1　波 的 基 本 概 念

1. 波

在外界作用下，介质状态的局部改变称为扰动，而波是介质中扰动的传播。

波携带着扰动源的信息，又包含着介质本身的特征。介质中的波是研究炸药爆炸的基础。

介质中已受扰动的区域与未受扰动的区域的分界面称为波阵面。波阵面的运动速度即扰动的传播速度称为波速。波的传播速度不仅取决于介质的属性和状态，而且取决于扰动的强度。波的传播速度比介质质点速度大得多，弱扰动波的传播速度就是介质声速，强扰动的传播速度比介质声速大。由于扰动而引起的介质质点运动的速度称为质点速度，它不同于波的传播速度。

在扰动过程中，介质质点的运动方向与波传播方向一致的波称为纵波或 P 波，而将质点运动方向与波传播方向相垂直的波称为横波或 S 波。在固体介质中传播的有纵波和横波，而在理想流体介质中只能传播纵波。

2. 声波

扰动前后介质状态参数变化量与初始状态参数值相差很微小的扰动称为弱扰动，声波就是在可压缩介质中传播的弱扰动纵波，其传播速度称为声速。介质的密度越高，声速越快。表 3-10 是几种常见介质中的声速。

几种常见介质的声速　　　　　　　表 3-10

介 质 名 称	声速（m·s^{-1}）	介 质 名 称	声速（m·s^{-1}）
梯恩梯（$\rho=1000kg/m^3$）	1900	钢	5050
梯恩梯（$\rho=1600kg/m^3$）	2700~2800	水	1430
梯恩梯爆轰产物（$\rho=2200kg/m^3$）	5250	空气（标准状况时）	333
黑索金（$\rho=1600kg/m^3$）	2000	空气（1MPa，35℃时）	523
黑索金爆轰产物（$\rho=2130kg/m^3$）	6150		

声波的特点：在声波传播时，介质状态参数的变化是微小的、逐渐的和连续的；声波仅取决于介质的初始状态（p，ρ，T），而与扰动的变化量即幅值无关，因此在波的传播过程中波的轮廓形状不变；由于声波传播速度较快，所以介质受扰动后所增加的热量来不及传给周围介质，故可把声波传播过程视为绝热过程；声扰动是一种极微弱的扰动，扰动后介质的状态参数变化极小，故扰动过程可以看成是一个可逆过程，因此声波传播过程可视为等熵过程。

3. 压缩波和稀疏波

扰动传播过后，介质的压力、密度、温度等状态参数增加的波称为压缩波。

压缩波总是使介质质点运动向着波传播方向，即介质质点运动方向与波的传播方向相同，并使介质的密度、压力增加。

扰动传播过后，介质的压力、密度、温度等状态参数下降的波称为稀疏波。

稀疏波通过后，介质质点运动方向与波的传播方向相反，从而使介质压力、密度等下降。

3.4.2 冲 击 波

冲击波是在介质中以密度、压力、质点运动速度突然升高的形式向前传播的一种压缩波。

1. 冲击波的形成

冲击波是一种强压缩波，它与一般压缩波不同的是，冲击波波阵面通过后，介质参数变化不是微小量，而是一种突跃式的有限量变化。因此，冲击波实质上是一种状态突跃变化的传播。

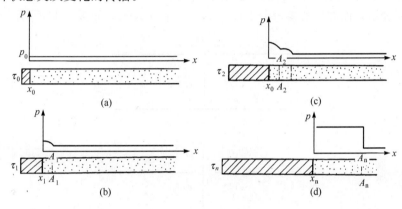

图 3-10　冲击波形成示意图

为了形象地说明问题，用活塞在圆筒中作等加速运动来说明冲击波的形成原理（图 3-10）。图中横轴表示活塞运动和冲击波传播方向，纵轴表示活塞运动时圆筒内气体的压力数值。

在 τ_0 瞬间，活塞没有运动，处于原始的 R_0 位置。介质的状态参数是 p_0、ρ_0、T_0。

在 τ_1 瞬间，活塞已开始运动到 R_1 位置，并在其前面的气体中产生了弱扰动，形成了第一个弱压缩波向前传播，波阵面在 A_1-A_1，波速等于原来未扰动时空气的声速。

在 τ_2 瞬间，活塞继续向前运动并移动到 R_2，这时产生的扰动是在原来被压缩过的气体中传播的。因此，它的波速就等于密度增加的气体的声速，且比第一个压缩波的波速大。

在 τ_3、τ_4 瞬间，活塞继续向前运动并分别到达 R_3、R_4 位置，所形成的第三、第四个压缩波的波速越来越快。

若上述过程不断进行下去，由于后面各个压缩波总是在前一个压缩波扰动过的气体中传播，因此其状态参数变化幅值亦越来越快，最终在某个瞬间（如图 3-10中的 τ_n 所形成的一系列压缩波将会追赶上并叠加起来，引起状态参数的突跃变化，从而形成了有陡峭波头的冲击波。

在炸药爆炸时，由于高压爆生气体的迅速膨胀，而在周围的介质中形成冲击波。

2. 冲击波的基本关系式

为了确定受冲击波扰动介质的状态参数，分析和研究冲击波的有关性质，必须建立起联系波阵面两侧介质状态参数之间和运动参数之间的关系式，即冲击波的基本关系式。

设有一冲击波以 D 的速度稳定的向右传播。波前的介质参量分别以 p_0、ρ_0、T_0 和 u_0 表示，而波后的参量分别以 p、ρ、T 和 u 表示，如图 3-11 所示。

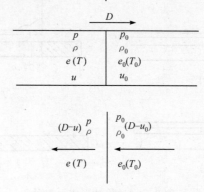

图 3-11　冲击波的状态参数

为了推导方便，将坐标取在波阵面上，那么站在该坐标系上，将看到假设未扰动介质以 $(D-u_0)$ 的速度向左流过波阵面，而以 $(D-u)$ 的速度从波阵面后流出。波阵面面积取一个单位，时间取为单位时间，则按质量守恒、动量守恒和能量守恒定律，可以导出下列方程：

$$\rho_0(D-u_0)=\rho(D-u) \tag{3-10}$$

$$p-p_0=\rho_0(D-u_0)(u-u_0) \tag{3-11}$$

$$pu-p_0u_0=\rho_0(D-u_0)\left[(E-E_0)+\frac{1}{2}(u^2-u_0^2)\right] \tag{3-12}$$

将初始介质静止条件 $u_0=0$，以及密度 ρ 和比容 V 的关系 $\rho=1/V$ 代入以上三式，并联立式 (3-10)、式 (3-11)，求解后，得：

$$D=V_0\sqrt{\frac{p-p_0}{V_0-V}} \tag{3-13}$$

$$u=(V_0-V)\sqrt{\frac{p-p_0}{V_0-V}} \tag{3-14}$$

$$E-E_0=\frac{1}{2}(p+p_0)(V_0-V) \tag{3-15}$$

以上三个方程中，前两个方程称为黎曼方程，后一个方程称为冲击绝热方程。它们对气体、液体、固体介质都适用，而且没有限制扰动强度，对弱波和强波都适用。

将上述方程应用到具体介质时，为求解冲击波波阵面上的参数，还需要与该介质的状态方程联系起来。对理想气体，其状态方程为：

$$pV = nRT \tag{3-16}$$

根据热力学基本知识有以下关系：$E = C_v T$，$C_p - C_v = nR$，$K = C_p/C_v$，其中 K 为等熵指数，是定压比热 C_p 与定容比热 C_v 之比，对理想气体 $K = 1.4$。将上述关系代入式（3-16）中，可导出 $E = \dfrac{pV}{K-1}$，并代入式（3-15）中，有：

$$\frac{pV}{K-1} - \frac{p_0 V_0}{K_0 - 1} = \frac{1}{2}(p + p_0)(V_0 - V) \tag{3-17}$$

一般情况下，$K_0 = K$，变换上式，得：

$$\frac{p}{p_0} = \frac{(K+1)\rho - (K-1)\rho_0}{(K+1)\rho_0 - (K-1)\rho} \tag{3-18}$$

或

$$\frac{\rho}{\rho_0} = \frac{(K+1)p + (K-1)p_0}{(K+1)p_0 + (K-1)p} \tag{3-19}$$

式（3-18）和式（3-19）就是理想气体中冲击波的冲击绝热方程的两种不同形式。

这样，由式（3-13）、式（3-14）、式（3-16）、式（3-18）或式（3-19）四个公式就组成了理想气体中冲击波的基本方程组，在已知五个未知参数 D、p、ρ、T 和 u 中的某一参数时，就可以求出理想气体冲击波的其他四个参数。

为应用方便，经代数变换将基本关系式表示为：

$$u = \frac{2}{K+1} D\left(1 - \frac{1}{M^2}\right) \tag{3-20}$$

$$p - p_0 = \frac{2}{K+1}\rho_0 D^2\left(1 - \frac{1}{M^2}\right) \tag{3-21}$$

$$\frac{\rho_0}{\rho} = \frac{K-1}{K+1} + \frac{2}{(K+1)M^2} \tag{3-22}$$

$$pV = nRT \tag{3-23}$$

而将式（3-23）代入式（3-18），得冲击波压缩后气体的温度为：

$$\frac{T}{T_0} = \frac{p}{p_0}\frac{(K+1)p_0 + (K-1)p}{(K+1)p + (K-1)p_0} \tag{3-24}$$

对于强冲击波（$p \gg p_0$），$1/M^2$ 和 p_0 均可忽略不计，这样冲击波参数计算公式简化为：

$$u = \frac{2}{K+1} D \tag{3-25}$$

$$p = \frac{2}{K+1}\rho_0 D^2 \tag{3-26}$$

$$\frac{\rho_0}{\rho} = \frac{K-1}{K+1} \tag{3-27}$$

$$\frac{T}{T_0} = \frac{p(K-1)}{p_0(K+1)} \tag{3-28}$$

3. 冲击波的特性

经过冲击波基本关系式的分析，冲击波具有以下特点：

①冲击波传播速度对未扰动介质而言是超音速的，对已扰动介质而言则是亚音速的。

②冲击波波速与波的强度有关，波的强度越大，波速越高。

③冲击波具有陡峭的波头，其波阵面上的介质状态参数产生突跃变化。

④冲击波传播过程中，波阵面上的介质将产生质点运动，运动方向与波的传播方向相同，但其速度小于波速，因此在冲击波后伴随有稀疏波。

⑤介质受冲击波压缩时，熵值增大，即内能增大，动能减小，所以随着冲击波在介质中传播，波的强度随之衰减，最终衰减为音波。

⑥冲击波是一种脉冲波，不具有周期性。

3.4.3 爆 轰 波

1. 爆轰波及其结构

爆轰波是在炸药中传播的伴有高速化学反应的冲击波，也称为反应性冲击波或自持性冲击波。爆轰波的传播速度称为爆速。

爆轰波具有冲击波的一般特征，但由于伴有化学反应，反应释放出的能量支持了冲击波的传播，补偿了冲击波在传播中的能量衰减，因此爆轰波具有传播速度稳定的特点。化学反应区的长度、爆速与炸药的化学反应速度有关。

爆轰波波头结构的经典模型为 ZND 模型，如图 3-12 所示。

爆轰波最前端的压力为冲击波压力 p，炸药在 p 作用下开始进行化学反应，在化学反应结束时爆轰波的压力为 p_H，称为爆轰压力。炸药中相应于 p 的位置称为冲击波波阵面，标为 1-1 面，1-1 面前方的炸药尚未受冲击波作用，处于初始状态，其压力、密度、温度、内能为 p_0、ρ_0、T_0 和 E_0，而炸药中相应于 p_H 的位置称为爆轰波波阵面，常叫做 C-J 面。C-J 面上的状态参数叫做炸药的爆轰参数，C-J 面后方为炸药的爆轰产物。

2. 爆轰波稳定传播条件

若爆轰过程是稳定的，则冲击波和爆轰波都以同样的速度 D 向前传播，假定整个系统是绝热的，可认为冲击波波阵面前方的炸药物质和爆轰波波阵面后的爆轰产物符合质量守恒、动量守恒和能量守恒方程。爆轰波与冲击波的质量守

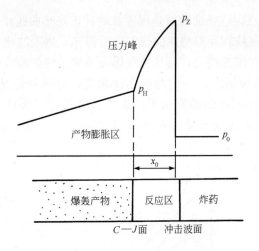

图 3-12 爆轰波的 ZND 模型

恒、动量守恒方程完全相同，只是能量方程有些差别，因为在 $C\text{-}J$ 面上炸药已变为爆轰产物，有一部分能量变成化学能（爆热 Q_v）释放出来，因而能量守恒方程变为：

$$\frac{p_H V_H}{K-1} - \frac{p_0 V_0}{K-1} = \frac{1}{2}(p_H + p_0)(V_0 - V_H) + Q_v \qquad (3\text{-}29)$$

研究表明，无论是气体炸药还是凝聚炸药，在给定的初始条件下，爆轰波都是以某一特定的速度定性传播的，爆轰波要实现稳定传播必须具备一定的稳定传播条件，以下对这一条件进行分析。

对爆轰波，由黎曼方程式（3-13）变换后可得：

$$p_H = p_0 + \frac{D^2}{V_0^2}(V_0 - V_H) \qquad (3\text{-}30)$$

若给定 D 值，该方程在 p、V 坐标面内为一条通过 (p_0, V_0) 点的直线，其角系数 $\tan\alpha = \dfrac{D^2}{V_0^2} = \dfrac{p - p_0}{V_0 - V}$，这条直线称为米海尔松直线或波速线（图 3-13）。由于方程不含有能量项，所以爆轰波和冲击波的波速线相一致。

波速线具有以下性质：

①波速线是由炸药初始状态 (p_0, V_0) 为始点，向外发出的一条直线。

②当给定初始状态 (p_0, V_0) 和爆速 D 后，波速线就确定了。也就是说，当 p_0、V_0 已知，而 D 确定后，爆轰波反应区末端面上爆轰产物的压力 p_H 和比容 V_H 一定在这条直线上。

③当给定初始状态 (p_0, V_0) 而爆速 D 变化时，直线斜率发生变化。

同样在横坐标为比容、纵坐标为压力的 $p\text{-}V$ 平面上，对冲击绝热方程式（3-29）进行讨论。由对一般二次曲线方程的判别可知，这是一条双曲线，但是不通过（p_0，V_0）点，这条曲线就是爆轰波的冲击绝热曲线，如图 3-13 所示。

由对爆轰波波速线和冲击绝热曲线的分析得知，爆轰波化学反应区末端面爆轰产物的状态必定在波速线上，而且又在爆轰波冲击绝热曲线的爆轰面上（图 3-13）。这就会出现两种情况，一是两条曲线相交，另一种情况是两条曲线相切。根据 Chapman 和 Jouguet 的研究结果，爆轰波若能稳定传播，爆轰波化学反应区末端面的状态是波速线和冲击绝热曲线的相切点，切点的状态又称为 C-J 状态。

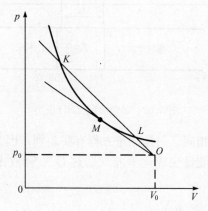

图 3-13   波速线和冲击绝热曲线的相交和相切

C-J 状态具有如下重要特点：弱扰动在此状态下的传播速度恰好等于爆轰波的传播速度。因为弱扰动都是以当地音速传播的，而（$u_H + c_{II}$）恰恰是爆轰终了 C-J 面处爆轰产物的当地因素，所以：

$$u_H + c_H = D \tag{3-31}$$

该条件即为爆轰波的稳定传播条件，又称为 C-J 条件。

3. 爆轰参数计算

以流体动力学为基础，同样可以建立起爆轰波参数关系式。对于理想气体，由质量守恒、动量守恒、能量守恒方程、爆轰稳定条件，以及理想气体状态方程就可以构成方程组：

$$\left. \begin{aligned} \rho_0(D - u_0) &= \rho(D - u) \\ p - p_0 &= \rho_0(D - u_0)(u - u_0) \\ \frac{p_H V_H}{K-1} - \frac{p_0 V_0}{K-1} &= \frac{1}{2}(p_H + p_0)(V_0 - V_H) + Q_v \\ u_H + c_H &= D \\ pV &= nRT \end{aligned} \right\} \tag{3-32}$$

方程组正好封闭，在初始参数一定时，完全可以确定爆轰波波阵面上的五个未知参数。

将音速计算式：

$$c_H = \sqrt{K p_H V_H} = \sqrt{K \frac{p_H}{\rho_H}} \tag{3-33}$$

代入上式，对强冲击波，$p_H \gg p_0$，$D_H \gg c_0$，在忽略高阶小量 p_0 和 c_0^2/D^2 后，则：

$$D = \sqrt{2(K^2-1)Q_v} \tag{3-34}$$

$$p_H = \frac{1}{K+1} \rho_0 D^2 \tag{3-35}$$

$$\rho_H = \frac{K+1}{K} \rho_0 \tag{3-36}$$

$$u_H = \frac{1}{K+1} D \tag{3-37}$$

$$T_H = \frac{KD^2}{nR(K+1)^2} \tag{3-38}$$

冲击波波阵面上的参数仍按气体中的冲击波计算公式（3-25）～式（3-28）计算。从比较中可以看出，冲击波波阵面和爆轰波波阵面参数之间存在下列关系：

$$\left.\begin{array}{l} p = 2p_H \\[2mm] \rho = \dfrac{K}{K-1}\rho_H \\[2mm] u = 2u_2 \end{array}\right\} \tag{3-39}$$

以上结果是引入理想气体状态方程得到的，因此只适用于气体炸药。而大多数工业和军用炸药都是凝聚炸药，即液体和固体炸药，对这种情况，一般认为 ZND 模型对凝聚炸药仍然适用，爆轰稳定条件也仍然适用，只是应导入凝聚炸药爆轰产物的状态方程。

通常简便的近似计算中，将下式作为凝聚炸药的状态方程：

$$pV^r = A \tag{3-40}$$

引入式（3-40）的状态方程后，可以得到与气体炸药相同的结果，只是绝热指数 K 换成了多方指数 r，即：

$$\left.\begin{array}{l} D = \sqrt{2(r^2-1)Q_v} \\[2mm] p_H = \dfrac{1}{r+1}\rho_0 D^2 \\[2mm] \rho_H = \dfrac{r+1}{r}\rho_0 \\[2mm] u_H = \dfrac{1}{r+1} D \\[2mm] T_H = \dfrac{rD^2}{nR(r+1)^2} \end{array}\right\} \tag{3-41}$$

实验表明，多方指数 r 的范围在 $2.3\sim3.3$ 之间，通常取 $r=3$，这样就得到如下简明结果：

$$\left.\begin{array}{l} D=4\sqrt{Q_\mathrm{v}} \\[2mm] p_\mathrm{H}=\dfrac{1}{4}\rho_0 D_\mathrm{H} \\[2mm] \rho_\mathrm{H}=\dfrac{4}{3}\rho_0 \\[2mm] u_\mathrm{H}=\dfrac{1}{4}D_\mathrm{H} \\[2mm] c_\mathrm{H}=\dfrac{3}{4}D_\mathrm{H} \end{array}\right\} \tag{3-42}$$

3.4.4 爆速及其影响因素

1. 爆速的影响因素

爆速是一个重要的爆轰参数，根据爆速可以推算出其他一系列爆轰参数，即爆速间接表示出其他爆轰参数值，反映了炸药爆轰的性能，因而研究爆速有着重要意义。

炸药爆轰可以达到的最大稳定爆轰速度是炸药本身固有的特性，主要取决于炸药的爆热、爆轰产物的性质和炸药密度，但实际上炸药的稳定爆轰速度往往达不到理论计算值即固有爆轰速度，其原因是实际的爆速除与炸药本身的化学性质有关外，还受到装药直径、密度和粒度、装药外壳、起爆冲能及传爆条件等影响。

（1）装药直径

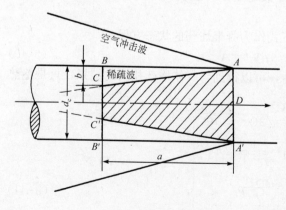

图 3-14 爆轰产物的侧向膨胀

实际爆破工程中大量采用的是圆柱形装药，炸药爆轰时，冲击波沿装药轴向传播，在冲击波波阵面的高压下，必然产生侧向膨胀，这种侧向膨胀以稀疏波的形式由装药边缘向轴心传播，稀疏波在介质中的传播速度为介质中的音速。装药直径影响爆速的机理，可用图 3-14 所示的无外壳约束的药柱在空气中爆轰说明。

当药柱爆轰时，由于爆轰产物的侧向膨胀，除在空气中产生空气冲击波外，同时在爆轰产物中产生径向稀疏波向药柱轴心方向传播。此时厚

度为 a 的反应区 $ABB'A'$ 分为两个部分：稀疏波干扰区 ABC、$A'B'C'$ 和未干扰的稳恒区 $ACC'A'$，而且只有稳恒区内炸药反应释放的能量对爆轰波传播有效，因而冲击波的强度将下降，爆速也相应降低。稳恒区的大小，表明支持冲击波传播的有效能量的多少，决定了爆速的大小。当稳恒区的长度小于一定值时，便不能稳定爆轰。

理论和试验研究表明，炸药爆速随装药直径 d_c 的增大而提高，并存在下列经验公式：

$$D = D_H \left(1 - \frac{a}{d_c}\right) \tag{3-43}$$

图 3-15 表明了爆速随装药直径变化的关系，当装药直径增大到一定值后，爆速就接近于理想爆速 D_H。接近理想爆速的装药直径 d_L 称为极限直径，此时爆速不随装药直径的增大而变化。当装药直径小于极限直径时，爆速将随装药直径减小而减小。当装药直径小到一定值后便不能维持炸药的稳定爆轰，能维持炸药稳定爆轰的最小装药直径称为炸药的临界直径 d_K。炸药在临界直径时的爆速称为炸药的临界爆速。

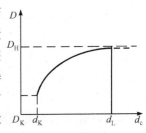

图 3-15　爆速与药柱直径的关系

因此，为保证炸药稳定爆轰，实际应用中的装药直径必须大于炸药的临界直径。临界直径与炸药本身的化学性质关系很大，起爆药临界直径最小，单质高猛炸药次之，硝铵类混合炸药临界直径较大。炸药密度对临界直径也有影响，对多数单质炸药，密度越大，临界直径越小；对混合炸药，尤其是硝铵类炸药，密度超过一定限度后，临界直径随密度增大显著增加。

（2）装药密度

增大装药密度可以使炸药的爆轰压力增大，化学反应速度加快，爆热增大，爆速提高。且反应区相对变窄，炸药的临界直径和极限直径都相应减小，理想爆速也相应提高，但其影响规律随炸药类型不同而变化。

对单质炸药，因增加密度即提高了理想爆速，又减小了临界直径，在达到结晶密度之前，爆速随密度增大而增大，如图 3-16（a）所示。

对混合炸药，增大密度虽然提高理想爆速，但相应地也增加了临界直径。当药柱直径一定时，存在使爆速达到最大的密度值，这个密度称为最佳密度。超过最佳密度后，再继续增大炸药密度，爆速反而下降（图 3-16b）。当爆速下降到临界爆速，或临界直径增大到药柱直径时，爆轰波就不能稳定传播，最终导致熄爆。

（3）炸药粒度

对同一种炸药，当粒度不同时，化学反应的速度不同，其临界直径、极限直径和爆速也不同，但粒度的变化并不影响炸药的极限爆速。一般情况下，炸药粒

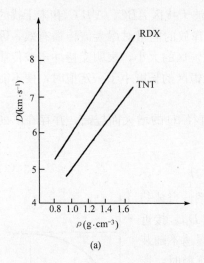
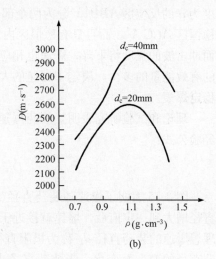

图 3-16　炸药爆速与密度的关系

度越细，临界直径和极限直径减小，爆速增高。

混合炸药中不同成分的粒度对临界直径的影响不完全相同。敏感成分的粒度越细，临界直径越小，爆速越高；而钝感成分的粒度越细，临界直径增大，爆速也相应减小；但粒度细到一定程度后，临界直径又随粒度减小而减小，爆速也相应增大。

（4）装药外壳

装药外壳可以限制炸药爆轰时反应区爆轰产物的侧向飞散，减小炸药的临界直径，因而对爆速也有影响。特别是对混合炸药，有外壳比没有外壳时爆速要高，其影响程度取决于外壳的质量和密度。例如，硝酸铵的临界直径在玻璃外壳时为 100mm，而采用 7mm 厚的钢管时仅为 20mm。装药外壳不会影响炸药的理想爆速，所以当装药直径较大爆速已接近理想爆速时，外壳作用不大。

（5）起爆冲能

起爆冲能不会影响炸药的理想爆速，但要使炸药达到稳定爆轰，必须供给炸药足够的起爆能，且激发冲击波速度必须大于炸药的临界爆速。

试验研究表明，起爆冲能的强弱，能使炸药形成差别很大的高爆速和低爆速稳定传播，其中高爆速即是炸药的正常爆轰速度。例如，当梯恩梯的颗粒直径为 1.0～1.6mm，密度为 $1.0g/cm^3$，装药直径为 21mm 时，在强起爆冲能时爆速为 3600m/s，而在弱起爆条件下，爆速仅为 1100m/s。当硝化甘油的装药直径为 25.4mm 时，用 6 号雷管起爆，起爆为 2000m/s，而用 8 号雷管起爆时则在 8000 m/s 以上。

炸药之所以会产生这种低速爆轰现象，是由于炸药中含有大量的空气间隙或气泡。当起爆冲能低时，炸药在较弱的冲击波作用下，不能产生爆轰反应，而空气间隙和气泡受到绝热压缩形成热点，使部分炸药进行反应，这部分能量支持冲击波的传播，形成了炸药的低爆速。

2. 爆速的测定方法

（1）导爆索法

该方法亦称道特里什法，这是一种古老而简便的方法，至今对于工业炸药爆速的粗略测定，仍采用这种方法。

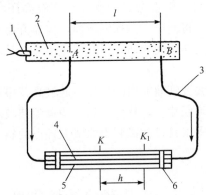

图 3-17 导爆索法测量爆速装置
1—雷管；2—被测炸药；3—导爆索；4—铅板；5—垫板；6—木卡子

具体测量装置如图 3-17 所示。取长度为 30~40cm 的被测炸药试样，装在直径约 2cm 的纸管或金属管中，再取总长约 1m 爆速稳定的导爆索，将导爆索的两端固定在被测试样的 A、B 两点上，两点间距取 $l=10~20cm$ 为宜，导爆索的中段固定在一块铅板上，铅板上面预先刻一记号，设在 K 点，并使导爆索的中点落在 K 点上。炸药起爆后，当爆轰波阵面到达 A 点时，则将导爆索的 A 端引爆，但爆轰波阵面仍继续沿炸药试样传播，它到达 B 点时又将导爆索的 B 端引爆，于是，由导爆索两头先后发生的爆轰波在导爆索的 K_1 点相遇，由于两波对撞，在 K_1 点造成一道深而明显的沟痕，精确地量出 K 与 K_1 点之距离 h，便可求得炸药试样的爆速，即：

$$D=\frac{l}{2h}D_L \tag{3-44}$$

式中 D——炸药爆速；

  D_L——导爆索爆速。

（2）探针法

这种方法简单方便，精确度高，目前广泛采用。其基本原理与导爆索法相同，不过是用电子仪表直接记录下爆轰波传经装药两点的时间间隔，根据时间间隔和两点间的距离，计算出炸药在这两点间的平均爆速，即

$$D=\frac{l}{\tau} \tag{3-45}$$

式中　l——炸药量测点间的距离；

　　　τ——爆轰波通过两测点的时间。

一般记录爆轰波通过的时间多采用电离原理，即在炸药的每个测点内各插入一对探针，探针为直径 0.04 mm 左右的镍铬丝或铜丝，两探针间隙约 1mm。当爆轰波到达第一对探针时，由于爆轰产物处于高温高压状态下被电离成正负离子，具有很好的导电性，将使第一对探针导通，仪器开始计时；当爆轰波到达第二对探针时，同样因电离作用而导通，形成停止信号，计时停止。

（3）高速摄影法

该方法是利用爆轰波波阵面发出的强光，通过高速摄影机，把爆轰波波阵面随时间的运动过程记录到底片上，从而得到一条爆轰波波阵面的位移与时间曲线（即轨迹扫描线），而后用工具显微镜测出曲线上各点的斜率，便得到各点的瞬时速度。

§3.5　炸药的爆炸作用

炸药爆炸时形成的爆轰波和高温、高压的爆轰产物，对周围介质产生强烈的冲击和压缩作用，使周围介质发生变形、破坏、运动和抛掷。炸药爆炸对周围介质的各种机械作用统称为爆炸作用。炸药的爆炸作用可分为两部分，即冲击波或应力波的动作用和爆生气体产物的流体静压或膨胀的准静态作用，简称炸药的动作用和静作用。

炸药动作用和静作用的强度随炸药类型以及爆炸条件的不同而不同。为了研究炸药的爆炸性能及其对周围介质的破坏能力，一般从爆力和猛度两个方面对炸药进行评价。

3.5.1　炸药的爆力

炸药爆炸对周围介质所做机械功的总和，称为炸药的爆力。它反映了爆生气体膨胀做功的能力，也是衡量炸药爆炸作用的重要指标。

假设炸药爆炸所释放的能量全部用于气体产物的绝热膨胀做功，根据热力学第一定律，气体产物的膨胀功等于其内能的减少，即：

$$-\mathrm{d}u=\mathrm{d}A \tag{3-46}$$

假设气体为理想气体，引入爆热表达式 $Q_v=c_v T_1$，有：

$$A=\int -\mathrm{d}u=\int_{T_1}^{T_2} -C_v\mathrm{d}T=C_v(T_1-T_2)=Q_v\left(1-\frac{T_2}{T_1}\right)=\eta Q_v \tag{3-47}$$

式中　T_1、T_2——分别为爆轰产物的初始温度和膨胀做功后的温度；

C_v——爆轰产物的平均热容；

η——热效率或做功效率 $\eta = 1 - T_2/T_1$。

引入气体等熵绝热状态方程 $pV^K =$ 常数，有：

$$\frac{T_2}{T_1} = \left(\frac{V_1}{V_2}\right)^{K-1} = \left(\frac{p_2}{p_1}\right)^{\frac{K-1}{K}} \tag{3-48}$$

代入式（3-47），有：

$$A = Q_v\left[1 - \left(\frac{V_1}{V_2}\right)^{K-1}\right] = Q_v\left[1 - \left(\frac{p_2}{p_1}\right)^{\frac{K-1}{K}}\right] \tag{3-49}$$

式中　V_1、p_1——分别为爆炸产物的初始比容和压力；

　　　　V_2、p_2——分别为爆炸产物膨胀后的比容和压力；

　　　　K——爆炸产物的绝热指数。

上式表明，炸药的做功能力正比于爆热，且和炸药的爆容有关，爆容越大，热效率越高。由于爆炸产物的组成对爆容和绝热指数 K 都有影响，从而影响炸药的做功能力。因此，炸药的爆力决定于热化学参数和爆炸产物的组成。

炸药爆力试验测定方法有：铅铸法、弹道臼炮法和抛掷漏斗法。

①铅铸法

铅铸法又称特劳次法，是常用的方法之一，如图 3-18 所示。铅铸为 99.99% 的纯铅铸成的圆柱体，直径 200mm，高 200mm，重 70kg，沿轴心有 ϕ25mm、深 125mm 的圆孔，将受试炸药 10g 装在 ϕ24mm 的锡箔纸圆筒中插入雷管，放进铅铸的轴心孔中，然后用孔 144/cm² 过筛的石英砂将孔填满，以防止爆轰产物的飞散。

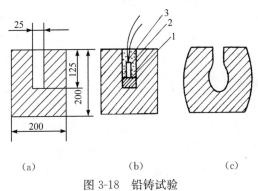

图 3-18　铅铸试验

1—炸药；2—雷管；3—石英砂

炸药爆炸后，铅铸中心的圆柱孔扩大为梨形孔，清除孔内残渣，注水测量扩孔后的容积。扩孔后的容积减去雷管扩孔容积（8 号雷管的扩孔值为 28.5mL）就作为炸药的爆力值，单位为"mL"，它是反映炸药做功能力的相对指标。

标准试验的环境温度规定为 15℃，其他温度下实验值要进行修正。

②弹道臼炮法

弹道臼炮法又叫威力摆试验,其试验装置原理如图 3-19 所示。利用这种方法可以直接测定炸药在试验条件下的爆炸功,用它来比较不同炸药的爆力。

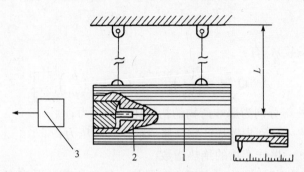

图 3-19   弹道臼炮试验
1—臼炮体;2—标准室;3—活塞式炮弹体

炸药爆炸后,爆轰产物膨胀做功分为两部分,一部分把炮弹抛射出去,另一部分使摆体摆动一个角度,摆体受到的动能转变为势能。这两部分功的和即为炸药所做的膨胀功。

炸药所做的功可从理论上推导出来:

$$A = A_1 + A_2 = ML\left(1 + \frac{M}{m}\right)(1 - \cos\alpha) \tag{3-50}$$

式中 A_1、A_2——分别为炸药爆炸对摆体和对炮弹所做的功;

   M、m——分别为摆体和炮弹的质量;

   L——摆长;

   α——摆体摆动角度。

③抛掷漏斗法

抛掷漏斗法是根据炸药在岩土中爆炸后形成的抛掷漏斗的大小,来判断炸药的做功能力。当岩土介质相同,实验条件一样时,抛掷漏斗的大小便决定于炸药的做功能力。通常用抛掷单位体积岩土的炸药消耗量作指标。

这种方法的缺点是岩土性质变化大,即使同一地点的同种岩土其力学性质也不尽相同,漏斗体积也较难测量准确,因此这种方法误差较大且重复性差,但这种试验方法的指标较为实用。

3.5.2   炸药的猛度

炸药爆炸时所产生的冲击波和应力波的作用强度称为猛度。它表征了炸药动作用的强度,是衡量炸药爆炸特性及爆炸作用的重要指标。

炸药的猛度反映了炸药爆炸时冲击波和应力波或高压爆轰产物的冲击作用对

周围介质造成的破坏程度，这种破坏作用主要表现在邻近装药的局部范围内。

炸药猛度的测定较常采用铅柱压缩法和猛度摆法。

①铅柱压缩法

试验装置如图 3-20 所示。铅柱高 60mm、直径 40mm，放置在钢砧上。在铅柱上放置一块厚 10mm、直径 41mm 的钢片，其作用是使炸药能量均匀传给铅柱。取受试炸药 50g，装入直径 40mm 的纸壳内，装药密度为 $1.0g/cm^3$。最后插入 8 号雷管引爆，雷管插入深度 15mm。

炸药爆炸后，铅柱被压缩成蘑菇状。用压缩前后铅柱的高差来表示炸药的猛度，单位为"mm"。一般炸药性能指标中的猛度值就是指铅柱压缩量。

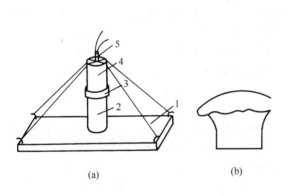

图 3-20　炸药猛度试验

（a）实验装置；（b）压缩后的铅柱

1—钢砧；2—铅柱；3—钢片；4—受试炸药；5—雷管

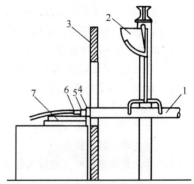

图 3-21　猛度摆

1—摆体；2—量角器；3—防护板；4—钢片；
5—药柱；6—雷管；7—托板

②猛度摆法

当爆轰产物对介质作用的时间大于介质本身的固有振动周期时，爆炸对介质的破坏只取决于爆轰压力；但当作用时间小于介质本身的固有振动周期时，爆炸对介质的破坏程度不仅决定于爆轰压力，还与压力的作用时间有关，在这种情况下用比冲量表示炸药的猛度更合适。

试验装置原理如图 3-21 所示。将受试炸药贴放在摆体的水平方向上，引爆炸药后，摆体受到冲击而摆动，记录下摆角 α，则摆体受到的比冲量 I 为：

$$I = \frac{WT}{\pi S} \sin \frac{\alpha}{2} \qquad (3-51)$$

式中　S——摆体受到冲量的表面积；

　　　T——摆的周期，$T = 2\pi \sqrt{\dfrac{L}{g}}$；

　　　g——重力加速度。

思考题与习题

1. 什么叫爆炸？自然界中存在哪些爆炸现象？各有什么特点？

2. 什么叫炸药？炸药自身有什么特点？

3. 炸药爆炸必须具备哪三个基本要素？为什么？

4. 炸药化学变化的基本形式是什么？各有什么特点？

5. 什么叫炸药的氧平衡？氧平衡有几种类型？配制炸药时为什么要选用零氧平衡？

6. 求下列炸药的氧平衡，写出它们的爆炸反应方程式并计算爆容：①硝化乙二醇；②奥可托金；③苦味酸；④1号岩石炸药（硝酸铵 82%，TNT14%，木粉 4%）；⑤铵油炸药（硝酸铵 92%，柴油 4%，木粉 4%）。

7. 炸药爆炸生成哪些有毒气体？影响其生成量的主要因素是什么？

8. 什么是炸药的爆容、爆热、爆温和爆压？

9. 试用盖斯定律计算题 6 中炸药的爆热。

10. 什么叫炸药的起爆和起爆能？起爆能的常见形式有几种？

11. 试简述热能起爆机理。

12. 试论述热点学说。

13. 什么叫炸药的感度？炸药的感度分为哪几种？各如何表示？

14. 简述冲击波的特点。

15. 什么是爆轰波？试解释爆轰波的 Z-N-D 模型。

16. 试述流体动力学爆轰理论（C-J 理论）的基本点。

17. 冲击波和爆轰波有哪些参数？有什么区别？

18. 试求密度为 $1g/cm^3$、爆速为 3700m/s 的 1 号岩石硝铵炸药的爆轰参数。

19. 试述影响炸药爆速的主要因素。

20. 炸药爆炸作用有哪两种？各有什么特点？

21. 何谓炸药的爆力和猛度？如何测定？

第4章 岩土中爆炸的基本理论

§4.1 岩石的动态特性与可爆性分级

岩石介质对爆破作用的抵抗能力与其性质有关。从根本上说，岩石的基本性质决定于岩石的生成条件、矿物成分、结构构造状态和后期地质的营造作用。研究表明，在评价岩石物理力学性质的众多参数中，与爆破有关的参数只有 10 个左右。

4.1.1 岩石的主要物理性质

1. 孔隙率

天然岩石中包含着数量不等、成因各异的裂隙和孔隙，它们对岩石力学性质的影响基本一致，工程实践中很难将两者分开，因此统称为岩石的孔隙性，通常用孔隙率 η 来度量岩石的孔隙特征。

岩石的孔隙率 η，是指岩石中孔隙体积 V_0（气相、液相所占体积）与岩石总体积 V 之比，也称孔隙度。用百分率表示为：

$$\eta = \frac{V_0}{V} \times 100\% \tag{4-1}$$

岩石孔隙的存在，能削弱岩石颗粒之间的连接力而使岩石强度降低。孔隙度越大，岩石强度降低的就越严重。常见岩石的孔隙率一般在 $0.1\% \sim 30\%$ 之间。随着孔隙率的增加，岩石中冲击波和应力波的传播速度降低。

2. 密度与堆积密度

岩石的密度 ρ 是指构成岩石的物质质量 M 对该物质所占体积 $V - V_0$ 之比，即：

$$\rho = \frac{M}{V - V_0} \tag{4-2}$$

式中 V、V_0 意义同前。一般常见岩石的密度在 $1400 \sim 3000\text{kg/m}^3$。

堆积密度 γ，是指包括空隙和水分在内的岩土总质量 G 与总体积之比，也称单位体积岩石质量。

$$\gamma = \frac{G}{V} \tag{4-3}$$

可以看出，岩石的密度与堆积密度相关，密度大的岩石其堆积密度也大。随着堆积密度（或密度）的增加，岩石的强度和抵抗爆破作用的能力也增强，破碎和移动岩石所消耗的能量也增加。所以在工程实践中，常用公式 $K = 0.4 + (\gamma/2450)^2 (\mathrm{kg/m^3})$ 来估算标准抛掷爆破的单位用药量值。

3. 岩石的碎胀性

岩石破碎成块后，因碎块之间存有空隙而总体积增加，这一性质称为岩石的碎胀性，它可用碎胀系数 η 来表示，其值为岩石破碎后的总体积 V_1 与破碎前总体积 V 之比，即：

$$\eta = \frac{V_1}{V} \tag{4-4}$$

4. 岩石的波阻抗

岩石密度（ρ）与纵波在该岩石中传播速度（C_ρ）的乘积，称为岩石的波阻抗。它有阻止波能传播的作用，即所谓对应力波传播的阻尼作用。

实验表明，波阻抗值的大小除与岩石性质有关外，还与作用于岩石界面的介质性质有关。岩石的波阻抗值对爆破能量在岩体中的传播效率有直接影响，当炸药的波阻抗值与岩石的波阻抗值相接近（相匹配）时，爆破传给岩石的能量就多，在岩石中所引起的应变值也就越大，从而能取得较好的爆破效果。也有研究认为，岩体的爆破鼓包运动速度和形态、抛掷堆积效果也取决于炸药的性质和岩石性质之间的匹配关系。

5. 岩石的强度与风化程度

岩石的强度是指岩石抵抗外力破坏的能力，或者说是指岩石的完整性开始被破坏的极限应力值。在材料力学中，用强度来表示各种材料抵抗压缩、拉伸、剪切等简单作用力的能力。但是在爆破工程中，由于岩石承受的是冲击载荷，因而强度只是用来说明岩石坚固性的一个方面。

岩石的风化程度是指岩石在地质内力和外力的作用下发生破坏疏松的程度。一般来说，随着岩石风化程度的加剧，岩石的孔隙率和变形性增大，其强度和弹性性能降低。所以同一种岩石常常由于风化程度的不同，其物理力学性质差异很大。根据《工程岩体分级标准》GB 50218—1994，将岩石的风化程度分为五级，详见表4-1。

岩石风化程度划分   表 4-1

名称	风化特征
未风化	结构构造未变，岩质新鲜
微风化	结构构造、矿物色泽基本未变，部分裂隙面有铁锰质渲染
弱风化	结构构造部分破坏，矿物色泽较明显变化，裂隙面出现风化矿物或存在风化夹层
强风化	结构构造大部分破坏，矿物色泽明显变化，长石、云母等多风化成次生矿物
全风化	结构构造全破坏，矿物成分除石英外，大部分风化成土状

6. 岩石的裂隙性

由于岩体存在节理、裂隙等结构面，所以岩体的弹性常数、波传播速度不同于岩石试件。实验表明，对同一种岩石而言，岩体的泊松比要比试件的值大，而弹性常数及波速则比试件小。工程上常用岩体与试件内的波速的比值来评价岩体的完整性，称为岩体的完整系数。

由此可见，岩体只能被认为是"被若干组结构面切割形成的岩块组成的地质体"。它的性质由岩块与结构面共同决定。岩石的裂隙性对爆炸能量的传递影响很大，并且由于岩石裂隙存在的差异性很大，使问题的研究更加复杂化。

以上岩石性质都从不同方面影响着爆破效果。表 4-2 中所示为部分岩石的密度、堆积密度、孔隙率、纵波速度和波阻抗。

常见岩石的物理性质　　　　　　　　　　　表 4-2

岩石名称	密度 （$g \cdot cm^{-3}$）	堆积密度 （$t \cdot m^{-3}$）	孔隙率 （%）	纵波速度 （$m \cdot s^{-1}$）	波阻抗 （$kg \cdot cm^{-2} \cdot s^{-1}$）
花岗岩	2.6~2.7	2.56~2.67	0.5~1.5	4000~6800	800~1900
玄武岩	2.8~3.0	2.75~2.9	0.1~0.2	4500~7000	1400~2000
辉绿岩	2.85~3.0	2.80~2.9	0.6~1.2	4700~7500	1800~2300
石灰岩	2.71~2.85	2.46~2.65	5.0~20.0	3200~5500	700~1900
白云岩	2.5~2.6	2.3~2.4	1.0~5.0	5200~6700	1200~1900
砂　岩	2.58~2.69	2.47~2.56	5.0~25.0	3000~4600	600~1300
页　岩	2.2~2.4	2.0~2.3	10.0~30.0	1830~3970	430~930
板　岩	2.3~2.7	2.1~2.57	0.1~0.5	2500~6000	575~1620
片麻岩	2.9~3.0	2.65~2.85	0.5~1.5	5500~6000	1400~1700
大理岩	2.6~2.7	2.45~2.55	0.5~2.0	4400~5900	1200~1700
石英岩	2.65~2.9	2.54~2.85	0.1~0.8	5000~6500	1100~1900

7. 岩石的硬度

岩石硬度是指岩石抵抗工具侵入的能力。凡是用刃具切削或挤压的方法凿岩，将工具压入岩石才能达到钻进的目的，因此研究岩石的硬度具有一定的意义。

一般来说，强度和硬度越大的岩石就越难以开凿和爆破。但值得注意的是，某些硬度较大的岩石往往比较脆，因而也就易于爆破。

8. 岩石的抗冻性

岩石抵抗冻融破坏的性能称为岩石的抗冻性，通常用抗冻系数表示。

岩石的抗冻性是指岩样在 ±25℃ 的温度区间内，反复降温、冻结、升温、溶解，其抗压强度有所下降。岩石抗压强度的下降值与冻融前的抗压强度的比值称为抗冻系数，用百分率表示，即 $C_f = (\sigma_c - \sigma_{cf})/\sigma_c \times 100\%$ ，其中 C_f 表示岩石的抗冻系数；σ_c 为岩样冻融前的抗压强度（kPa）；σ_{cf} 为岩样冻融后的抗压强度（kPa）。

岩石在反复冻融后其强度降低的主要原因：

1）构成岩石的各种矿物的膨胀系数不同，当温度变化时，由于矿物的胀缩不均匀而导致岩石结构的破坏；

2）当温度降到 0℃ 以下时，岩石孔隙中的水将结冰，其体积增大约 9%，会产生很大的膨胀压力，使岩石结构发生改变，直至破坏。

因此，在进行冻融条件下岩石爆破设计时，应考虑冻融引起的岩石强度的降低，从而采用相应的爆破参数，以取得理想的爆破效果。

4.1.2   爆破荷载作用下岩石的力学性质

引起岩石变形破坏的荷载有静荷载和动荷载之分，通常所说的岩石的力学参数均为静荷载作用下的参数。然而岩石在冲击凿岩或炸药爆炸作用下，承受的是一种持续时间极短、加载速率极高的冲击型典型动态荷载。研究岩石的爆破破碎，首先应研究其动力学性质。

1. 炸药爆炸荷载的性质

在爆炸荷载作用下，岩石内产生应力波，应力场随时间变化，呈现动态；静载作用时，岩石内应力场与时间无关，呈现静态。动、静载区别的关键在于应变率或加载速度。

应变率 $\dot{\varepsilon}$ 定义为应变随时间的变化率，即：

$$\dot{\varepsilon} = \frac{d\varepsilon}{dt} \tag{4-5}$$

式中 t——岩石受载时间；

ε——岩石应变。

$\varepsilon = \Delta l/l$ ，Δl 为岩石受爆破荷载作用后的变形量。所以：

$$\dot{\varepsilon} = \frac{1}{l} \frac{d(\Delta l)}{dt} = \frac{v}{l} \tag{4-6}$$

式中 v——岩石绝对变形速度，即单位时间内的变形量。

加载速度 $\dot{\sigma}$ 定义为应力随时间的变化率，即：

$$\dot{\sigma} = \frac{d\sigma}{dt} \tag{4-7}$$

式中 σ——岩石内应力。

在弹性范围内，应力和应变之间存在线性关系，因此加载速度与应变率成正比。即：

$$\dot{\sigma} = E \frac{d\varepsilon}{dt} = E\dot{\varepsilon} \tag{4-8}$$

式中 E——岩石的弹性模量。

现场测试表明，爆源近区爆炸冲击荷载作用下岩石的应变率 $\dot{\varepsilon}=10^{11}/s$，中、远区应力波（弹性应力波）的传播范围内岩石的应变率也达到 $\dot{\varepsilon}=5\times10^4/s$。不同荷载下的应变率见表 4-3。

荷载状态分类   表 4-3

应变率（s^{-1}）	<10^{-6}	$10^{-6}\sim10^{-4}$	$10^{-4}\sim10$	$10\sim10^3$	>10^4
荷载状态	流变	静态	准静态	准动态	动态
加载方式	稳定加载	液压机加载	压气机加载	冲击杆加载	爆炸加载

岩石的变形性质随加载速度的不同而变化。当低速加载时，岩石呈静态、低应变率，许多岩石的应力-应变曲线表现出明显的塑性，弹性模量小。提高应变率，岩石由塑性向脆性转化，弹模增大。当岩石处于中应变率状态时，岩石表现为明显的弹性，应力-应变曲线为一直线，随着应变率的提高，弹模增大。图 4-1、图 4-2 分别为低应变率和中应变率下岩石的应力-应变曲线。

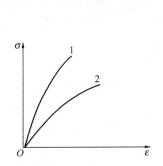

图 4-1 低应变率时砂岩的应力-应变曲线   图 4-2 中应变率时花岗岩的应力-应变曲线
1—$\dot{\varepsilon}$ 为 $10^{-2}/s$ 时；2—$\dot{\varepsilon}$ 为 $10^{-5}/s$ 时   1—$\dot{\varepsilon}$ 为 $10^{-2}/s$ 时；2—$\dot{\varepsilon}$ 为 $10^{-5}/s$ 时

2. 岩体在爆炸冲击荷载作用下的力学反应

岩体在冲击荷载的作用下产生应力波或冲击波，它在岩体中传播，引起岩石变形乃至破坏。这种力学反应有以下特点：

（1）炸药爆炸首先形成应力脉冲，使岩石表面产生变形和运动。由于爆轰压力瞬间高达数千乃至数万兆帕，从而在岩石表面形成冲击波，并在岩石中传播。其特点是波阵面压力突跃式上升，峰值高，作用时间短，并伴随着能量的迅速消耗，冲击波很快衰减为应力波。

（2）岩体中某局部被激发的应力脉冲是时间和距离的函数。由于应力作用时间短，往往其前沿沿扰动才传播了一小段距离而载荷已作用完毕。因此在岩体中产生明显的应力不均现象。

(3) 岩体中各点产生的应力呈动态,即所发生的变形、位移和运动均随时间而变化。

(4) 载荷与岩体之间有明显的"匹配"作用。当炸药与岩体紧密接触时,爆轰压力值与作用在岩体表面所激发的应力值,两者并不一定相等。这是由于介质或岩体的性质不同,在不同程度上改变了载荷作用的大小。换言之,由于加载体与承载体性质不同,匹配程度也不同,从而改变了爆炸作用的结果和能量传递效率。

3. 岩石在爆破荷载作用下的强度特性

岩石强度是指岩石受外力作用发生破坏前所能承受的最大应力值。

(1) 岩石强度的一般规律

同一岩石在不同受力状态下的强度一般符合以下规律:

三轴等压强度>三轴不等压强度>双轴抗压强度>单轴抗压强度>抗剪强度>抗拉强度。

岩石的抗拉强度远小于抗压强度。研究表明,岩石的破坏形式主要是拉伸破坏和剪切破坏。不同岩石,其强度差别很大,即使同一种岩石,由于其内部颗粒大小、胶结情况和生长条件的差异,强度变化也往往不亚于不同的岩石。这也正是岩石爆破问题复杂性的关键所在。

(2) 岩石的动态强度

动态荷载作用下岩石的强度与加载速度有关,其关系如下:

$$\sigma_{d} = k\lg\dot{\sigma} + \sigma_{j} \tag{4-9}$$

式中　σ_{d}——岩石的动态单轴抗压强或抗拉强度;

　　　σ_{j}——岩石的静态单轴抗压强或抗拉强度;

　　　k——系数。

上式表明,岩石的动态强度与加载速度的对数呈线性关系,而系数 k 与岩石的种类和强度有关。研究表明,加载速度提高,岩石的破坏形式由弹塑性、塑性向脆性转化,弹性模量增大,强度也随之提高。但加载速度仅对岩石的抗压强度有影响,而对抗拉强度影响很小。

表4-4是在高速冲击荷载实验和在材料试验机的静载实验中所得的几种岩石的动态、静态强度的比较,从表中可以看出,对同一种岩石,其动载强度高于静载强度。

(3) 岩石的动态弹性常数

岩石的动态参数主要是波速和波阻抗。对于一维平面波,波速 c 为:

$$c = \sqrt{\frac{E}{\rho}} \tag{4-10}$$

式中 E——弹性模量；

ρ——岩石密度。

几种岩石的动载强度和静载强度对比数据 表4-4

岩石名称	密度 $(kg \cdot m^{-3})$	应力波平均速度 $(m \cdot s^{-1})$	加载速度 $(MPa \cdot s^{-1})$	荷载持续时间（s）	抗压强度（MPa）		抗拉强度（MPa）	
					静载	动载	静载	动载
大理岩	2700	4500~6000	10^7~10^8	10~30	90~110	120~200	5~9	20~40
砂 岩	2600	3700~4300	10^7~10^8	20~30	100~140	120~200	8~9	50~70
辉绿岩	2800	5300~6300	10^7~10^8	20~50	320~350	700~800	22~32	50~60
石英闪长岩	2600	3700~5900	10^7~10^8	30~60	240~330	300~400	11~19	20~30

波阻抗表示应力波传播方向上的应力与质点运动速度之间的关系，即：

$$\sigma = \rho c_p u \tag{4-11}$$

式中 c_p——纵波波速；

u——质点运动速度。

对横波，有同样关系：

$$\tau = \rho c_s u \tag{4-12}$$

式中 c_s——横波速度。

根据岩石动态弹性常量与波速的关系，可以方便求出各个弹性常量：

$$E_d = \frac{c_p^2(1+\mu_d)(1-2\mu_d)}{(1-\mu_d)} = 2c_s^2\rho(1+\mu_d) \tag{4-13}$$

$$\mu_d = \frac{c_p^2 - 2c_s^2}{2(c_p^2 - c_s^2)} \tag{4-14}$$

$$G_d = \rho c_s^2 \tag{4-15}$$

$$K_d = \rho\left(c_p^2 - \frac{4}{3}c_s^2\right) \tag{4-16}$$

$$\lambda_d = \rho(c_p^2 - 2c_s^2) \tag{4-17}$$

式中 E_d——岩石的动态弹性模量；

μ_d——岩石的动态泊松比；

G_d——岩石的动态剪切模量；

K_d——岩石的动态体积模量；

λ_d——岩石的动态拉梅常数；

式中其他参数的意义同前。

纵波、横波速度可通过实测方法得到。部分岩石的动静态特性参数对比见表4-5。

几种岩石的静、动态特性比较   表 4-5

岩石名称	E	E_d	G	G_d	μ	μ_d
	($\times 10^3$ MPa)		($\times 10^3$ MPa)			
页　岩	67.5	87.2	26.9	37.0	0.27	0.180
砂　岩	25.5	26.2	9.60	11.6	0.28	0.133
石英岩	66.2	87.5	28.9	40.4	0.17	0.083
砾　岩	24.5	86.0	31.7	37.1	0.19	0.156

综上，在爆破荷载作用下，岩石有以下动态特性：

1) 岩石破坏由弹塑性、塑性向脆性转变；

2) 岩石的弹性模量增大；

3) 岩石的强度提高。

岩石的动态强度虽大幅度提高，但在爆破工程实践中，岩石动力特性对爆破效果的影响要小于结构面的影响。

4.1.3　岩石的可爆性及其分级

岩石的可爆性是指岩石抵抗爆破破坏的能力或者岩石爆破破坏的难易程度。岩石可爆性分级是爆破优化设计和施工的基础，并为加强企业的科学管理和正确制定爆破定额提供依据。

岩石的可爆性是岩石自身物理力学性质、炸药性能和爆破工艺的综合反映。岩石的可爆性分级是根据岩石可爆性的定量指标，按爆破破坏的难易程度将岩石划分成不同的等级。长期以来，国内外科技工作者进行了大量的研究，分析影响岩石可爆性的因素，并在此基础上提出了各种各样的岩石可爆性分级依据和指标，但由于问题的复杂性，到目前为止还没有形成一个能为世界各国公认的普遍都适用的岩石可爆性分级方法。

合理、简便、明了且具有实用价值的岩石分级法，应当根据具体的工程目的，采用一个或几个指标或判据来划分。现有的具有代表性的方法归纳起来有以下几种：

1. 岩石坚固性的普氏分级方法

岩石的坚固性分级又称为普氏分级，是苏联学者 M. M. 普洛托吉亚柯诺夫提出来的。普氏通过长期的观测和大量统计发现：大多数岩石坚固性在各种方式的破坏中的表现是趋于一致的。例如难以凿岩的岩石，也同样难以爆破，难以崩落。因此建立了岩石坚固性这种抽象概念，用来反映岩石对各种外力造成破坏的抵抗作用。所以，岩石坚固性是凿岩性、爆破性及采掘性以及岩石物理力学性质等的概括体现。

为了定量表示岩石的坚固性，普氏给出了一个无量纲系数，即普氏系数（又称为岩石坚固性系数）。由于生产力和科技飞速发展，普氏当年采用的多项指标已经过时，只剩下一个静载单轴抗压强度指标沿用至今，即：

$$f = \frac{\sigma_c}{100} \tag{4-18}$$

式中　f——普氏系数，无量纲；

　　　σ_c——岩石静态单轴抗压强度（MPa）。

按普氏系数 f 值的大小，将岩石划分为十个等级，见表4-6。

普氏系数岩石分级简表　　　　　表 4-6

等级	坚固性程度	典型的岩石	f值
Ⅰ	最坚固	最坚固、细致和有韧性的石英岩，玄武岩及其他各种特别坚固岩石	20
Ⅱ	很坚固	很坚固的花岗岩、石英斑岩、硅质片岩，较坚固的石英岩，最坚固的砂岩和石灰岩	15
Ⅲ	坚固	致密花岗岩、很坚固的砂岩和石灰岩、石英质矿脉、坚固的砾岩、坚固的铁矿石	10
Ⅲₐ	坚固	坚固的石灰岩、砂岩、大理岩、不坚固的花岗岩、黄铁矿	8
Ⅳ	较坚固	一般的砂岩、铁矿	6
Ⅳₐ	较坚固	砂质页岩、页岩质砂岩	5
Ⅴ	中等	坚固的黏土质岩石、不坚固的砂岩和石灰岩	4
Ⅴₐ	中等	各种不坚固的页岩、致密的泥灰岩	3
Ⅵ	较软弱	软弱的页岩、破碎页岩、白垩、岩盐、石膏、冻土、无烟煤、普通泥灰岩、破碎砂岩、胶结砾岩、石质土壤	2
Ⅵₐ	较软弱	碎石质土壤、破碎页岩、凝结成块的砾石和碎石、坚固的煤、硬化黏土	1.5
Ⅶ	软弱	致密黏土、软弱的烟煤、坚固的冲积层、黏土质土壤	1.0
Ⅶₐ	软弱	轻砂质黏土、黄土、砾石	0.8
Ⅷ	土质岩石	腐殖土、泥煤、轻砂质土壤、湿砂	0.6
Ⅸ	松散性岩石	砂、山麓堆积、细砾石、松土、采下的煤	0.5
Ⅹ	流沙性岩石	流沙、沼泽土壤、含水黄土及其他含水土壤	0.3

f 值越大，说明岩石越坚固。一般情况下，随着 f 值的增大，单位耗药量提高。实际上有的岩石的单轴抗压强度大于 300MPa，为了保持原来普氏系数最大值 $f=20$，1955年苏联的巴隆将上式修正为：

$$f = \frac{\sigma_c}{30} + \sqrt{\frac{\sigma_c}{3}} \tag{4-19}$$

普氏岩石坚固性分级方法抓住了岩石抵抗各种破坏方式能力趋于一致这个主要性质，并用一个简单明了的岩石坚固性系数 f 定量地表示这种共性，所以在工程实践中被广泛采用。但是，在实践中有的岩石的可钻性、可爆性和稳定性并不趋于一致。有的岩石易于凿岩，难爆破；相反，有的岩石难凿岩，易爆破。而且用小块岩石试件的静载单轴抗压强度来表征岩石的坚固性是不妥当的；再则，测定值的离散性很大，这样使其合理性和准确性都受到很大限制。所以，普氏分级法显得有些片面和笼统。

2. 岩石波阻抗分级方法

岩石的波阻抗反映了岩石抵抗（阻尼作用）应力波作用的能力。因此，可以用波阻抗作为指标来划分岩石的可爆性级别。按照岩石波阻抗值的大小可将岩石分为五级，见表4-7。

岩石波阻抗可爆性分级　　　表4-7

裂隙等级	裂隙程度	天然裂隙平均间距（m）	岩石成块程度	岩体天然裂隙面积（m²·m⁻³）	f	密度（t·m⁻³）	波阻抗（MPa·s⁻¹）	炸药单耗（kg·m⁻³）	可爆性级别
Ⅰ	破碎岩石	<0.1	碎块	33	<8	<2.5	<5	<0.35	易爆
Ⅱ	强烈裂隙	0.1~0.5	中块	33~9	8~12	2.5~2.6	5~8	0.35~0.45	中爆
Ⅲ	中等裂隙	0.5~1	大块	9~6	12~16	2.6~2.7	8~12	0.45~0.65	难爆
Ⅳ	轻微裂隙	1~1.5	很大块	6~2	16~18	2.7~3.0	12~15	0.65~0.9	很难爆
Ⅴ	完成岩石	>1.5	整体	2	>18	>3.0	>15	>0.9	极难爆

表4-7中波阻抗小者易爆，反之难爆。该分类同时考虑了岩石结构体尺寸及含量、岩石裂隙的平均间距、每立方米岩体中天然裂隙的面积以及炸药单耗等因素。

3. 苏联 Б.Н. 库图涅佐夫的岩石爆破性分级

苏联 Б.Н. 库图涅佐夫根据岩石的坚固性，同时考虑了岩石的裂隙性、岩体中大块构造的不同含量提出了如表4-8所示的岩石爆破性分级。

Б.Н. 库图涅佐夫岩石爆破性分级表　　　表4-8

爆破性分级	爆破单位炸药消耗量（kg·m⁻³）		岩土自然裂隙平均间距（m）	岩体中大块构体含量（%）		抗压强度（MPa）	岩石密度（t·m⁻³）	岩石坚固性系数 f
	范围	平均		>0.5m	>1.5m			
Ⅰ	0.12~0.18	0.15	<0.10	0~2	0	10~30	1.4~1.8	1~2
Ⅱ	0.18~0.27	0.22	0.1~0.25	2~16	0	20~45	1.75~2.35	2~4
Ⅲ	0.27~0.38	0.32	0.20~0.50	10~52	0~1	30~65	2.25~2.55	4~6
Ⅳ	0.38~0.52	0.45	0.45~0.75	45~80	0~4	50~90	2.50~2.80	6~8
Ⅴ	0.52~0.68	0.60	0.70~1.00	75~98	2~15	70~120	2.75~2.90	8~10
Ⅵ	0.68~0.88	0.78	0.95~1.25	96~100	10~30	110~160	2.85~3.00	10~15

续表

爆破性分级	爆破单位炸药消耗量 (kg·m⁻³)		岩土自然裂隙平均间距 (m)	岩体中大块构体含量（%）		抗压强度 (MPa)	岩石密度 (t·m⁻³)	岩石坚固性系数 f
	范围	平均		>0.5m	>1.5m			
Ⅶ	0.88～1.10	0.99	1.20～1.50	100	25～47	145～205	2.95～3.20	15～20
Ⅷ	1.10～1.37	1.23	1.45～1.70	100	43～63	195～250	3.15～3.40	20
Ⅸ	1.37～1.68	1.52	1.65～1.90	100	58～78	235～300	3.35～3.60	20
Ⅹ	1.68～2.03	1.85	≥1.85	100	75～100	≥285	≥3.55	20

4. 岩石爆破破碎性分级

表 4-9 所示的岩石爆破破碎性分级法，不仅考虑了岩石的基本性质，而且还考虑了为取得最佳爆破破碎效果，对所采用的炸药品种和单位耗药量做了相应规定。

岩石爆破破碎性分级表　　　　　　　　表 4-9

岩石级别		Ⅰ	Ⅱ	Ⅲ	Ⅳ	Ⅴ	Ⅵ
代表性岩石		坚硬岩石，花岗岩、玢岩、闪长岩、玄武岩、片麻岩		中等坚硬岩石，白云岩、石灰岩、大理岩、砂质砾岩、页岩等			松软岩石、泥灰岩、片岩等
破坏性质		脆性破坏		准脆性破坏			塑性破坏
岩石波阻抗 (×10⁶kg·m⁻²·s⁻¹)		16～20	14～16	10～14	8～10	4～8	2～4
岩石坚固系数 f		15～20	10～15	5～10	3～5	1～3	0.5～1.0
破坏能量消耗 (kJ.m⁻³)		70～80	50～70	40～50	30～40	20～30	13
推荐采用的炸药指标	爆压 (×10³MPa)	20	16.5	12.5	8.5	4.8	2.0
	爆速 (m·s⁻¹)	6300	5600	4800	4000	3000	2500
	装药密度 (g·cm⁻³)	1.2～1.4	1.2～1.4	1.0～1.2	1.0～1.2	1.0～1.2	0.8～1.0
	炸药潜能 (kJ·kg⁻¹)	5000～5500	4750～5000	4200～4750	3500～4200	3000～3500	2800～3000
块度平均线性尺寸 (cm)	5　单位耗药量 (kg·m⁻³)	1.65	1.50	1.40	1.20	0.95	0.65
	10	1.30	1.20	1.10	1.00	0.75	0.50
	15	1.10	1.00	0.95	0.85	0.65	0.45
	20	1.00	0.90	0.85	0.75	0.60	0.40
	30	0.85	0.78	0.70	0.64	0.50	0.33
	40	0.70	0.62	0.57	0.50	0.40	0.25

5. 东北大学的岩石可爆性分级方法

东北大学（原东北工学院）于 1984 年提出了岩石的可爆性分级法，是以爆破漏斗实验的体积及其实测的爆破块度分布率作为主要判据，并根据大量统计数据的分析结果，建立了一个爆破性指数 F 值（式 4-20），按照 F 值大小将岩石划分为五级十等，因此，该分级法也被称为"岩石爆破指数"分级法（表 4-10）。

$$F = \ln\left(\frac{e^{67.22} K_{\mathrm{d}}^{7.42} (\rho c)^{2.03}}{e^{38.44V} K_{\mathrm{p}}^{1.89} K_{\mathrm{x}}^{4.75}}\right) \tag{4-20}$$

式中 F ——岩石可爆性指数；

V ——爆破漏斗的体积（m^3）；

ρ ——岩石密度（kg/cm^3）；

c ——岩石波阻抗（$kg/cm^3 \cdot m/s$）；

K_{d} ——大块率（%）；

K_{x} ——小块率（%）；

K_{p} ——平均合格率（%）。

东北大学岩石可爆性分级表   表 4-10

级别		F 值	爆破程度	代表性岩石
Ⅰ	Ⅰ₁	<29	极易爆	千枚岩、破碎性砂岩、泥质板岩、破碎性百云岩
	Ⅰ₂	29.001~38		
Ⅱ	Ⅱ₁	38.001~46	易　爆	角砾岩、绿泥片岩、米黄色百云岩
	Ⅱ₂	46.001~53		
Ⅲ	Ⅲ₁	53.001~63	中　等	阳起石石英岩、煌斑岩、大理岩、灰白色百云岩
	Ⅲ₂	63.001~68		
Ⅳ	Ⅳ₁	68.001~74	难　爆	磁铁石英岩、角闪斜长片麻岩
	Ⅳ₂	74.001~81		
Ⅴ	Ⅴ₁	81.001~86	极难爆	矽卡岩、花岗岩、矿体浅色砂岩石英片岩
	Ⅴ₂	>86		

这种可爆性分级方法是根据岩石实际爆破效果综合分析后得出的，因此可靠性高，但由于实际测量劳动强度大，劳动强度高，所以目前尚难以推广，有待进一步研究。

§4.2　岩石中的爆炸应力波

装药在岩石中爆炸，最初施加在岩石上的是冲击荷载，它在极短的时间内达到峰值压力，然后又迅速下降，整个爆炸作用过程很短。由于冲击荷载作用，在岩石内激起应力扰动（或应变扰动），以波的方式从爆源向远处传播，这种波称为岩石中的爆炸应力波。

4.2.1　冲击荷载作用下岩体内的应力-应变

1. 冲击波在岩体中的传播过程及其作用范围

装药爆炸后，产生冲击波，作用于爆炸中心近区岩体。冲击波具有陡峭的波头（峰值压力），并以超声速传播，波阵面前后的岩石状态参数（密度、压力、温度、质点位移速度）都发生突跃性变化。冲击波在岩体内传播时，它的强度随传播距离的增加而减小，波的性质和形状也产生相应的变化。

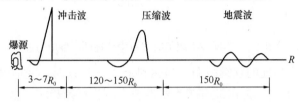

图 4-3　爆炸应力波及其作用范围

R_0—装药半径；R—据爆源的距离

根据波的性质、形状和作用性质的不同，可将冲击波传播过程分为三个作用区（图 4-3）。在距离爆源 3～7 倍药包半径的近距离内，冲击波的强度极大，波峰压力大大超过岩石的动抗压强度，使岩石产生塑性变形或粉碎，因而消耗了大部分的能量，冲击波的参数也发生急剧地衰减，这个距离的范围称为冲击波作用区。冲击波通过该区后，由于能量大量消耗，冲击波衰减为不具陡峭波峰的应力波，波阵面上的状态参数变化得比较平缓，波速接近或等于岩石中的声速，岩石的状态变化所需时间大大小于恢复到静止状态所需的时间，由于应力波的作用，岩石处于非弹性状态，在岩石中产生变形，可导致岩石破坏或残余变形，该区称为应力波作用区，其范围可达到 120～150 倍药包半径的距离。应力波通过该区后，波的强度进一步衰减，变为弹性波或地震波，波的传播速度等于岩石中的声速，其作用只能引起岩石质点做弹性振动，而不能使岩石产生破坏，故此区间称为弹性振动区。

2. 冲击荷载作用下岩石的变形及其对应的应力波

图 4-4 为冲击荷载作用下岩石的 σ-ε 曲线，图 4-5 为不同应力幅值时岩石中传播的各种应力波。分析图 4-4、图 4-5 可知：

1) 装药爆炸，当 $\sigma > \sigma_C$，则形成陡峭波头，传播速度达到超声速，为冲击波，如图 4-5（a）

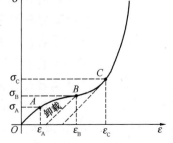

图 4-4　冲击荷载作用

下岩石的 σ-ε 曲线

所示。

2）随着冲击波的衰减，当 $\sigma_B < \sigma < \sigma_C$ 时，爆炸波头依然陡峭，但强度减弱，传播速度不是超声速的，其波速大于图 4-4 中 A-B 段塑性波波速，但小于 O-A 弹性段的声速，是非稳态的冲击波，如图 4-5（b）所示。

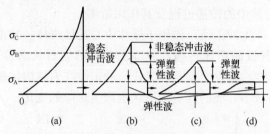

图 4-5　不同应力幅值时岩石中传播的各种应力波

3）随着波头强度的继续减弱，当达到 $\sigma_A < \sigma < \sigma_B$ 时，变形模量 $\mathrm{d}\sigma/\mathrm{d}\varepsilon$ 随着 σ 的减小而增大，非稳态冲击波衰减为塑性波，波头逐渐趋缓。塑性波以亚音速传播，如图 4-5（c）所示。

4）随着塑性波的传播、衰减，当 $0 < \sigma < \sigma_A$ 时，变形模量 $\mathrm{d}\sigma/\mathrm{d}\varepsilon$ 为常数，即是线弹性模量 E。此区段为弹性区，应力波以声速 c 传播，$c = \sqrt{E/\rho}$，如图 4-5（d）所示。弹性波继续传播，衰减为地震波。

4.2.2　爆炸荷载作用下岩石的本构关系

岩石的压力 p、温度 T 以及密度 ρ 之间的相互关系称为岩石的本构方程，也称为岩石的状态方程。对于坚硬岩石，在爆炸冲击荷载作用下，其本构方程可写成：

$$p_1 - p_0 = B\left[\left[\frac{\rho}{\rho_0}\right]^n - 1\right] \tag{4-21}$$

式中　p_1——岩石中爆炸冲击波压力；

　　　　p_0——未扰动的岩石压力；

　　　　ρ——已扰动岩石的密度；

　　　　ρ_0——未扰动岩石的密度；

　　　　B——取决于熵的变量，$B = \rho_0 c_p^2 / n$；

　　　　c_p——未扰动岩石的纵波速度；

　　　　n——定压比热与定容比热之比。

相对于爆炸冲击波压力 p_1，未扰动岩石的压力 p_0 很小，可以忽略不计，因此式（4-21）可以简化为：

$$p_1 = B(\bar{\rho}^n - 1) \tag{4-22}$$

式中 $\bar{\rho}$ ——压缩比，$\bar{\rho} = \rho/\rho_0$。

鲍姆认为爆炸冲击荷载作用下的爆源近区岩石可视为"可压缩流体"，其变形是由密度变化引起的，在这个范围的岩石不可能出现剪应力破坏，于是给出岩石的本构方程为：

$$p_1 = B(\bar{\rho}^4 - 1) \tag{4-23}$$

鲍姆认为，当冲击波波速达每秒数千米时，B 为定值，即 $B = \rho_0 c_p^2/4$。

4.2.3 岩石中的爆炸冲击波

药包在岩石中爆炸的瞬间，产生冲击波作用于岩石。岩石介质的密度、压力、温度和质点运动速度等状态参数会随着陡峭波阵面的到来而发生急剧变化。药包附近岩石失去刚性，状似流体，产生塑性流动破坏。

1. 冲击波参数

岩石爆破中冲击波参数主要有冲击波压力 p、冲击波速度 D、岩石介质质点运动速度 u、内能 E 和压缩比 $\bar{\rho}$。

根据物理学的质量守恒、动量守恒和能量守恒定律，可以得出下列三个冲击波的基本方程式：

质量守恒方程：

$$\rho_0 D = \rho(D - u) \tag{4-24}$$

动量守恒方程：

$$p - p_0 = \rho_0 Du \tag{4-25}$$

能量守恒方程：

$$\Delta E = E_2 - E_1 = \frac{1}{2}(p + p_0)(V_0 - V) \tag{4-26}$$

其中： $$p = B(\bar{\rho}^4 - 1)，或 \bar{\rho}^4 = p/B + 1 \tag{4-27}$$

式中 E_1、E_2、p_0、p、V_0、V ——分别表示介质扰动前、后的内能、压力和体积。

以上四个方程，即式（4-24）、式（4-25）、式（4-26）及式（4-27），有 5 个未知数，即 p、u、D、$\bar{\rho}$ 和 ΔE。因此，是不定方程组，如果通过实验的方法测定其中一个参数，就能解出其他参数。

实验表明，对绝大多数硬岩，爆炸冲击波波速 D 和岩石质点运动速度 u 间存在下列线性关系：

$$D = a + bu \tag{4-28}$$

式中 a、b 为岩石实验常数，如表 4-11 所示，其中 b 为切向应力和径向应力的比例系数。

某些岩石的 a、b 值　　　　　　　　表 4-11

岩石名称	密度（kg·m⁻³）	a（m·s⁻¹）	b
花岗岩 I	2630	2100	1.63
花岗岩 II	2670	3600	1.00
玄武岩	2670	2600	1.60
辉长岩	2980	3500	1.32
钙钠斜长岩	2750	3000	1.47
纯橄榄岩	3300	6300	0.65
橄榄岩	3000	5000	1.44
大理岩	2700	4000	1.32
石灰岩	2600	3500	1.43
页岩	2000	3600	1.34
岩盐	2160	3500	1.33

2. 冲击波压力的衰减

尽管冲击波的作用范围很小，但在传播过程中，因其能量消耗于破碎岩石，所以冲击波压力仍呈衰减趋势。岩石中冲击波压力衰减与炸药类型、药包形状和岩石性质有关。冲击波峰值压力随其传播距离衰减的规律为：

$$p = \frac{p_c}{\bar{r}^a} \tag{4-29}$$

式中　　p——岩石中冲击波峰值压力；

p_c——装药爆炸后作用于岩石界面上的初始压力；

$\bar{r}$——对比距离，$\bar{r} = r/r_0$；

r_0——炮孔半径；

r——冲击波压力 p 所对应点到爆炸中心的距离；

α——压力衰减指数，$\alpha \approx 13$；在塑性变形区内取 3，应力衰减系数低于冲击波的数值。

冲击波衰减很快，其作用范围一般不超过 3～7 倍的炮孔半径，之后变为压缩应力波。

4.2.4　岩石中的爆炸应力波

冲击波衰减为应力波后，其高强度和瞬时性作用的特点明显减弱，因此其波头不如冲击波陡峭，波形也趋平缓。应力波衰减的速度较慢，即应力上升时间比应力下降时间短，作用范围较大，一般为装药半径的 120～150 倍（图 4-3）。波阵面上岩石参数不像受冲击波作用那样发生突变，但其作用仍能使岩石产生变形和破坏。冲击波以声速传播，波速与波幅无关。

应力波的作用范围为爆破作用下岩石破坏的主要区域，其破岩作用表现为：

1）自由面产生的反射拉伸波的破坏作用；

2）对所经过岩石产生的径向压应力和切向拉应力破坏作用。

岩石中应力波参数主要包括应力峰值 σ_{max}、作用时间 t、应力波冲量 I_0 和应力波比能 E_0 等。

1）应力峰值

应力峰值随传播距离衰减的规律为：

$$\sigma_{max} = \frac{p_r}{r^a} \tag{4-30}$$

式中 p_r ——初始径向应力峰值，即冲击波与应力波交界面上的爆炸作用力，为冲击波的最小压力，或者是应力波最大径向压力。根据装药结构不同，其计算方法如下：

耦合装药时：

$$p_r = \frac{1}{4} \rho_e D_e^2 \frac{2\rho_m c_p}{\rho_e D_e + \rho_m c_m} \tag{4-31}$$

不耦合装药时：

$$p_r = \frac{1}{8} \rho_e D_e^2 \left(\frac{r_c}{r_b}\right)^6 n \tag{4-32}$$

$$\alpha = -4.11 \times 10^{-7} \rho_m c_p + 2.92 \ \text{或} \ \alpha = 2 - \frac{\mu}{1-\mu} \tag{4-33}$$

式中 ρ_e ——炸药密度；

D_e ——炸药爆速；

ρ_m ——岩石密度；

c_p ——岩石纵波速度；

r_c ——装药半径；

r_b ——炮孔半径；

n ——爆生气体碰撞岩壁时产生的应力增大倍数，$n = 8 \sim 11$；

α ——应力波衰减指数；

μ ——岩石的泊松比。

切向拉应力峰值可通过径向压应力峰值求算，即：

$$\sigma_{\theta max} = b \sigma_{r\,max} \tag{4-34}$$

系数 b 与岩石泊松比和应力传播距离有关，爆炸近区的 b 值比较大（$b \approx$ 1），但随着距离的增大 b 迅速减小，并趋于只依赖于泊松比的固定值，即 $b =$

$\mu/(1-\mu)$。于是有：

$$\sigma_{\theta\,\max} = \frac{\mu}{1-\mu}\sigma_{r\,\max} \qquad (4\text{-}35)$$

图 4-6 为柱装药爆破时，岩石内激起的爆炸应力波应力峰值随时间变化曲线。

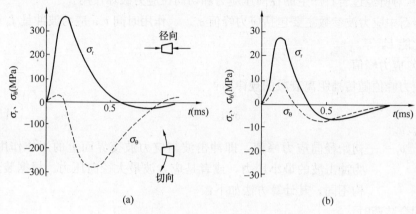

(a)　　　　　　　　　　　　　　(b)

图 4-6　柱装药在装药周围岩石内激起的应力波
(a) 近炮孔处的应力波形；(b) 较远处的应力波形

分析图 4-6 可知：

① 近炮孔处切向拉应力幅值几乎与径向压应力幅值（绝对值）一样大，但随传播距离增大，前者衰减比后者快；

② 无论是径向方向，还是切向方向，最初出现的都是压应力，而后转变成为拉应力，但在炮孔附近，径向方向以压应力为主，切向方向以拉应力为主；

③ 随距离增大，径向方向压应力和拉应力的幅值比值减小，而切向方向该比值增大；

④ 径向压应力幅值与切向拉应力幅值不在同一时刻出现，前者较早，后者较晚。

根据径向应力是压应力还是拉应力，相应地将应力波称为压缩波和拉伸波。压缩波内质点运动方向与波传播方向相同，拉伸波内质点运动方向与传播方向相反。

2）作用时间

应力上升时间与下降时间之和称为应力波的作用时间，应力上升时间比下降时间短。上升时间和作用时间与岩性、装药量、应力波传播距离等因素有关，它们之间的经验关系式为：

$$t_{\mathrm{r}} = \frac{12}{K}\sqrt{\bar{r}^{(2-\mu)}}\,Q^{0.05} \qquad (4\text{-}36)$$

$$t_s = \frac{84}{K} \sqrt[3]{\bar{r}^{(2-\mu)}} Q^{0.2} \tag{4-37}$$

式中　t_s——作用时间（s）；

t_r——上升时间（s）；

K——岩石体积压缩模量（kg/cm²）；

Q——炮孔内装药量（kg）；

μ——岩石泊松比；

$\bar{r}$——对比距离。

应力波通过时，经单位面积传给岩石的冲量和能量称为比冲量和比能量，即：

$$I_0 = \int_0^{t_s} \sigma_r(t) \mathrm{d}t \tag{4-38}$$

$$E_0 = \int_0^{t_s} \sigma_r(t) u_r(t) \mathrm{d}t \tag{4-39}$$

式中　I_0——比冲量；

E_0——比能量；

u_r——质点速度。

质点速度与应力、波速、岩石密度间存在关系 $u_r = \sigma_r / \rho_m c_p$，代入式（4-39）后得：

$$E_0 = \frac{1}{\rho_m c_p} \int_0^{t_s} \sigma_r^2(t) \mathrm{d}t \tag{4-40}$$

由式（4-37）、式（4-39）可知，要计算比冲量和比能量，须知道应力随时间变化的函数 $\sigma_r(t)$ 或应力波波形。弗恩·莫西涅茨给出描述应力波波形的函数为：

$$\sigma_r(t) = \sigma_{rmax} e^{-\xi(t-t_r)} \frac{\sin(\beta t)}{\sin(\beta t_r)} \tag{4-41}$$

式中　ξ、β——应力上升或下降梯度的系数，由实测应力波形来确定。

4.2.5　应力波的反射和折射

爆炸应力波在传播过程中，遇到自由面或节理、断层等薄弱面时都要发生波的反射和透射。因入射角度不同可分为正入射和斜入射。正入射时，入射波为纵波，反射和折射也都是纵波；斜入射时，不论入射波是纵波还是横波，反射和折射都要同时产生纵波和横波。

现以入射纵波加以分析。当入射纵波 A 以某一角度与界面相交（斜入射），则产生有反射纵波 C、反射横波 D、折射纵波 E 和折射横波 F 四种新波，如图4-7所示。

根据折射定律，入射角、反射角和折射角之间的关系为：

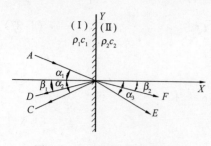

图 4-7　入射纵波 A 在界面的
反射和折射

$$\frac{\sin\alpha_1}{c_{p_1}} = \frac{\sin\alpha_2}{c_{p_1}} = \frac{\sin\beta_1}{c_{s_1}} = \frac{\sin\alpha_3}{c_{p_2}} = \frac{\sin\beta_2}{c_{s_2}} \tag{4-42}$$

式中　c_{p_1}、c_{s_1}——第 I 种介质中的纵波和横波速度;

c_{p_2}、c_{s_2}——第 II 种介质中的纵波和横波速度。

界面不产生滑动，要满足位移和应力在边界上的连续性，则:

$$(A - C)\cos\alpha_1 + D\sin\beta_1 - E\cos\alpha_3 - F\sin\beta_2 = 0 \tag{4-43}$$

$$(A + C)\cos\alpha_1 + D\sin\beta_1 - E\cos\alpha_3 + F\sin\beta_2 = 0 \tag{4-44}$$

$$(A + C)\cos 2\beta_1 - D\left(\frac{c_{s_1}}{c_{p_1}}\right)\sin 2\beta_1 - E\frac{\rho_2}{\rho_1}\left(\frac{c_{p_2}}{c_{p_1}}\right)\cos 2\beta_2 - F\frac{\rho_2}{\rho_1}\left(\frac{c_{s_2}}{c_{p_1}}\right)\sin 2\beta_2 = 0 \tag{4-45}$$

$$(A - C)\sin 2\alpha_1 - D\left(\frac{c_{p_1}}{c_{s1}}\right)\cos 2\beta_1 - E\frac{\rho_2}{\rho_1}\left(\frac{c_{s2}}{c_{s_1}}\right)^2\left(\frac{c_{s_2}}{c_{s1}}\right)\left(\frac{c_{p_1}}{c_{p_2}}\right)\sin 2\alpha_3$$

$$+ F\frac{\rho_2}{\rho_1}\left(\frac{c_{s_2}}{c_{s_1}}\right)^2\left(\frac{c_{p_1}}{c_{s_2}}\right)\cos 2\beta_2 = 0 \tag{4-46}$$

式中，A、C、D、E、F 分别表示入射纵波、反射纵波、反射横波、折射纵波和折射横波的幅值。由以上四式可以求得以 A 表示的 C、D、E、F 的幅值。

定义入射纵波入射时位移振幅的反射系数和折射系数如下:

反射纵波的位移振幅反射系数:

$$k_{pp} = \frac{C}{A} \tag{4-47}$$

反射横波的位移振幅反射系数:

$$k_{ps} = \frac{D}{A} \tag{4-48}$$

折射纵波的位移振幅折射系数:

$$l_{pp} = \frac{E}{A} \tag{4-49}$$

折射横波的位移振幅折射系数:

$$l_{pp} = \frac{F}{A} \tag{4-50}$$

将式 (4-43)~式(4-50) 联合，组成方程组，即可求出各反射系数和折射系数的表达式。

几种典型情况的分析如下:

1. 正入射时，入射角、反射角和折射角均为零，此时只产生反射纵波和折射纵波，则反射和折射系数为：

$$\frac{C}{A} = \frac{\rho_2 c_{P_2} - \rho_1 c_{P_1}}{\rho_2 c_{P_2} + \rho_1 c_{P_1}} \qquad (4\text{-}51)$$

$$\frac{E}{A} = \frac{2\rho_1 c_{P_1}'}{\rho_2 c_{P_2} + \rho_1 c_{P_1}} \qquad (4\text{-}52)$$

反射应力和折射应力分别为：

$$\sigma_R = \sigma_i \frac{\rho_2 c_{P_2} - \rho_1 c_{P_1}}{\rho_2 c_{P_2} + \rho_1 c_{P_1}} \qquad (4\text{-}53)$$

$$\sigma_l = \frac{E}{A} \cdot \frac{\rho_2 c_{P_2}}{\rho_1 c_{P_1}} \cdot \sigma_i = \frac{2\sigma_i \rho_2 c_{P_2}}{\rho_2 c_{P_2} + \rho_1 c_{P_1}} \qquad (4\text{-}54)$$

入射波为压缩波，分析式（4-53）、式（4-54）可得出以下结论：

1）当 $\rho_2 c_{P_2} < \rho_1 c_{P_1}$ 时，反射波应力为负，反射波为拉应力。质点运动方向与反射波传播方向相反。

2）当 $\rho_2 c_{P_2} = 0$，即界面为自由面时，有 $\sigma_R = -\sigma_i, v_R = v_i, \sigma_l = 0, v_l = 2v_i$。入射应力波全部反射为拉伸应力波。

3）当 $\rho_2 c_{P_2} > \rho_1 c_{P_1}$ 时，有 $\sigma_l > \sigma_i$、$\sigma_R < \sigma_i$，反射波和折射波同时产生，且都是压缩波。但折射应力大于入射应力，反射应力小于入射应力。

4）当 $\rho_2 c_{P_2} = \rho_1 c_{P_1}$ 时，有 $\sigma_R = 0, v_R = 0, \sigma_l = 0, v_l = v_i$，入射波全部进入界面，不产生反射。

由于岩石的抗拉强度远远小于岩石的抗压强度，因此 1）、2）两种情况都可能引起岩石破坏，尤其是后者，这充分说明自由面在提高爆破效果方面的重要作用。

2. 当界面为自由面时，在自由面只产生反射，无折射，产生反射纵波和反射横波。入射角和反射角之间遵循的关系为：

$$\frac{\sin\alpha_1}{c_{P_1}} = \frac{\sin\alpha_2}{c_{P_1}} = \frac{\sin\beta_1}{c_{s1}} \qquad (4\text{-}55)$$

当 $\alpha_1 = \alpha_2$ 时，上式可写为：

$$\frac{\sin\alpha_1}{\sin\beta_1} = \frac{c_{P_1}}{c_{s_1}} = \sqrt{\frac{2(1-\mu)}{1-2\mu}} \qquad (4\text{-}56)$$

根据边界条件，可得：

反射纵波应力：

$$\sigma_R = R\sigma_i \qquad (4\text{-}57)$$

反射横波应力：

$$\tau_R = [(R+1) \cdot \cos(2\beta_1)]\sigma_i \qquad (4\text{-}58)$$

$$R = \frac{\tan\beta_1 \cdot \tan^2 2\beta_1 - \tan\alpha_1}{\tan\beta_2 \cdot \tan^2 2\beta_1 + \tan\alpha_1} \tag{4-59}$$

式中　R——反射系数。

由式（4-56）、式（4-59）可知，反射系数 R 由岩石（介质）的泊松比 μ 和入射角 α_1 所决定。

§4.3　岩石爆破破岩机理

岩石爆破破岩机理是指岩体在爆炸能作用下发生破碎的原理。炸药在岩体内爆炸时所释放出来的能量是以冲击波和高温、高压的爆生气体的形式作用于岩体的，整个作用过程在几个到几十个毫秒的瞬间完成。这种爆炸作用过程的瞬态性，再加上岩石介质的非均质、各向异性、不确定性，以及爆炸作用过程本身的复杂性，致使得岩石爆破破岩机理的研究变得十分困难。尽管在爆破技术和相邻科学不断发展的大背景下，爆破理论的研究也有了长足的进步，爆破理论的研究也日趋实用化、系统化。但从总体上看，爆破理论的发展仍然滞后爆破技术的要求，理论研究和生产实际仍有不小的差距，关于岩石爆破的机理众说纷纭。

然而从发展的角度研究各派理论的主要论点、依据，找出共识，无论是对爆破理论的研究，还是对指导工程实践，都具有重要意义。

4.3.1　岩石爆破破岩机理的三种假说

研究表明，破碎岩石时，炸药爆炸的能量以冲击波和爆生气体两种形式释放出来。那么岩石的破碎究竟是冲击波作用的结果，还是爆生气体作用的结果。总结前人的研究成果，关于这一问题，目前有三种公认的岩石爆破破岩理论（也称为假说），现扼要介绍如下：

1. 爆生气体膨胀作用理论

从静力学的观点出发，该理论认为炸药爆炸引起岩石破坏，主要是高温、高压气体产物膨胀做功的结果。

爆生气体膨胀力引起岩石质点的径向位移，由于药包距自由面的距离在各个方向上不一样，质点位移所受的阻力就不同，最小抵抗线方向阻力最小，岩石质点位移速度最高。正是由于相邻岩石质点移动速度不同，造成了岩石中的剪切应力，一旦剪切应力大于岩石的抗剪强度，岩石即发生剪切破坏。破碎的岩石又在爆生气体膨胀推动下沿径向抛出，形成一倒锥形的爆破漏斗坑（图4-8）。

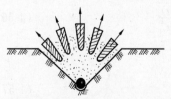

图 4-8　爆生气体的膨胀作用

该理论的实验基础是早期用黑火药对岩石进行爆破漏斗试验中所发现的均匀分布的、朝向自由面方向发展的辐射裂隙，这种理论称为静作用理论。

爆生气体静作用理论全面地阐述了爆生气体在岩石破碎中的作用，但仍有不足之处：

1）从用裸露药包破碎大块来看，岩石破碎主要依靠冲击波的动作用。因为在这种条件下，爆炸产生的膨胀气体都扩散到大气中去了，并没有对大块岩石的破碎起什么作用，这就说明岩石破碎不是仅靠爆生气体来完成的。

2）研究表明，爆生气体膨胀时的准静态压力仅为冲击波波阵面压力的1/4～1/2，在这样低的准静态压力单独作用下，能否引起岩石初始破裂，是有疑问的。

2. 爆炸应力波反射拉伸作用理论

爆炸应力波反射拉伸作用理论认为，岩石的破坏主要是由于岩体中爆炸应力波在自由面反射后形成反射拉伸波的作用。岩石的破坏形式是拉应力大于岩石的抗拉强度而产生的，岩石是被拉断的。

这种理论的试验基础是岩石杆件的爆破试验（亦称为霍普金生杆件试验，图4-9）和板件爆破试验（图4-10）。

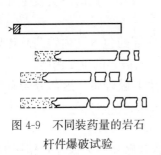

图 4-9　不同装药量的岩石
杆件爆破试验

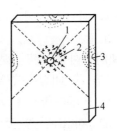

图 4-10　板件爆破试验
1—小孔；2—破碎区；3—拉伸区；4—振动区

其基本观点是，当炸药在岩石中爆轰时，生成的高温、高压和高速的冲击波猛烈冲击周围的岩石，在岩石中引起强烈的应力波，它的强度大大超过了岩石的动抗压强度，因此引起周围岩石的过度破碎（图4-11a）。当压缩应力波通过粉碎圈以后，继续往外传播，但是它的强度已大大下降到不能直接引起岩石的破碎。当它达到自由面时，压缩应力波从自由面反射成拉伸应力波（图4-11b），虽然此

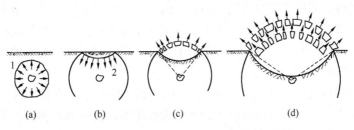

图 4-11　爆炸应力波反射拉伸作用过程示意图
1—压应力波波头；2—拉应力波波头

时波的强度已很低，但是岩石的抗拉强度大大低于抗压强度，所以仍足以将岩石拉断，这种破裂方式亦称"片落"（图 4-11c）。

随着反射波往里传播，"片落"继续发生，一直将漏斗范围内的岩石完全拉裂为止（图 4-11d）。因此，岩石破碎的主要部分是入射波和反射波作用的结果，爆炸气体的作用只限于岩石的辅助破碎和破裂岩石的抛掷，这种理论称为动作用理论。

应力波发射拉伸作用理论的关键是在自由面附近岩石是被拉伸破坏的，这一观点已得到举世公认。但是尚有许多问题，该理论还不能完全解释，例如：

1) 对烈性炸药来说，冲击波携带的能量仅占理论估算的炸药总能量的5%～10%，而真正用于破碎岩石的能量比此值还要小。根据 B. E. 福吉尔逊等人测量炮孔附近的冲击波强度，推算出的冲击波的能量，只占炸药总能量的 9%，而其中用于岩石破碎的冲击波能量仅占炸药总能量 3%，这么小的能量要将岩石完全破碎是令人难以置信的。

2) 试验证明，炸药单耗达到 $5kg/m^3$ 时，才有反射的应力波引起岩石的片落破碎（拉伸破坏），而一般台阶爆破的装药量都比较小，此时不会发生片落，即使发生了也微不足道。

3) 破碎大块时，外部装药（裸露药包）与内部药包（孔内装药）比较，炸药单耗要高 3～7 倍，说明爆生气体膨胀做功对岩石破碎的重要作用。

4) 根据试验，在压碎带和片裂带之间有一个非破碎带，这部分岩石是由什么机理引起破碎的，冲击波理论无法解释。

3. 爆生气体和应力波综合作用理论

该理论认为，岩石爆破破碎是爆生气体膨胀和爆炸应力波综合作用的结果，从而加强了岩石的破碎效果。因为冲击波对岩石的破碎，作用时间短，而爆生气体的作用时间长，爆生气体的膨胀，促进了裂隙的发展；同样，反射拉伸波也加强了径向裂隙的扩展。

至于哪一种作用是主要作用，应根据不同的情况来确定。黑火药爆破岩石，几乎不存在动作用，而猛炸药爆破时又很难说是气体膨胀起主要作用，因为往往猛炸药的爆容比硝铵类混合炸药的爆容要低。岩石性质不同，情况也不同。对松软的塑性土壤，波阻抗很低，应力波衰减很大，这类岩土的破坏主要靠爆生气体的膨胀作用，而对致密坚硬的高波阻抗岩石，应主要靠爆炸应力波的作用，才能获得较好的爆破效果。

综合作用理论的实质是：岩体内最初裂隙的形成是由冲击波或应力波造成的，随后爆生气体渗入裂隙并在准静态压力作用下，使应力波形成的裂隙进一步扩展，即炸药爆炸的动作用和静作用在爆破破岩过程中的综合体现。

爆生气体膨胀的准静态能量，是破碎岩石的主要能源。冲击波或应力波的动态能量与介质特性和装药条件等因素有关。哈努卡耶夫认为，岩石波阻抗不同，破坏时所需应力波峰值不同，岩石波阻抗高时，要求高的应力波峰值，此时冲击波或应力波的作用就显得重要，他把岩石按波阻抗值分为三类，见表 4-12。

岩石的波阻抗分类   表 4-12

岩石类别	波阻抗（$g \cdot cm^{-3} \cdot cm \cdot s^{-1}$）	破坏作用
高阻抗岩石	$15 \times 10^5 \sim 25 \times 10^5$	主要取决于应力波，包括入射波和反射波
中阻抗岩石	$5 \times 10^5 \sim 15 \times 10^5$	入射应力波和爆生气体的综合作用
低阻抗岩石	$< 5 \times 10^5$	以爆生气体形成的破坏为主

4.3.2 岩石爆破的内部作用与外部作用

1. 爆破的内部作用——无限介质中的爆破作用

为分析问题方便，通常假设岩石为均匀介质，并将装药简化为在一个自由面条件下的球形药包。球形药包的爆破作用原理是其他形状药包爆破作用原理的基础。

岩石内药包中心距自由面的垂直距离称为抵抗线。对于一定量的装药来说，若抵抗线超过某一临界值（称为临界抵抗线）时，可以认为药包处在无限岩石介质中。此时药包爆炸后，在自由面上不会看到爆破的迹象，也就是说，爆破作用只发生在岩石内部，未能达到自由面，装药的这种爆破作用叫做爆破的内部作用。

发生内部作用时，根据岩石的破坏情况，除了在装药处形成扩大的空腔外，还将从爆源向外产生压缩粉碎区（或称压缩区、压碎区）、破裂区（或称裂隙区）和振动区，如图 4-12 所示。

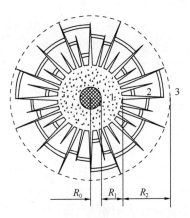

图 4-12　球形装药在岩体内的爆破作用

1—压碎区；2—破裂区；3—振动区
R_0—装药半径；R_1—压碎区半径；
R_2—破裂区半径

（1）压缩粉碎区

炸药爆炸后，爆轰波和高温、高压爆生气体迅速膨胀形成的冲击波作用在孔壁上，都将在岩石中激起冲击波或应力波，其压力高达几万兆帕、温度达 3000℃ 以上，远远大于岩石的动态抗压强度，致使炮孔周围岩石呈塑性状态，在几毫米至几十毫米的范围内岩石熔融。而后随着温度的急剧下降，将岩石粉碎成微细颗粒，把原来的炮孔扩大成空腔，装药周围岩石产生粉碎性破坏，形成压碎区（或粉碎区）。如果所处岩石为塑性岩石（绿泥岩、凝灰岩、黏土质岩石等），则近区岩石被压缩成致密的、坚硬的硬壳空腔,称为压缩区。可见,压碎区岩石主要受冲击波压缩作用破坏,压碎区的范围即为岩石中爆炸冲击波的冲击压缩作用范围。

压碎区的半径可按下式估算:

$$R_c = \left(\frac{\rho_m c_p^2}{5\sigma_c}\right)^{0.5} R_k \tag{4-60}$$

式中 R_c——压碎区半径;

R_k——空腔半径的极限值;

σ_c——岩石单轴抗压强度;

ρ_m——岩石密度;

c_p——岩石纵波速度。

空腔半径按下式计算:

$$R_k = \left(\frac{p_w}{\sigma_0}\right)^{0.25} r_b \tag{4-61}$$

$$\sigma_0 = \sigma_c \left(\frac{\rho_m c_p}{\sigma_c}\right)^{0.25} \tag{4-62}$$

式中 r_b——炮孔半径;

p_w——炸药的平均爆炸压力;

σ_0——多向应力条件下岩石的强度。

由于压碎区(或粉碎区)是处于坚固岩石的约束条件下,冲击波的大部分能量已消耗于岩石的塑性变形、粉碎和加热等方面,致使冲击波能量急剧衰减,其波阵面的压力很快就下降到不足以粉碎岩石,所以压碎区(或粉碎区)的半径通常很小,一般约为装药半径的 2～3 倍。

(2)破裂区

随着冲击波能量的急剧消耗,压碎区外,冲击波衰变为压缩应力波,并继续在岩石中沿径向传播。当应力波的径向压应力值低于岩石的抗压强度时,岩石不会被压坏,但仍能引起岩石质点的径向位移。由于岩石受到径向压应力的同时在切线方向上受到拉应力,而岩石是脆性介质,其抗拉强度很低。因此,当切向拉应力值大于岩石的抗拉强度时,岩石即被拉断,由此产生了与压碎区相通的径向裂隙。继应力波之后,充满爆腔的高压爆生气体,以准静压力的形式作用在空腔壁上和冲入由应力波形成的径向裂隙中,在爆生气体的膨胀、挤压及气楔作用下径向裂隙继续扩展和延伸。裂隙尖端处气体压力造成的应力集中也起到了加速裂隙扩展的作用。

受冲击波、应力波的强烈压缩作用,岩石内积蓄了一部分弹性变形能。当压碎区形成、径向裂隙展开、爆腔内爆生气体压力下降到一定程度时,原先积蓄的这部分能量就会释放出来,并转变为卸载波向爆源中心传播,产生了与压应力波方向相反的向心拉应力波,使岩石质点产生向心运动,当此拉伸应力波的拉应力值大于岩石的抗拉强度时，岩石就会被拉断，形成了爆腔周围岩石中的环状裂隙。

径向裂隙和环状裂隙的交错生成，形成了压碎区外的破裂区，破裂区内径向裂隙起主导作用。岩石的爆破破坏主要靠的就是破裂区，破裂区半径可按下述方法求算：

1）按爆炸应力波作用计算

岩石中切向拉应力峰值随距离的衰减规律为：

$$\sigma_{\theta max} = \frac{bp_r}{r^a} \qquad (4\text{-}63)$$

因径向裂隙是由拉应力引起的，因此以岩石抗拉强度取代上式中的切向拉应力峰值 $\sigma_{\theta max}$，即可求得炮孔周围径向裂隙区的半径：

$$R_p = \left(\frac{bp_r}{\sigma_t}\right)^{\frac{1}{a}} r_b \qquad (4\text{-}64)$$

式中　　R_p——破坏区半径；

$\quad\quad p_r$——孔壁初始冲击压力峰值，可根据装药结构按式（4-31）或式（4-32）计算；

$\quad\quad \sigma_t$——岩石抗拉强度。

2）按爆生气体准静压作用计算

继冲击波后，爆生气体在炮孔中等熵膨胀，充满炮孔时的爆生气体压力为：

$$p_0 = \frac{1}{8}\rho_e D_e^2 \left(\frac{d_c}{d_b}\right)^6 \qquad (4\text{-}65)$$

式中　　ρ_e——炸药密度；

$\quad\quad D_e$——炸药爆速；

$\quad\quad d_c$——药卷直径；

$\quad\quad d_b$——炮孔直径。

封闭在炮孔内的爆生气体以准静压的形式作用于炮孔壁，形成岩石中的准静态应力场，其应力状态类似于承受均匀内压的厚壁圆筒（认为筒的外径趋于无穷大）。因此可用弹性力学的厚壁筒理论求解岩石中的应力状态，其径向压应力和切向拉应力数值相等，即：

$$\sigma_\theta = |\sigma_r| = \left(\frac{r_b}{r}\right)^2 p_0 \qquad (4\text{-}66)$$

式中　　r——距炮孔中心的距离；

$\quad\quad r_b$——炮孔半径；

$\quad\quad \sigma_r$——径向压应力值；

$\quad\quad \sigma_\theta$——切向拉应力值。

同样以岩石的抗拉强度 σ_t 取代上式中的切向拉应力 σ_θ，即可求得破裂区半径为：

$$R_{\mathrm{p}} = \left(\frac{p_0}{\sigma_{\mathrm{t}}}\right)^{0.5} r_{\mathrm{b}} \qquad (4\text{-}67)$$

（3）弹性振动区

爆炸近区（压缩粉碎区）、中区（破裂区）以外的区域称为爆破远区，即振动区，该区的应力波已大大衰减，并渐趋于具有周期性的正弦波，此时应力值已不能造成岩石的破坏，只能引起岩石质点做弹性振动，形成地震波。地震波可以传播到很远的距离，直至爆炸能量完全被岩石吸收为止。

振动区半径可按下式估算：

$$R_{\mathrm{s}} = (1.5 \sim 2.8)\sqrt[3]{Q} \qquad (4\text{-}68)$$

式中 R_{s}——振动区半径；

Q——装药量。

2. 爆破的外部作用——半无限岩石介质中的爆破作用

当抵抗线小于（最小）临界抵抗线时，即不是在无限岩石中，而是在半无限岩石中装药爆破时，炸药爆炸后除发生内部的破坏作用外，自由面附近也将发生破坏。也就是说，爆破作用不仅发生在岩石内部，还将引起自由面附近岩石的破碎、移动和抛掷，形成爆破漏斗。通常把这种装药接近自由面时的爆破作用称为爆破的外部作用。

仍以单个药包为例分析爆破的外部作用。

（1）反射拉伸应力波引起自由面岩石片落

药包爆炸后，岩石中产生的径向压缩应力波由爆源向外传播，遇到自由面

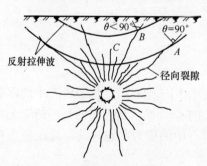

图 4-13   反射拉伸波对径向
裂隙的影响

时，由于自由面处两种介质（岩石和空气）的波阻抗不同，应力波将发生反射，形成与入射压缩应力波性质相反的拉伸应力波，并由自由面向爆源传播。自由面附近岩石承受拉应力，由于岩石的抗拉强度很低，一旦此拉伸应力波的峰值拉应力大于岩石的抗拉强度，岩石将被拉断，与母岩体分离。随着反射拉伸应力波的传播，岩石将从自由面向药包方向形成片落破坏，其破坏过程详见图 4-11 所示。

（2）反射拉伸应力波引起径向裂隙延伸

由于爆炸能量的不断消耗，入射压缩应力波的强度逐渐降低，从自由面反射回岩体的拉伸应力波强度也随之降低，即使其强度不足以引起岩石的"片落"，但是反射拉伸波同径向裂隙梢处的应力场叠加，可使径向裂隙大大地向前延伸。

裂隙延伸的情况与发生应力波传播的方向和裂隙的方向的交角 θ 有关（图 4-13）。

当 θ 为 90°时，反射拉伸波将最有效地促使裂隙扩展和延伸；当 θ 小于 90°时，反射拉伸波以一个垂直于裂隙方向的拉伸分力促使裂隙扩展和延伸，或者在径向裂隙末端造成一条分支裂隙；当径向裂隙垂直于自由面时，即 $\theta = 0°$，反射拉伸波再也不会对裂隙产生任何拉力，故不会促使裂隙继续延伸，相反地，反射波在其切向是压缩应力状态，从而促使已经张开的裂隙重新闭合。

（3）自由面改变了岩石中的准静态应力场

自由面的存在改变了岩石由爆生气体膨胀压力形成的准静态应力场中的应力分布和应力值的大小，使岩石更容易在自由面方向受到剪切破坏。

爆破的外部作用和内部作用结合起来，造成了自由面附近岩石的漏斗状破坏。

由此可见，自由面在爆破破坏过程中起着重要作用，它是形成爆破漏斗的重要因素之一。自由面既可以形成片落漏斗，又可以促进径向裂隙的延伸，并且还可以大大地减少岩石的夹制性。有了自由面，爆破后的岩石才能从自由面方向破碎、移动和抛出。

自由面越大、越多，越有利于爆破的破坏作用。因此，爆破工程中要充分利用岩体的自由面，或者人为地创造新的自由面（如井巷掘进中的掏槽爆破、露天深孔爆破时的 V 形起爆顺序或波浪形掏槽等），以此提高炸药能量的利用率，改善爆破效果。由于自由面的增多，岩石的夹制作用减弱，有利于岩石爆破破碎，从而可减小单位耗药量。

此外，自由面与药包的相对位置对爆破效果的影响也很大。当其他条件相同时，炮孔与自由面夹角越小，爆破效果越好。炮孔平行于自由面时，爆破效果最好；反之，炮孔垂直于自由面时，爆破效果最差。

通过以上对岩石爆破破岩机理的分析可知，岩石的爆破破碎、破裂是爆炸应力波的压缩、拉伸、剪切和爆生气体的膨胀、挤压、致裂和抛掷等共同作用的结果。

§4.4　爆破漏斗及利文斯顿爆破漏斗理论

当药包爆炸产生外部作用时，除了将岩石破坏以外，还会将部分破碎了的岩石抛掷，在地表形成一个漏斗形状的坑，这个坑称为爆破漏斗。

4.4.1　爆　破　漏　斗

1. 爆破漏斗的形成过程

设一球形药包，埋置在平整地表面下一定深度的坚固均质岩石中爆破。如果埋深相同、药量不同，或者药量相同、埋深不同，爆炸后则可能产生压碎区、破

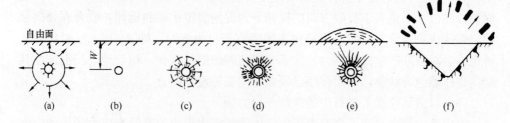

图 4-14　爆破漏斗形成过程示意图

(a) 炸药爆炸形成的应力场；(b) 粉碎压缩区；(c) 破裂区（径向裂隙和环向裂隙）；
(d) 破裂区和片落区（自由面处）；(e) 地表隆起、位移；(f) 形成漏斗

裂区，或者还产生片落区以及爆破漏斗。图 4-14 是药量和埋深一定情况下爆破漏斗形成的过程。

爆破漏斗是受应力波和爆生气体共同作用的结果，其一般过程如下：

在均质坚固的岩体内，当有足够的炸药能量，并与岩体可爆性相匹配时，在相应的最小抵抗线等爆破条件下，炸药爆炸产生二三千度以上的高温和几万兆帕的高压，形成每秒几千米速度的冲击波和应力场，作用在药包周围的岩壁上，使药包附近的岩石或被挤压，或被击碎成粉粒，形成了压碎区（近区）。

此后冲击波衰减为压应力波，继续在岩体内自爆源向四周传播，使岩石质点产生径向位移，构成径向压应力和切向拉应力的应力场。由于岩石抗拉强度仅是抗压强度的 3%～30%，当切向应力大于岩石的抗拉强度时，该处岩石被拉断，形成与粉碎区贯通的径向裂隙。

高压爆生气体膨胀的气楔作用助长了径向裂隙的扩展。由于能量的消耗，爆生气体继续膨胀，但压力迅速下降。当爆源的压力下降到一定程度时，原先在药包周围岩石被压缩过程中积蓄的弹性变形能释放出来，并转变为卸载波，形成朝向爆源的径向拉应力。当此拉应力大于岩石的抗拉强度时，岩石被拉断，形成环向裂隙。

在径向裂隙与环向裂隙出现的同时，由于径向应力和切向应力共同作用的结果，又形成剪切裂隙。纵横交错的裂隙，将岩石切割、破碎，构成了破裂区（中区）。

当应力波向外传播到达自由面时产生反射拉伸应力波，该拉应力大于岩石的抗拉强度时，地表面的岩石被拉断形成片落区。

在径向裂隙的控制下，破裂区可能一直扩展到地表面，或者破裂和片落区相连接形成连续性破坏。

与此同时，大量的爆生气体继续膨胀，将最小抵抗线方向的岩石表面鼓起、破碎、抛掷，最终形成倒锥形的凹坑，此凹坑即称为爆破漏斗。

2. 爆破漏斗的几何参数

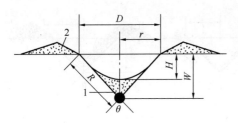

图 4-15 爆破漏斗

D—爆破漏斗直径；H—爆破漏斗可见深度；
r—爆破漏斗半径；W—最小抵抗线；
R—漏斗作用半径；1—药包；2—爆堆

设一球状药包在单自由面条件下爆破形成爆破漏斗的几何尺寸如图 4-15 所示。其中最主要的几何参数（或几何要素）有以下三个：

（1）最小抵抗线 W：装药中心到自由面的垂直距离，即药包的埋置深度，也就是倒圆锥的高度。

（2）爆破漏斗半径 r：爆破漏斗底圆中心到该圆边上任意点的距离，即漏斗倒圆锥底圆半径。

（3）爆破作用半径 R：药包中心到爆破漏斗底圆边缘上任意一点距离，即倒圆锥顶至底圆的长度。

从图中可见，三个尺寸中只有二个是独立的，常用最小抵抗线 W 和爆破漏斗半径 r 表示爆破漏斗的形状和大小。

在爆破工程中，经常应用爆破作用指数 n，它是爆破漏斗半径 r 与最小抵抗线 W 的比值，即：

$$n = \frac{r}{W} \tag{4-69}$$

而爆破作用半径也可表示成：

$$R = \sqrt{1+n^2} \cdot W \tag{4-70}$$

最小抵抗线方向是岩石爆破阻力最小的方向，也是爆破作用和破碎后岩块运动、抛掷的主导方向。当装药量一定时，从临界抵抗线开始，随着最小抵抗线的减少（或最小抵抗线一定，增加装药量），爆破漏斗半径增大，被破碎的岩石碎块一部分被抛出爆破漏斗外形成爆堆，另一部分被抛出后又回落到爆破漏斗坑内。回落后爆破漏斗坑的最大可见深度 H 称为爆破漏斗可见深度，其值可用下式估算：

$$H = CW(2n-1) \tag{4-71}$$

式中　C——爆破介质影响系数；对于岩石，取 $C = 0.33$；对于黏土，取 $C = 0.45$。

3. 爆破漏斗的基本形式

根据爆破作用指数 n 的大小，爆破漏斗有如下四种基本形式（图 4-16）：

（1）松动爆破漏斗（图 4-16a）

爆破漏斗内的岩石被破坏、松动，但并不抛出坑外，不形成可见的爆破漏斗坑，此时 $n \approx 0.75$，它是控制爆破常用的形式。当 $n < 0.75$ 时，不形成从药包中心到地表面的连续破坏，即不形成爆破漏斗，如工程爆破中常用的扩药壶（扩

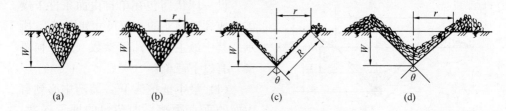

图 4-16　爆破漏斗的四种基本形式

(a) 松动漏斗；(b) 减弱抛掷漏斗（加强松动）；(c) 标准漏斗；(d) 加强抛掷漏斗

孔）爆破。

(2) 减弱抛掷爆破（加强松动）漏斗（图 4-16b）

其爆破作用指数 $0.75 < n < 1$，$r < W$，为减弱抛掷漏斗，又称为加强松动漏斗，是井巷爆破掘进常用的爆破漏斗形式。

(3) 标准抛掷爆破漏斗（图 4-16c）

其爆破作用指数 $n = 1$，$r = W$，此时漏斗的展开角 $\theta = 90°$，形成标准抛掷漏斗。在确定不同种类岩石的单位炸药消耗量时，或者确定和比较不同炸药的爆炸性能时，常常用标准爆破漏斗的容积作为检查的依据。

(4) 加强抛掷爆破漏斗（图 4-16d）

其爆破作用指数 $n > 1$，$r > W$，漏斗展开角度 $\theta > 90°$。当 $n > 3$ 时，爆破漏斗的有效破坏范围并不随着装药量的增加而明显增大。实际上，此时炸药的能量主要消耗于破碎岩石的抛掷，因此，$n > 3$ 已无实际意义。

所以工程爆破装中加强抛掷爆破漏斗的作用指数为 $1 < n < 3$，这是露天抛掷大爆破或定向抛掷爆破常用的形式。根据爆破具体要求，一般情况下 $n = 1.2 \sim 2.5$。

同样，将松动漏斗半径 r_L 与最小抵抗线 W 的比值定义为松动爆破作用指数 n_L，即 $n_L = r_L / W$。$n_L = 1$ 时为标准松动漏斗，$n_L > 1$ 时为加强松动漏斗。

4. 柱状装药的爆破漏斗

传统上，按药包长径比（药包长度与其直径的比值）的不同，可将药包分为集中药包（长径比 ≤4）和延长药包（长径比 >4）。柱状装药就是延长装药，一般炮孔装药都属于柱状装药。

(1) 柱状装药垂直于自由面

装药垂直于自由面时，炸药爆炸对岩石的施压方向和冲击波的传播方向与球状装药不同，爆破时受到岩石的夹制作用较强，形成爆破漏斗要困难些，但一般仍能形成倒圆锥形的漏斗。

为分析这种装药条件下爆破漏斗的形成，可把柱状装药看作是若干个小的球状集中药包（球形药包）。如图 4-17 所示，最接近眼口的几段，由于抵抗线小，具有加强抛掷的作用；接近眼底的几段，由于抵抗线大，可能只有松动作用；炮眼最底部的几段甚至不能形成爆破漏斗。总的漏斗坑形状就是这些漏斗的外部轮廓线，大致是喇叭形。眼底破坏少，爆后留有残孔。

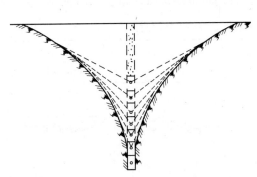

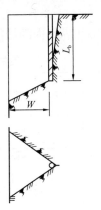

图 4-17　装药垂直自由面的爆破漏斗　　　图 4-18　装药平行自由面的爆破漏斗

（2）柱状装药平行于自由面

装药平行于自由面时，通常存在两个自由面，应力波在两个自由面上都能产生反射，也都能产生从自由面向药包中心的拉断破坏，因此爆破效果要比垂直自由面时好得多，如图 4-18 所示，图中的 L_b 为炮孔深度。

井巷掘进爆破作业时装药平行于自由面，爆破只需要将岩石从原岩体上破碎下来，不要求产生大的抛掷，只要求起到松动效果。这种条件下形成的松动爆破漏斗的体积为：

$$V_L = r_L W L_b = n_L W^2 L_b \tag{4-72}$$

最小抵抗线 W 与临界抵抗线 W_c（此时临界抵抗线等于松动爆破作用半径）的关系为：

$$W = \frac{W_c}{\sqrt{1 + n_L^2}} \tag{4-73}$$

$$V_L = W_c^2 L_b \frac{n_L}{1 + n_L^2} \tag{4-74}$$

上式表明，当装药一定时（即 W_c、L_b 一定），柱状装药形成松动漏斗的体积 V_L 是松动爆破作用指数 n_L 的函数，运用数学函数求极值的方法求得松动漏斗体积最大时的松动爆破作用指数为 $n_L = 1$。将其代入式（4-73）可求得松动漏斗体积最大时的装药最优抵抗线为：

$$W_0 = \frac{\sqrt{2}}{2} W_c \approx 0.7 W_c \tag{4-75}$$

（3）集中球形装药与延长装药爆破漏斗对比

　　在爆破漏斗形态上，集中球形药包的爆破漏斗平面形状呈圆形，延长药包爆破漏斗平面形状为中部平直、两端衔接近似于半圆的封闭曲线。

　　从漏斗表面状态观察，两种药包在相同的设计爆破作用指数时，其径向形状基本相似。

　　爆破漏斗纵剖面随埋深的变化，两种药包也很相似，如表 4-13 所示。

集中药包和延长药包爆破漏斗形状的对比　　　　　　　　表 4-13

n	集中药包	延长药包	
		径向分布	轴向分布
>1.5			
1~1.5			
1.5<n<1.0			

　　在抛掷堆积分布方面，两种药包却不相同：集中药包抛出的岩土堆积在漏斗四周，而延长药包的抛体却集中在药包轴线两侧药包长度的范围内，堆体峰值线在过药包轴心的垂线附近，但在药包两端却无抛体堆积。

　　5. 多个装药同时爆破时的爆破漏斗

　　(1) 两个相邻装药同时爆破时中心连线上的受力特点

　　当两个相邻装药同时爆炸时，在中心连线上受到的应力因叠加而增大，岩石容易沿中心连线被切断。

图 4-19　相邻炮孔中心连线上拉应力分布

　　① 准静态应力场叠加：当爆生气体较长时间保持在炮孔内时，膨胀压力使两炮孔连线上各点产生切向拉应力，如图 4-19 所示。由于炮孔的应力集中，产生的拉应力最大处在炮孔壁与连线相交点，因此裂缝首先产生在炮孔壁，然后向炮孔连线上发展，使岩石沿两炮孔中心连线断裂。

中心连线中点的外部则由于应力叠加产生抵消作用，形成应力降低区，从而增大了爆破块度，如图 4-20 所示。

② 应力波的叠加情形：如果按应力波叠加来考虑，那么当两孔的爆炸压缩应力波在炮孔连线中点相遇时，在连线方向压应力叠加，而其切向的拉应力也将叠加，沿连线产生裂隙，如图 4-21 所示。

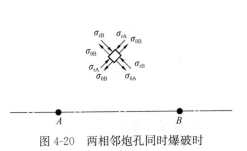

图 4-20 两相邻炮孔同时爆破时
应力降低区

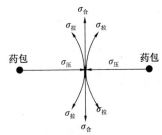

图 4-21 相邻装药的压缩应力
波相遇叠加

当压缩应力波遇自由面反射后，反射拉伸波的叠加，也将使两装药连线上的拉应力增大，使得两装药连线处容易被拉断。如图 4-22 所示的条件，以花岗岩为例，若横波波速与纵波波速之比为 0.6 时，则 A 点叠加后的拉应力值将是单一装药爆炸时反射拉伸波拉应力值的 1.88 倍，图中 B 和 C 分别为两相邻装药。该图为两装药同时爆炸时反射波波阵面上应力场计算示意图。

从一些模拟爆破实验的高速摄影观测可以清楚地看到相邻炮孔沿中心连线断裂的情况，但通常都是裂损从两炮孔处开始，向连线中间发展。

（2）相邻装药的装药密集系数对爆破漏斗的影响

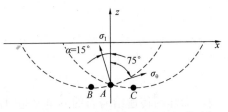

图 4-22 发射拉伸波在两装药之间的叠加

相邻两装药的间距 a 与最小抵抗线 W 的比值称为装药密集系数 m，即：

$$m = \frac{a}{W} \tag{4-76}$$

大量实践经验表明（图 4-23）：

当 $m > 2$ 时（即 $a > 2W$），炮眼间距 a 过大，两装药各自形成单独的爆破漏斗。

当 $m = 2$ 时，两装药各自形成的爆破漏斗刚好相连（假设为标准漏斗）。

当 $2 > m > 1$ 时，两装药合成一个爆破漏斗，但往往两装药之间底部破碎不够充分。

当 $m = 0.8 \sim 1$ 时，两装药爆破后合成一个爆破漏斗，底部平坦，此时漏斗

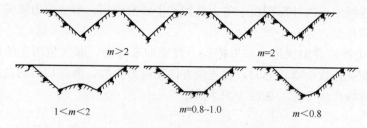

图 4-23   装药密集系数对爆破漏斗的影响

体积最大。

当 $m < 0.8$ 时，两装药距离过近，大部分能量用于抛掷岩石，漏斗体积反而减小。

4.4.2   利文斯顿爆破漏斗理论

20 世纪 50 年代，美国科罗拉多矿业学院的利文斯顿（C. W. Livingston）提出了以能量平衡为准则的爆破漏斗理论。他在大量不同岩石、不同装药量、不同埋深的爆破漏斗试验的基础上，用 V/Q-Δ 曲线作为变量，科学地确定了爆破漏斗的几何形态。60 年代初经过进一步的补充，形成了比较完整的爆破理论——实用爆破理论。

1. 利文斯顿爆破漏斗理论的基本观点

（1）以各类岩石的爆破漏斗试验为基础，阐明了炸药能量分配给周围岩石和空气的方式。

利文斯顿认为，炸药在岩体内爆破后，传递给岩石的能量和速度，与炸药性能和岩石的特性有关。炸药性能与岩石特性是两个不可分割的独立参数。

例如：炸药释放的能量与装药量成正比。炸药能量的释放速度是炸药爆速的函数，而炸药传递给岩石的能量又是时间的函数。

（2）从能量的观点出发，阐明了岩石变形能系数 E_b 的物理意义。他认为，在一定炸药量的条件下，地表岩石开始破裂时，岩石可能吸收的最大能量为 E_b，超过其能量限度，岩石将由弹性变形变为破裂，因此 E_b 的大小是衡量岩石可爆性难易的一个指标。

2. 对岩石破坏的分类

炸药在岩石中爆炸后，爆炸所释放的能量主要消耗在：岩石的弹性变形、岩石的破碎和破裂、岩石的抛掷以及空气冲击波对气体做功四个方面。而炸药能量在以上四个方面的分配比例，又取决于炸药的埋置深度。

假若炸药在地表深处爆炸时，绝大部分能量传递给岩石。当药包逐渐向地表附近爆炸时，传递给岩石的能量将相对减少，而传递给空气的能量将相对增加。另外，从传递到地表附近岩石的爆炸能量来看，药包深度不变，增加药包重量；或者药包重量不变而减小药包埋置深度，二者的效果是相同的。利文斯顿据此将爆破范围划分为四带，即：弹性变形带，冲击破裂带，破碎带和空爆带。

这四类破坏是根据一定药包在地表下不同深度爆炸时产生的爆破效果来确定的。当药包埋在地表以下足够深时，炸药的能量消失在岩石中，在地表观察不到破坏，在药包以上的地带称为弹性变形带。如果药包重量增减或者埋深减小，则地表的岩石就可能发生破坏，使地表岩石开始发生破坏的药包埋深称为临界深度（W_c），而在临界深度的炸药量称为临界药量（Q_c），此条件为弹性变形的上限。在临界深度可以观察到三种破坏形式：

(1) 冲击式破坏：对脆性岩石而言；

(2) 剪切式破坏：对塑性岩石而言；

(3) 碎化疏松式破坏：对松散无内聚力岩石而言。

显然，以上各种破坏形式取决于岩石的性质。了解这三种破坏形式的差异，有助于更好地控制爆破破坏的形式，以取得良好的爆破效果。

3. 利文斯顿弹性变形方程

弹性变形方程是以岩石在药包临界深度时才开始破坏为前提的。

试验表明，当药包埋置深度 W 比较大时，炸药的能量被岩石完全吸收，消耗于岩石的弹性变形和破碎；若减小埋置深度 W，岩石弹性变形和破碎所吸收的能量将达到饱和状态，这时岩体地面开始隆起，甚至破裂的岩石被抛掷出去。岩石中弹性变形能和破碎能达到饱和状态时的埋置深度称为临界深度（W_c），换而言之，使地表岩石开始发生破坏的药包埋深称为临界深度（W_c），此时炸药量与埋置深度和弹性变形能系数三个变量有如下关系：

$$W_c = E_b \sqrt[3]{Q} \tag{4-77}$$

式中　Q——装药量（kg）；

　　　E_b——变形能系数（m/kg$^{1/3}$）；

　　　W_c——临界埋置深度（m）。

弹性变形能系数对特定岩石和特定炸药来说是常数，它随着岩石的变化要比随着炸药的变化大一些。

若继续减小埋置深度 W，这时炸药爆炸释放的能量传给岩石的比例减少，而传给空气的比例相对增加，即将有一部分能量用于抛掷岩石和形成空气冲击波或对空气做功，在自由面处形成爆破漏斗。当埋置深度减小到某一深度时，形成的爆破漏斗体积最大，此时的埋置深度称为最佳埋置深度 W_0。此时，炸药爆炸能量消耗于岩石的比例最大，破碎率最高，而消耗于岩石抛掷及形成空气冲击波的比例较小，所以此时的爆破能量有效利用率最高。

如果药包埋置深度不变，而改变炸药量，则爆破效果与上述能量释放和吸收的平衡关系是一致的。

为便于比较和计算，把埋置深度 W 与临界深度 W_c 之比称为深度比 Δ，即：

$$\Delta = \frac{W}{W_c} \tag{4-78}$$

最佳深度比 Δ_0 为：

$$\Delta_0 = \frac{W_0}{W_c} \tag{4-79}$$

于是，根据式（4-77）和式（4-79）可得到获得最大岩石破碎量时的最佳药包埋深为：

$$W_0 = \Delta_0 E_b \sqrt[3]{Q} \tag{4-80}$$

对于某一特定岩石而言，Δ_0 是一个定值。实际应用中，只要通过实验求出岩石的变形能系数 E_b 和最佳深度比 Δ_0，就可做出合理装药量和埋置深度的计算。

因此，在实际的岩石爆破中，可以通过改变埋置深度，也就是改变最小抵抗线，来调整或平衡炸药爆炸能量的分配比例，实现最佳的爆破效果。

在最佳深度比条件下，药包爆炸后大部分能量用于岩石的破碎过程，而少量能量消耗于无用功。

4. 利文斯顿爆破漏斗试验及 V/Q-Δ 曲线

利文斯顿提出了以能量平衡为准则的爆破漏斗理论之后，国外一些学者做了大量的工作。他们从实验室到生产现场的试验和应用，对不同性能炸药、药量、药包形式、埋深和难爆易爆岩石等不同条件进行了对比试验，用爆破漏斗特性曲线进一步确定了爆破漏斗的理论性和科学性，并证明了不同条件下爆破漏斗特性比较一致的爆破规律。

为了更全面地表示漏斗的特性，并消除由于 Q 变化而引起的曲线变化，常采用比例爆破漏斗体积 V/Q（单位药量的爆破漏斗体积）、比例埋置深度 $W/\sqrt[3]{Q}$、比例爆破漏斗半径 $r/\sqrt[3]{Q}$ 和深度比 Δ 为研究对象。

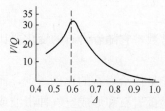

图 4-24 为铁燧石的爆破漏斗试验曲线，纵坐标为比例爆破漏斗体积 V/Q（m^3/kg），横坐标为深度比 Δ，所采用炸药为浆状炸药，从曲线中可以看出最佳深度比为 0.58。

图 4-24 铁燧石爆破漏斗
特性曲线

利文斯顿爆破漏斗理论不仅表明了装药量和爆破漏斗的关系，同时还可依此来确定不同岩石的可爆性、比较不同品种炸药的爆破性能。

5. 利文斯顿爆破漏斗理论的实际应用

爆破漏斗试验是利文斯顿爆破理论的基础。首先，根据爆破漏斗试验的有关数据可以合理选择爆破参数，提高爆破效率；其次，对不同成分的炸药进行爆破漏斗试验和对比分析，可为选用炸药提供依据；再次，利文斯顿的变形能系数可以作为岩石可爆性分级的参考判据。

(1) 炸药性能对比：用爆破漏斗试验可代替习惯沿用的铅铸测定爆力方法。根据利文斯顿爆破漏斗理论的基本公式（4-77），在同一种岩石中，炸药量一定，但炸药品种不同，进行爆破漏斗试验时，炸药威力大者，传给岩石的能量高，则其临界埋深 W_c 值比较大；反之，炸药威力小者，其临界埋深也小。由于 W_c 值的不同，E_b 值也就不一样，因此可以对比各种不同品种炸药的爆炸性能。

(2) 岩石的可爆性评价：根据基本公式（4-77），在选定炸药品种、炸药量为常数时，据炸药的临界埋深 W_c 可求出不同岩石的变形能系数 E_b，即：

$$E_b = \frac{W_c}{\sqrt[3]{Q}} \tag{4-81}$$

当 $Q = 1$ 时，可认为单位重量的炸药（如 1kg）的弹性变形能系数 E_b 在数值上就等于临界埋深 W_c。爆破坚韧性岩石，1kg 炸药爆破的 W_c 值必然小，弹性变形能系数 E_b 也较小，说明消耗能量大，岩石难爆；爆破非坚韧性岩石，单位药量的临界埋深 W_c 必然较大，弹性变形能系数值 E_b 也较大，表明吸收的能量小，故岩石易爆。所以，可以用岩石弹性变形能系数 E_b 作为评价岩石可爆性的判据。

(3) 爆破漏斗理论的工程应用：爆破漏斗理论被广泛应用在露天台阶深孔爆破、露天开沟药室爆破、地下 VCR 法采矿爆破及深孔爆破掘进天井等，这里仅以露天台阶深孔爆破为例加以说明。

在露天台阶爆破设计中，如果岩石性质、炸药品种和炸药量等因素中有一个变化时，可以根据其变化函数的关系，求得其余相应的爆破参数。

根据式（4-80）知，两种药量 Q_1、Q_2 下的最佳埋深分别为：

$$W_{01} = \Delta_0 E_b \sqrt[3]{Q_1} \tag{4-82}$$

$$W_{02} = \Delta_0 E_b \sqrt[3]{Q_2} \tag{4-83}$$

对于一种岩石，Δ_0、E_b 均为常数，因此，已知药量 Q_1 对应的最佳埋深 W_{01}，当药量增加或减少为 Q_2 时，则可求得此药量下的最佳埋深为：

$$W_{02} = \sqrt[3]{\left(\frac{Q_2}{Q_1}\right)} W_{01} \tag{4-84}$$

据此可确定出相应的孔距等爆破参数。

6. 利文斯顿爆破理论的发展

利文斯顿爆破理论是以球状集中药包（长径比≤4）作为试验基础的，而在

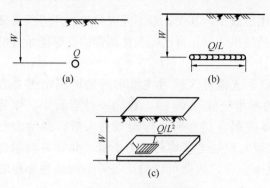

图 4-25　装药几何图

(a) 球形；(b) 线形；(c) 板形

Q—药量；Q/L—单位长度药量；

Q/L^2—单位面积药量

生产中常用柱状条形药包（长径比＞4）进行爆破。

雷德帕斯提出，将球状药包看成点药包，把单孔柱状长条药包视为线药包，把成排炮孔柱状装药视为平面药包，从几何相似和量纲原理找出点、线、面药包之间的相关关系，如图 4-25 所示。

点药包的比例深度 W_{pt}：

$$W_{pt} = \frac{W_{ot}}{\sqrt[3]{Q}} \qquad (4-85)$$

式中　W_{ot}——点药包的埋置深度（m）；

　　　Q——点药包的装药量（kg）。

线药包的比例深度为 W_l，根据量纲分析有：

$$W_l = \frac{W_{0l}}{\sqrt{(Q/L)}} \qquad (4-86)$$

式中　W_{0l}——线药包的埋置深度（m）；

　　　Q/L——线药包的单位长度药量（kg/m）。

面药包的比例深度为 W_{pl}：

$$W_{pl} = \frac{W_{opl}}{Q/L^2} \qquad (4-87)$$

式中　W_{opl}——面药包的埋置深度（m）；

　　　Q/L^2——面药包单位面积的装药量（kg/m²）。

点、线、面药包的比例深度之间存在以下关系：

$$(W_{pt})^3 = (W_l)^2 = W_{pl} \qquad (4-88)$$

只要满足以上关系，获得相同爆破效果的装药量相同。因此可以利用上式，并根据点药包爆破漏斗的试验参数，求得线装药和成排炮孔装药时的爆破参数。

§4.5　装药量计算原理

合理地确定炸药用量，是爆破工程中极为重要的一项工作，它直接影响着爆破效果、爆破工程成本和爆破安全等。

4.5.1　装药量计算的基本公式

通过量纲分析理论推导，爆破药量计算的基本公式可以表示为：

$$Q = c_2W^2 + c_3W^3 + c_4W^4 \tag{4-89}$$

式中　　Q——装药量（kg）；

c_2、c_3、c_4——系数；

W——最小抵抗线（m）。

上式的物理意义是，装药总量应由三个分量组成。第一项（c_2W^2）用于克服岩石张力形成断裂面所需的能量；第二项（c_3W^3）表示介质体积变形所需的能量；第三项（c_4W^4）表示介质克服重力所需的能量。

瑞典学者兰格福尔斯（U. Langefors）在《现代岩石爆破》一书中提出，在一般岩石中采用松动爆破情况下的药量计算公式为：

$$Q = 0.07W^2 + 0.35W^3 + 0.004W^4 \tag{4-90}$$

分析表明：

（1）在最小抵抗线 $0.1\mathrm{m} < W \leqslant 1.0\mathrm{m}$ 时，式（4-86）中的第一项占总能量的 16% 以上，是不能忽略的，在药包抵抗线小的情况下，单位炸药消耗量高，就是这个道理。

（2）在抵抗线 $W > 20.0\mathrm{m}$ 时，第一项占需要总能量的比例小于 1%，可以忽略。这时第三项上升到占需要总能量的 18% 以上，是不能忽略的。

（3）在抵抗线 $1.0\mathrm{m} < W \leqslant 20.0\mathrm{m}$ 时，爆破装药量可以不考虑岩土的重力和内聚力的影响，主要用于使介质体积变形所需的能量，其药量计算公式可以采用第二项，即：

$$Q = c_3W^3 \tag{4-91}$$

式（4-89）即是工程爆破常用的体积药量计算公式。由此可以认为，最小抵抗线取 4.0~12.0m 是合理的。

4.5.2　集中药包装药量计算公式

1. 集中药包的标准抛掷爆破

对于采用单个集中药包进行的标准抛掷爆破，其装药量计算公式为：

$$Q_b = q_b W^3 \tag{4-92}$$

式中　　Q_b——形成标准抛掷漏斗的装药量（kg）；

q_b——形成标准抛掷爆破漏斗的单位体积岩石的炸药消耗量，一般称为标准抛掷爆破单位用药量系数（kg/m³）。

2. 集中药包的非标准抛掷爆破

非标准抛掷爆破的装药量是爆破作用指数的函数。不同爆破作用的装药量用下面的计算通式来表示：

$$Q = f(n) \cdot q_b \cdot W^3 \tag{4-93}$$

式中　　$f(n)$——爆破作用指数函数。

对于标准抛掷爆破，$f(n)=1$；加强抛掷爆破，$f(n)>1$；对于减弱抛掷爆破，$f(n)<1$。在具体计算 $f(n)$ 的问题上，鲍列斯夫关于集中药包抛掷爆破的经验公式应用得较为广泛，其公式是：

$$f(n) = 0.4 + 0.6n^3 \tag{4-94}$$

因此，对于集中药包抛掷爆破，其装药量计算通式为：

$$Q = (0.4 + 0.6n^3)q_b W^3 \tag{4-95}$$

由于松动爆破漏斗的装药量大约为标准爆破漏斗装药量的 $0.33 \sim 0.5$ 倍，因此松动爆破的装药量计算公式可表示为：

$$Q = (0.33 \sim 0.5)q_b W^3 \tag{4-96}$$

确定上述各式中的单位耗药量 q_b 值时，需考虑以下几方面的因素：

1）查表，参考定额或有关资料数据（表 4-14）为集中装药时的 q_b 值；

2）参照条件类似的爆破工程炸药消耗成本或矿山单位耗药量的统计值；

3）通过标准爆破漏斗试验求算；

4）根据经验公式确定：

$$q_b = 0.4 + \left(\frac{\gamma}{2450}\right)^2 \tag{4-97}$$

式中　γ——岩石的重力密度。

集中药包爆破时单位耗药量 q_b 值　　　　　　　　表 4-14

岩 石 名 称	岩石静态单轴抗压强度（MPa）	单位耗药量 q（kg·m³）	
		松动药包	抛掷药包
松软的、坚实的各种土	<10	0.3~0.5	1.0~1.2
重砂黏土、密实的土加石	8.0~10.0	0.4~0.6	1.1~1.3
坚实黏土、硬质黄土、白垩土	10~20	0.35~0.5	1.1~1.5
石膏、泥灰岩、蛋白石、页岩	20~40	0.5~0.6	1.2~1.8
贝壳石灰岩、砾岩、裂隙凝灰岩	40~60	0.4~0.7	1.3~1.6
泥灰岩、灰岩、沙质砂岩、层状砂岩	60~80	0.5~0.6	1.35~1.65
白云岩、钙质砂岩、镁质岩、大理岩	80~100	0.5~0.65	1.5~1.95
石灰岩、砂岩	100~120	0.6~0.7	1.5~2.0
片麻岩、正长岩、闪长岩、伟晶花岗岩	120~140	0.65~0.75	1.6~2.2
伟晶粗晶花岗岩、完整片麻岩	140~160	0.7~0.8	1.8~2.4
花岗岩、花岗闪长岩	160~200	0.7~0.85	2.0~2.55
安长岩	200~250	0.7~0.9	2.1~2.7
石英岩	>250	0.6~0.7	1.3~2.1
斑岩、玢岩	>250	0.8~0.85	2.4~2.55

4.5.3　延长药包装药量计算公式

国内在条形药包爆破设计时，大多采用如下公式：

$$q = \frac{Q}{L} = KW^2 f_c(n) \tag{4-98}$$

式中　　Q——条形药包装药量（kg）；

　　　　L——条形药包长度（m）；

　　　　q——炸药线装药密度（kg/m）；

　　　　K——标准抛掷爆破单位用药量（kg/m³）；

$f_c(n)$——条形药包爆破作用指数函数，n 为爆破作用指数。

条形药包爆破作用指数 $f_c(n)$ 和集中药包爆破作用指数 $f(n)$ 在含义和形式上是不相同的。对于条形药包爆破作用指数 $f_c(n)$，中国铁道科学研究院建议的公式为：

$$f_c(n) = \left(\frac{1+n^2}{2}\right)^{1.4} \tag{4-99}$$

以上关于装药量的计算方法可推广应用在煤矿或其他矿山的井巷工程中。我国煤矿的井筒、巷道、硐室爆破施工，就是在大量统计的基础上，制定出各项工程的单位耗药量，以此确定爆破施工的装药量。

综上所述，装药量计算的原则是，装药量的多少取决于要求爆破的岩石的体积、爆破类型等。但是，爆破的质量（块度）问题的重要性，随着采矿工程的发展日益突出，却都未能在计算公式中反映出来。虽然如此，但体积计算公式一直沿用至今，给人们提供了估算装药量的依据。在长期的生产实践中，都用体积为依据，结合各自矿山岩石性质和爆破的要求，改变不同的炸药单耗量 q，进行装药量的计算。

另一个问题是，以上计算公式都是以单自由面和单药包爆破为前提的，而在实际工程中，常常是用药包群爆破岩石的，一般先按具体情况确定每个炮孔所能爆破下的岩石体积，再分别求出每个炮孔的装药量，然后累计总装药量。

思考题与习题

1. 何为岩石的波阻抗？其物理意义是什么？
2. 岩石有哪些动力学特性？
3. 何为岩石可爆性？岩石可爆性分级的目的和意义是什么？
4. 比较各种岩石分级方法的优缺点，谈谈你自己的看法。
5. 由炸药爆炸在岩体中引起的冲击波和应力波各有什么特性？
6. 岩石爆破破岩机理有哪几种假说？你倾向于哪一种？为什么？
7. 试简述爆生气体和应力波综合作用破岩理论。
8. 什么叫爆破的内部作用和外部作用？

9. 试简述爆破内部作用和外部作用时，岩石的破坏过程。

10. 什么叫爆破漏斗？试简述其形成过程。

11. 试分析岩石爆破径向裂隙和环状裂隙的形成机理。

12. 自由面的存在对爆破作用将产生什么样的影响？试分析之。

13. 利文斯顿爆破漏斗理论的实质是什么？

14. 利文斯顿爆破漏斗理论有何实际应用？

15. 体积药量计算公式的实质是什么？

16. 试解释下列爆破术语：①自由面；②最小抵抗线；③临界抵抗线；④爆破作用指数；⑤松动爆破；⑥抛掷爆破；⑦装药密集系数；⑧最佳深度比；⑨单位炸药消耗量。

17. 某一岩石中爆破漏斗试验的有关结果为：一个 5kg 的球状药包最佳埋深为 1.6m，临界埋深为 3.1m。试求：①岩石弹性变形能系数和最佳深度比；②药量增加 10 倍变成 50kg 时的最佳深度；③埋深增加 10 倍时的最佳药量。

第5章 地下工程爆破

钻眼爆破在隧硐和井巷掘进循环作业中是一个先行和主要的工序，其他后续工序都要围绕它来安排，爆破的质量和效果都将影响后续工序的效率和质量。掘进爆破的主要任务，是保证在安全条件下，高速度、高质量地将岩石按规定断面爆破下来，并且尽可能不损坏隧硐或井巷围岩。爆破后的岩石块度和形成的爆堆，应有利于装载机械发挥效率。为此，需在工作面上合理布置一定数量的炮眼和确定炸药用量，采用合理的装药结构和起爆顺序等。若炮眼布置和各爆破参数选择合适，将有效地达到爆破任务所规定的要求。

以巷道为例，按用途不同，将工作面的炮眼分为三种（图5-1）：

（1）掏槽眼。用于爆出新的自由面，为其他后爆炮眼创造有利的爆破条件。

（2）崩落眼。破碎岩石的主要炮眼，崩落眼利用掏槽眼和辅助眼爆破后创造的平行于炮眼的自由面，爆破条件大大改善，故能在该自由面方向上形成较大体积的破碎漏斗。

（3）周边眼。控制爆破后的巷道断面形状、大小和轮廓，使之符合设计要求。巷道中的周边眼按其所在位置分为顶眼、帮眼和底眼。

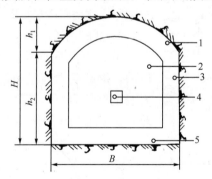

图 5-1 各种用途的炮眼名称
1—顶眼；2—崩落眼；3—帮眼；4—掏槽眼；5—底眼；
h_1—拱高；h_2—墙高；H—掘进高度；B—掘进宽度

§5.1 掏 槽 爆 破

在隧硐和井巷的开挖过程中，在掘进工作面上，总是首先钻少量炮眼，装药起爆后，形成一个适当的空腔，作为新的临空面，使周围其余部分的岩石，都顺序向这个空腔方向崩落，以获得较好的爆破效果，这个空腔，通常称为掏槽。掏槽眼爆破时，是处于一个自由面的条件下，破碎岩石的条件非常困难，而掏槽的好坏又直接影响了其他炮眼的爆破效果，它是隧硐和井巷爆破掘进的关键。因此，必须合理选择掏槽形式和装药量，使岩石完全破碎形成槽腔和达到较高的槽眼利用率。

掏槽爆破炮眼布置有多种不同的形式，归纳起来可分为两大类：斜眼掏槽和直眼掏槽。

5.1.1 斜 眼 掏 槽

其特点是掏槽眼与自由面（掘进工作面）倾斜成一定角度。斜眼掏槽有多种

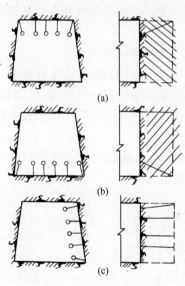

图 5-2 单向掏槽

形式，各种掏槽形式的选择主要取决于围岩地质条件和掘进面大小。常用的主要有以下几种形式：

1. 单向掏槽

由数个炮眼向同一方向倾斜组成，适用于中硬（$f<4$）以下具有层、节理或软夹层的岩层中，可根据自然弱面赋存条件分别采用顶部、底部和侧部掏槽（图 5-2）。掏槽眼的角度可根据岩石的可爆性，取 $45°\sim65°$，间距约在 $30\sim60cm$ 范围内。掏槽眼应尽量同时起爆，效果更好。

2. 锥形掏槽

由数个共同向中心倾斜的炮眼组成（图 5-3），爆破后槽腔呈角锥形。锥形掏槽适用于 $f>8$ 的坚韧岩石，其掏槽效果较好，但钻眼困难，主要适用于井筒掘进，其他巷道很少采用。

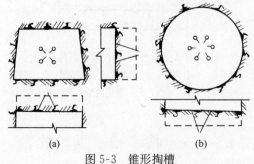

图 5-3 锥形掏槽

（a）角锥形；（b）圆锥形

3. 楔形掘槽

楔形掘槽由数对（一般为2～4对）对称的相向倾斜的炮眼组成，爆破后形成楔形槽腔（图5-4），适用于各种岩层，特别是中硬以上的稳定岩层。这种掘槽方法爆力比较集中，爆破效果较好，槽腔体积较大。掘槽炮眼底部两眼相距0.2～0.3 m，炮眼与工作面相交角度通常为60°～75°，水平楔形打眼比较困难，除非是在岩层的层节理比较发育时才使用。岩石特别坚硬，难爆或眼深超过2m时，可增加2～3对初始掘槽眼（图5-4c）形成双楔形。

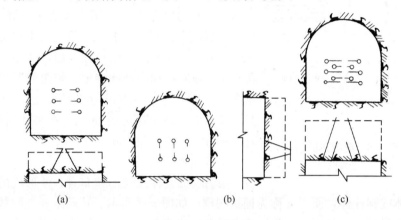

(a)　　　　　　　　(b)　　　　　　　　(c)

图5-4　楔形掘槽

（a）垂直楔形；（b）水平楔形；（c）双楔形复式掘槽

4. 扇形掘槽

扇形掘槽各槽眼的角度和深度不同，主要适用于煤层、半煤岩或有软夹层的岩石中（图5-5）。此种掘槽需要多段延期雷管顺序起爆各掘槽眼，逐渐加深槽腔。

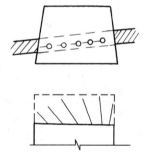

斜眼掘槽的主要优点：

（1）适用于各种岩层并能获得较好的掘槽效果；

（2）所需掘槽眼数目较少，单位耗药量小于直眼掘槽；

图5-5　扇形掘槽

（3）槽眼位置和倾角的精确度对掘槽效果的影响较小。

斜眼掘槽具有以下缺点：

（1）钻眼方向难以掌握，要求钻眼工人具有熟练的技术水平；

（2）炮眼深度受井巷断面的限制，尤其在小断面井巷中更为突出；

（3）全断面井巷爆破下岩石的抛掷距离较大，爆堆分散，容易损坏设备和支护，尤其是掘槽眼角度不对称时。

5.1.2　直眼掏槽

　　直眼掏槽的特点是所有炮眼都垂直于工作面且相互平行，距离较近，其中有一个或几个不装药的空眼。空眼的作用是给装药眼创造自由面和作为破碎岩石的膨胀空间。直眼掏槽常用以下几种形式：

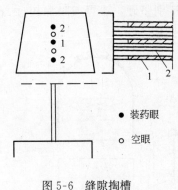

图 5-6　缝隙掏槽

1、2—起爆顺序

● 装药眼

○ 空眼

1. 缝隙掏槽或龟裂掏槽

　　掏槽眼布置在一条直线上且相互平行，隔眼装药，各眼同时起爆，如图 5-6 所示。爆破后，在整个炮眼深度范围内形成一条稍大于炮眼直径的条形槽口，为辅助眼创造临空面，适用于中硬以上或坚硬岩石和小断面巷道。炮眼间距视岩层性质，一般取 $(1\sim2)d$（d 为空眼直径），装药长度一般不小于炮眼深度的 90%。在多数情况下，装药眼与空眼的直径相同。

2. 角柱状掏槽

　　掏槽眼按各种几何形状布置，使形成的槽腔呈角柱体或圆柱体，所以又称为桶状掏槽，如图 5-7 所示。装药眼和空眼数目及其相互位置与间距是根据岩石性质和井巷断面来确定的。空眼直径可以采用等于或大于装药眼的直径。大直径空眼可以形成较大的人工自由面和膨胀空间，眼的间距可以扩大。

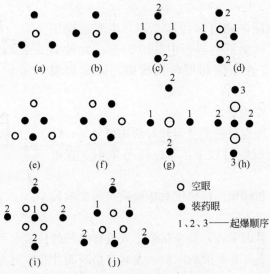

图 5-7　角柱状掏槽眼的布置形式

(a)、(e) 三角柱掏槽；(b) 四角柱掏槽；(c) 单空眼菱形掏槽；(d) 双空眼菱形掏槽；
(f) 六角柱掏槽；(g)、(h) 大空眼菱形掏槽；(i) 五星掏槽；(j) 复式三角柱掏槽

3. 螺旋掏槽

所有装药眼围绕中心空眼呈螺旋状布置（图 5-8），并从距空眼最近的炮眼开始顺序起爆，使槽腔逐步扩大，此种掏槽方法在实践中取得了较好的效果。其优点是可以用较少的炮眼和炸药获得较大体积的槽腔，各后续起爆的装药眼，易于将碎石从腔内抛出。但是，若延期雷管段数不够，就会限制这种掏槽的应用。空眼距各装药眼的距离可依次取空眼直径的 1～1.8 倍、2～3 倍、3～4.5 倍、4～4.5 倍等。当遇到特别难爆的岩石时，可以增加 1～2 个空眼。

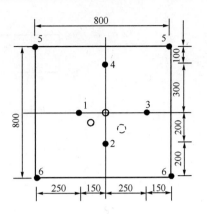

图 5-8　螺旋形掏槽

1、2、3、4、5、6—起爆顺序

为使槽腔内岩石抛出，有时将空眼加深 300～400 mm，在底部装入适量炸药，并使之最后起爆，这样可以将槽腔内的碎石抛出。装药眼的药量约为炮眼深度的 90% 左右。

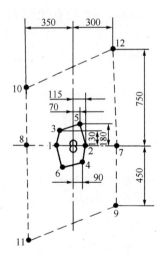

图 5-9　科罗曼特掏槽

1、2、3、4、5、6、7、8、9、

10、11、12—起爆顺序

4. 双螺旋掏槽

当需要提高掘进速度时，可采用图 5-9 所示的掏槽方式，即科罗曼特掏槽。装药眼围绕中心大空眼沿相对的两条螺旋线布置，其原理与螺旋掏槽相同。中心空眼一般采用大直径钻孔，或采用两个相互贯通的小直径空眼（形成"8"字形空眼）。为了保证打眼规格，常采用布眼样板来确定眼位，此种掏槽适用于岩石坚硬、密实，无裂缝和层节理，起爆顺序如图 5-9 所示。

实验表明，直眼掏槽的眼距（包括装药眼到空眼间距和装药眼之间的距离）对掏槽效果影响很大。眼距是影响掏槽效果最敏感的参数，与最优眼距稍有偏离，可能就会出现掏槽失败。眼距过大，爆破后岩石仅产生塑性变形而出现"冲炮"现象；眼距过小，会将邻近炮眼内的炸药"挤死"，使之拒爆，或使岩石"再生"。图 5-10 所示为花岗岩爆破时空眼直径与眼距所表示的爆破效果。

必须指出，围岩情况不同，装药眼与空眼之间的距离也不同。装药眼直径与空眼直径均为 32～40 mm 时，装药炮眼距空眼距离：软的石灰岩、砂岩等，取 150～170 mm；硬的石灰岩、砂岩等，取 125～150 mm；软的花岗岩、火成岩，

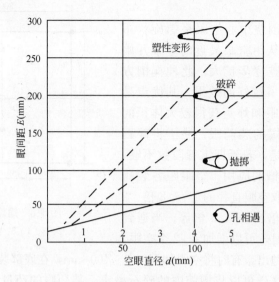

图 5-10　炮眼间距随空眼直径不同的破碎情况

取 $110 \sim 140$ mm；硬的花岗岩、火成岩，取 $80 \sim 110$mm；硬的石英岩等，取 $90 \sim 120$mm。

布置平行直眼掏槽炮眼时，除考虑装药眼与空眼的间距外，还应注意起爆次序和装药量。

掏槽眼的起爆次序是，距空眼最近的炮眼最先起爆，一段起爆眼数视掏槽方式及空眼直径和个数而定，同时受现有雷管总段数的限制，一般先起爆 $1 \sim 4$ 个炮眼。后续掏槽眼同样按上述原则确定其起爆次序及同一段起爆炮眼个数，段间隔时差为 $50 \sim 100$ ms，掏槽效果比较好。

直眼掏槽的装药量，应当保证掏槽范围内的岩石充分破碎并有足够的能量将破碎后的岩石尽可能地抛掷到槽腔以外。实际设计与施工中，装药量和堵塞往往把炮眼基本填满。施工中，煤矿井下爆破炮孔的深度一般不得小于 0.65 m；在煤层内爆破堵塞长度至少应为炮孔深度的 1/2；在岩层内爆破炮孔深度在 0.9 m 以下时，装药长度不得超过炮孔深度的 1/2；炮孔深度在 0.9m 以上时，装药长度不得超过炮孔深度的 2/3。

掏槽眼装药量应结合眼间距与空眼直径来考虑。兰格福斯提出的掏槽装药集中度计算公式如下：

$$q = 1.5 \times 10^{-3} \left(\frac{A}{\varphi} \right)^{3/2} \left[A - \frac{\varphi}{2} \right] \tag{5-1}$$

式中　q——直眼掏槽炮眼装药集中度（kg/m）；

　　　A——装药炮眼距空眼的间距（mm）；

φ——空眼直径（mm）。

式（5-1）的缺点是未考虑不同类型岩石与炸药的性质，故不能适用于所有条件。

在中硬岩及硬岩中，使用硝铵类炸药进行掏槽爆破时，据统计炸药单耗为 $1.4 \sim 2.0 \text{kg/m}^3$。

直眼掏槽是以空眼作为自由面，并作为破碎岩石的膨胀空间的，因此，空眼直径大小、数量和位置对掏槽效果起着重要作用。

直眼掏槽的优点：

（1）炮眼垂直于工作面布置，方式简单，易于掌握和实现多台钻机同时作业和钻眼机械化；

（2）炮眼深度不受井巷断面限制，可以实现中深孔爆破；当炮眼深度改变时，掏槽布置可不变，只需调整装药量即可；

（3）有较高的炮眼利用率；

（4）全断面井巷爆破，岩石的抛掷距离较近，爆堆集中，不易崩坏井筒或巷道内的设备和支架。

直眼掏槽的缺点：

（1）需要较多的炮眼数目和较多的炸药；

（2）炮眼间距和平行度的误差对掏槽效果影响较大，必须具备熟练的钻眼操作技术。

在地下工程的爆破施工过程中，选择在某一施工条件下合理的掏槽形式，应考虑以下几方面的因素：地质条件的适应性、施工技术的可行性、爆破效果的可靠性和经济合理性等，以获得良好的掏槽效果。

根据以上几方面的条件将上述两大类掏槽的适用条件加以对比，列于表5-1中。

直眼掏槽和斜眼掏槽的适用条件　　　　　　　　　表 5-1

序　　号	适用条件	斜眼掏槽	直眼掏槽
1	开挖断面大小	大断面较适用	大小断面均可以，小断面更优
2	地质条件	各种地质条件均适用	韧性岩层不适用
3	炮眼深度	受断面大小限制，不宜太深	不受断面大小限制，可以较大
4	对钻眼要求	相对来说可稍差些	钻眼精度影响大
5	爆破材料消耗	相对较少	炸药、雷管用量较多
6	施工条件	钻机干扰大	钻眼相互干扰小
7	爆破效果	抛渣远	爆堆较集中

§5.2 井巷掘进爆破施工技术

5.2.1 爆破参数的确定

井巷掘进爆破的效果和质量在很大程度上取决于钻眼爆破参数的选择。除掏槽方式及其参数外，主要的钻眼爆破参数还有：单位炸药消耗量、炮眼深度、炮眼直径、装药直径、炮眼数目等。选择这些爆破参数时，不仅要考虑掘进的条件（岩石地质和井巷断面条件等），而且还要考虑到这些参数间的相互关系及其对爆破效果和质量的影响（如炮眼利用率、岩石破碎块度、爆堆形状和尺寸等）。

1. 单位炸药消耗量

爆破每立方米原岩所消耗的炸药量称为单位炸药消耗量，通常以 q 表示。单位炸药消耗量不仅影响岩石破碎块度、岩块飞散距离和爆堆形状，而且影响炮眼利用率、井巷轮廓质量及围岩的稳定性等。因此，合理确定单位炸药消耗量具有十分重要的意义。

合理确定单位炸药消耗量决定于多种因素，其中主要包括：炸药性质（密度、爆力、猛度、可塑性）、岩石性质、井巷断面、装药直径和炮眼直径、炮眼深度等。因此，要精确计算单位炸药消耗量 q 是很困难的。在实际施工中，选定 q 值可以根据经验公式或参考国家定额标准来确定，但所得出的 q 值还需在实践中作些调整。

（1）修正的普氏公式，该公式具有下列简单的形式：

$$q = 1.1k_0\sqrt{f/S} \tag{5-2}$$

式中　q——单位炸药消耗量（kg/m³）；

　　　f——岩石坚固性系数，或称普氏系数；

　　　S——井巷断面（m²）；

　　　k_0——考虑炸药爆力的校正系数，$k_0 = 525/p$，p 为爆力（mL）。

另外，还有一种常用的经验公式如下：

$$q = \frac{kf^{0.75}}{\sqrt[3]{S_x}\sqrt{d_x}}p_x \tag{5-3}$$

式中　k——常数，对平巷 $k = 0.25 \sim 0.35$；

　　　S_x——断面影响系数，$S_x = S/5$（S 为井巷掘进断面，m²）；

　　　d_x——药卷直径影响系数，$d_x = d/32$（d 为药卷直径，cm）；

　　　p_x——炸药爆力影响系数，$p_x = 320/p$（p 为炸药爆力，mL）。

（2）井巷掘进的单位炸药消耗量定额如表 5-2 所示。

平巷掘进炸药消耗量定额（kg/m³）　　　　　　　表 5-2

掘进断面积（m²）	岩石单轴抗压强度（MPa）				
	20～30	40～60	60～100	120～140	150～200
4～6	1.05	1.50	2.15	2.64	2.93
6～8	0.89	1.28	1.89	2.33	2.59
8～10	0.78	1.12	1.69	2.04	2.32
10～12	0.72	1.01	1.51	1.90	2.10
12～15	0.66	0.92	1.36	1.78	1.97
15～20	0.64	0.90	1.31	1.67	1.85

确定了单位炸药消耗量后，根据每一掘进循环爆破的岩石体积，按下式计算出每循环所使用的总药量：

$$Q = qV = qSL\eta \tag{5-4}$$

式中　V——每循环爆破岩石体积（m³）；

　　　S——巷道掘进断面积（m²）；

　　　L——炮眼深度（m）；

　　　η——炮眼利用率，一般取 0.8～0.95。

将式（5-4）计算出的总药量，按炮眼数目和各炮眼所起作用与作用范围加以分配。掏槽眼爆破条件最困难，分配较多，崩落眼分配较少。在周边眼中，底眼分配药量最多，帮眼次之，顶眼最少。

2. 炮眼直径

炮眼直径大小直接影响钻眼效率、全断面炮眼数目、炸药的单耗、爆破岩石块度与岩壁平整度。炮眼直径及其相应的装药直径增大时，可以减少全断面的炮眼数目，药包爆炸能量相对集中，爆速和爆轰稳定性有所提高。但过大的炮眼直径将导致凿岩速度显著下降，并影响岩石破碎质量，井巷轮廓平整度变差，甚至影响围岩的稳定性。因此，必须根据井巷断面大小，破碎块度要求，并考虑凿岩设备的能力及炸药性能等，加以综合分析和选择。

在井巷掘进中主要考虑断面大小、炸药性能（即在选用的直径下能保证爆轰稳定性）和钻眼速度（全断面钻眼工时）来确定炮眼直径。目前我国多用 32～42mm 的炮眼直径。在具体条件下（岩石、井巷断面、炸药、眼深、采用的钻眼设备等），存在最佳炮眼直径，使掘进井巷所需钻眼爆破和装岩的总工时为最小。

20 世纪 80 年代后期，我国煤矿岩巷掘进中，在断面为 12m² 的条件下应用小直径药包（φ25mm 和 φ27mm），炮眼直径为 30mm 和 32mm，采用统一规格钻凿锚杆眼和掘进炮眼，可提高钻眼速度，弥补了由于眼径减小而增加的炮眼数目，提高了掘进速度，而且节约了支护成本，取得了很好的综合技术经济效益，称为"三小"技术。

3. 炮眼深度

炮眼深度是指孔底到工作面的垂直距离。从钻眼爆破综合工作的角度说，炮眼深度在各爆破参数中居重要地位。因为，它不仅影响每一个掘进循环中各工序的工作量、完成的时间和掘进速度，而且影响爆破效果和材料消耗。炮眼深度还是决定掘进循环次数的重要因素。我国目前实行有浅眼多循环和深眼少循环两种工艺，究竟采用哪种工艺要视具体条件而定。以掘进每米巷道所需劳动量或工时最小、成本最低的炮眼深度称为最优炮眼深度。通常根据任务要求或循环组织来确定炮眼深度。

(1) 按任务要求确定炮眼深度

$$l_b = \frac{L}{t n_m n_t n_c \eta} \tag{5-5}$$

式中 l_b——炮眼深度（m）；

  L——巷道全长（m）；

  t——规定完成井巷掘进任务的时间（月）；

  n_m——每月工作日数；

  n_t——每日工作班数；

  n_c——每班循环数；

  η——炮眼利用率。

(2) 按循环组织确定炮眼深度

在一个掘进循环中包括的工序有：打眼、装药、连线、放炮、通风、装岩、铺轨和支护等。其中打眼和装岩可以有部分平行作业时间，铺轨和支护在某些条件下也可与某些工序平行进行。所以，可以根据完成一个循环的时间来计算炮眼深度。

钻眼所需时间为：

$$t_d = \frac{N l_b}{K_d V_d} \tag{5-6}$$

式中 t_d——钻眼所需时间（h）；

  K_d——同时工作的凿岩机台数；

  V_d——凿岩机的钻眼速度（m/h）；

  l_b——炮眼深度（m）；

  N——炮眼数目。

装岩所需时间为：

$$t_l = \frac{S l_b \eta \phi}{P_m \eta_m} \tag{5-7}$$

式中 P_m——装岩机生产率（m³/h）；

η_m——装岩机时间利用率；

ϕ——岩石松散系数，一般取 $\phi=1.1\sim1.8$；

S——掘进断面面积（m²）。

考虑钻眼与装岩的平行作业过程，则钻眼与装岩时间为：

$$t_s = K_p t_d + t_l = K_p \frac{Nl_b}{K_d V_d} + \frac{Sl_b \eta \phi}{P_m \eta_m} \tag{5-8}$$

式中 K_p——钻眼与装岩平行作业时间系数，$K_p \leqslant 1$。

假设其他工序的作业时间总和为 t，每循环的时间为 T，则：

$$t_s = T - t \tag{5-9}$$

将式（5-9）代入式（5-8）可得：

$$l_b = \frac{T-t}{\dfrac{K_p N}{K_d V_d} + \dfrac{S\eta\phi}{P_m \eta_m}} \tag{5-10}$$

目前，在我国所具备的掘进技术和设备条件下，井巷掘进常用炮眼深度在 $1.5\sim2.5$m。随着新型、高效凿岩机和先进的装运设备的应用，以及爆破器材质量的提高，炮眼深度应向深眼发展。

4. 炮眼数目

炮眼数目的多少，直接影响凿岩工作量和爆破效果。孔数过少，大块增多，井巷轮廓不平整甚至出现爆不开的情形；孔数过多，将使凿岩工作量增加。炮眼数目的选定主要同井巷断面、岩石性质及炸药性能等因素有关。确定炮眼数目的基本原则是在保证爆破效果的前提下，尽可能地减少炮孔数目。通常可以按下式估算：

$$N = 3.3\sqrt[3]{fS^2} \tag{5-11}$$

式中 N——炮眼数目（个）；

f——岩石坚固性系数；

S——井巷掘进断面（m²）。

该式没有考虑炸药性质、装药直径、炮眼深度等因素对炮眼数目的影响。

炮眼数目也可以根据每循环所需炸药量和每个炮眼装药量来计算：

$$N = Q/q_b \tag{5-12}$$

式中 Q——每循环所需总药量（kg）；

q_b——每个炮眼装药量（kg）。

$$q_b = \frac{\pi d_c^2}{4}\psi l_b \rho_0 \tag{5-13}$$

式中 d_c——装药直径；

ψ——装药系数，即每米炮眼装药长度，按表5-3取值；

l_b——炮眼深度；

ρ_0——炸药密度。

装 药 系 数 表   表 5-3

炮眼名称	岩石单轴抗压强度（MPa）					
	10～20	30～40	50～60	80	100	150～200
掏槽眼	0.50	0.55	0.60	0.65	0.70	0.80
崩落眼	0.40	0.45	0.50	0.55	0.60	0.70
周边眼	0.40	0.45	0.55	0.60	0.65	0.75

（1）立井穿过有瓦斯与煤尘爆炸危险地层时，装药长度系数应按《煤矿安全规程》第 255 条规定执行。

（2）周边眼的数据不适用于光面爆破。

$$Q = qV = qSl_b\eta \qquad (5-14)$$

式中　η——炮眼利用率。

所以：

$$N = \frac{1.27qS\eta}{\psi d_c^2 \rho_0} \qquad (5-15)$$

在该式中，单位炸药消耗量 q 与岩石坚固性系数、井巷断面、炸药性质、炮眼深度等因素有关。因此，不能从公式中直接判断出这些因素对炮眼数目的影响规律。

5. 炮眼利用率

炮眼利用率是合理选择钻眼爆破参数的一个重要准则。炮眼利用率区分为：个别炮眼利用率和井巷全断面炮眼利用率。前者定义为：

$$个别炮眼的炮眼利用率 = \frac{炮眼长度 - 炮窝长度}{炮眼长度}$$

后者定义为：

$$井巷全断面的炮眼利用率 = \frac{每循环的工作面进度}{炮眼深度}$$

通常所说的炮眼利用率系指井巷全断面的炮眼利用率。

试验表明，单位炸药消耗量、装药直径、炮眼数目、装药系数和炮眼深度等参数对炮眼利用率的大小产生影响。井巷掘进的较优炮眼利用率为 0.85～0.95。

5.2.2　炮　眼　布　置

1. 对炮眼布置的要求

除合理选择掏槽方式和爆破参数外，为保证安全，提高爆破效率和质量，还需合理布置工作面上的炮眼。

合理的炮眼布置应能保证：

(1) 有较高的炮眼利用率；

(2) 先爆炸的炮眼不会破坏后爆炸的炮眼，或影响其内装药爆轰的稳定性；

(3) 爆破块度均匀，大块率少；

(4) 爆堆集中，飞石距离小，不会损坏支架或其他设备；

(5) 爆破后断面和轮廓符合设计要求，壁面平整并能保持井巷围岩本身的强度和稳定性。

2. 炮眼布置的方法和原则

(1) 工作面上各类炮眼布置是"抓两头、带中间"。即首先选择适当的掏槽方式和掏槽位置，其次是布置好周边眼，最后根据断面大小布置崩落眼。

(2) 掏槽眼的位置会影响岩石的抛掷距离和破碎块度，通常布置在断面的中央偏下，并考虑崩落眼的布置较为均匀。

(3) 周边眼一般布置在断面轮廓线上。按光面爆破要求，各炮眼要相互平行，眼底落在同一平面上。底眼的最小抵抗线和炮眼间距通常与崩落眼相同，为保证爆破后在巷道底板不留"根底"，并为铺轨创造条件，底眼眼底要超过底板轮廓线。

(4) 布置好周边眼和掏槽眼后，再布置崩落眼。崩落眼是以槽腔为自由面而层层布置，均匀地分布在被爆岩体上，并根据断面大小和形状调整好最小抵抗线和邻近系数。崩落眼最小抵抗线可按式 (5-16) 计算：

$$W = r_c \sqrt{\frac{\pi \psi \rho_0}{m q \eta}} \qquad (5\text{-}16)$$

式中　　ψ——装药系数；

　　　　ρ_0——炸药密度；

　　　　m——炮眼邻近系数；

　　　　q——单位耗药量；

　　　　r_c——装药半径；

　　　　η——炮眼利用率。

同层内崩落眼间距为：

$$E = mW \qquad (5\text{-}17)$$

为避免产生大块，一般邻近系数在 0.8～1.0 之间。平巷的炮眼布置如图 5-11 所示。

立井工作面炮眼参数选择和布置基本上与平巷相同。在圆形井筒中，最常采用的是圆锥掏槽和筒形掏槽。前者的炮眼利用率高，但岩石的抛掷高度也高，容

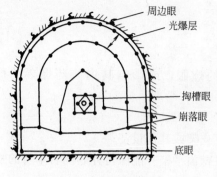

图 5-11　平巷炮眼布置图

易损坏井内设备，而且对打眼要求较高，各炮眼的倾斜角度要相同且对称；后者是应用最广泛的掏槽形式。当炮眼深度较大时，可采用二级或三级筒形掏槽，每级逐渐加深，通常后级深度为前级深度的 1.5～1.6 倍（图 5-12）。

立井工作面上的炮眼，包括掏槽眼、崩落眼和周边眼，均布置在以井筒中心为圆心的同心圆周上，周边眼爆破参数应按光面爆破设计。

周边眼和掏槽眼之间所需崩落眼圈数和各圈内炮眼的间距，根据崩落眼最小抵抗和邻近系数的关系来调整。

井筒炮眼布置如图 5-13 所示。

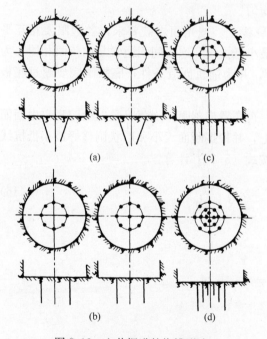

图 5-12　立井掘进的掏槽形式
（a）圆锥掏槽；（b）一级筒形掏槽；
（c）二级筒形掏槽；（d）三级筒形掏槽

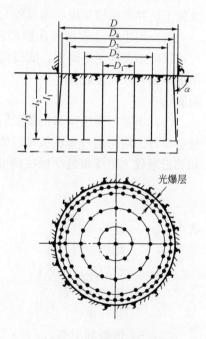

图 5-13　立井炮眼布置图

5.2.3　装 药 结 构

装药结构是指炸药在炮眼内的装填情况，装药结构有如下几种：

连续装药——装药在炮眼内连续装填，没有间隔；

间隔装药——装药在炮眼内分段装填，装药之间有炮泥、木垫或空气使之隔开。

耦合装药——装药直径与炮眼直径相同；

不耦合装药——装药直径小于炮眼直径。

正向起爆装药——起爆雷管在炮眼眼口处，爆轰向眼底传播；

反向起爆装药——起爆雷管在炮眼眼底处，爆轰向眼口传播。

另外，还有有堵塞装药结构和无堵塞装药结构。各种装药结构形式如图5-14所示。

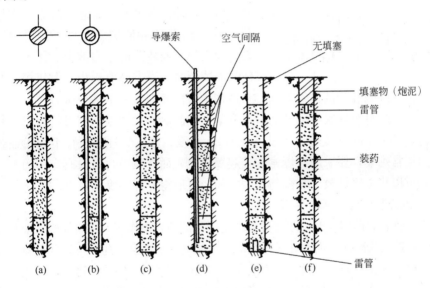

图5-14　装药结构

(a) 耦合装药；(b) 不耦合装药；(c) 连续装药；(d) 间隔装药；
(e) 无炮泥反向起爆装药；(f) 正向起爆装药

1. 连续装药和间隔装药

在间隔装药中，可以采用炮泥间隔、木垫间隔和空气柱间隔三种方式。试验表明，在较深的炮眼中采用间隔装药可以使炸药在炮眼全长上分布得更均匀，使岩石破碎块度均匀。采用空气柱间隔装药，可以增加用于破碎和抛掷岩石的爆炸能量，提高炸药能量的有效利用率，降低炸药消耗量。空气柱间隔装药的作用原理是：

（1）降低了作用于炮眼壁上的冲击压力峰值。若冲击压力过高，在岩体内激起冲击波，产生压碎区，使炮眼附近岩石过度粉碎，就会消耗大量能量，影响压碎区以外岩石的破碎效果，对于周边眼，还会造成围岩破坏。

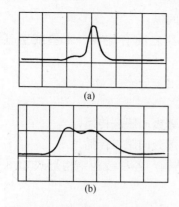

图 5-15 连续装药和空气柱间隔
装药激起应力波波形的比较

(a) 连续装药；(b) 空气柱间隔装药

（2）增加了应力波作用时间。原因有两个：其一，由于降低了冲击压力，减小或消除了冲击波作用，相应地增大了应力波能量，从而能够增加应力波作用时间；其二，当两段装药间存有空气柱时，装药爆炸后，首先在空气柱内激起相向传播的空气冲击波，并在空气柱中心发生碰撞，使压力增高，同时产生反射冲击波于相反方向传播，其后又发生反射和碰撞，炮眼内空气冲击波往返传播，发生多次碰撞，增加了冲击压力及其激起的应力波作用时间。图 5-15 为在相同试验条件下测得的连续装药和空气间隔装药的应力波形。图中，空气柱间隔装药时，应力峰值减小，但作用时间加大，又由于间隔装药的连续爆炸，从波形上可以看到有两个峰值压力。

当分配到每个炮眼中的装药量过分集中到眼底时或炮眼所穿过的岩层为软硬相间时，可采用间隔装药，一般可分为 2～3 段。若空气柱较长，不能保证各段炸药的正常殉爆，要采用导爆索连接起爆。在光面爆破中，若没有专用的光爆炸药时，可以将空气柱放于装药与炮泥之间，可取得良好的爆破效果。

2. 耦合装药与不耦合装药

炮眼耦合装药爆炸时，眼壁受到的是爆轰波的直接作用，在岩体内一般要激起冲击波，造成粉碎区，而消耗了炸药的大量能量。不耦合装药，可以降低对孔壁的冲击压力，减少粉碎区，激起应力波在岩体内的作用时间加长，这样就加大了裂隙区的范围，炸药能量利用充分。在光面爆破中，周边眼多采用不耦合装药。

炮眼直径与装药直径之比，称为不耦合值或不耦合系数，即：

$$K_d = d_b / d_c \tag{5-18}$$

在矿山井巷掘进中，大多采用粉状硝铵类炸药和乳化炸药。炮眼直径一般为 32～42mm，药卷直径为 27～35mm，径向间隙量平均为 4～7mm，最大可达 8～13mm。大量试验结果表明，对于混合炸药，特别是硝铵类混合炸药，在细长连续装药时，如果不耦合系数选取不当，就会发生爆轰中断，在炮眼内的装药会有一部分不爆炸，这种现象称为间隙效应，或称管道效应。矿山小直径炮孔（特别是增大炮眼深度时）往往产生"残炮"现象，间隙效应则是主要原因之一。这样不仅降低了爆破效果，而且当在瓦斯矿井内进行爆破时，若炸药发生燃烧，将会有引起事故的危险。

关于炸药传爆过程中的这种间隙效应的机理，有着不同的观点。比较普遍的观点是，装药在一端起爆后，爆轰波开始传播，与此同时，爆炸反应形成的高温高压气体迅速膨胀，使径向间隙中与其相邻的空气受强烈压缩，这样，伴随着爆轰波沿药柱的传播，在径向间隙中便形成一空气冲击波。根据冲击波质量守恒定律和理想气体的冲击绝热方程，可以计算出空气冲击波的传播速度大于沿药柱传播的爆轰波的传播速度。图 5-16 表示药卷在超前冲击波压缩下变形的状况。设药卷直径为 d_c，炮眼直径为 d_b，爆轰波自左向右传播，当其前沿冲击波到达 A 点时，径向间隙中沿药卷表面传播的空气冲击波阵面超前到达 B 点，与爆轰波相比，超前距离为 λ。在 λ 范围内炸药已被超前通过的空气冲击波所压缩，药卷截面变形，形成一锥形压缩区，其长度相当于 λ，也可以看成冲击波长度。在 A 点处炸药被压缩最强烈，最大压缩深度为 b。

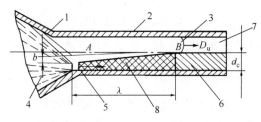

图 5-16　间隙效应使药柱发生的变形
1—产生前沿阵面；2—管壁；3—空气冲击波头；4—爆轰产物；
5—爆轰波头；6—未压缩炸药；7—间隙；8—被压缩的炸药

径向间隙中空气冲击波超前压缩炸药，减小了药卷直径，降低了爆炸化学反应释放出的能量，爆速相应减小，甚至药卷直径被压缩到小于临界直径时，将导致爆轰中断。另一方面，炸药受到强烈冲击压缩，密度将增大，当其超过极限密度时，也将导致爆速下降。炸药密度越大，其临界直径也越大。所以，炸药在爆轰波到达前受到压缩所引起的对爆轰波传播过程的综合影响，是造成不稳定传爆的主要原因。

间隙效应的产生与炸药性能、不耦合系数值和岩石性质有关。根据实验，2 号硝铵炸药在不耦合系数为 $1.12\sim1.76$ 之间时，传播长度在 $600\sim800\mathrm{mm}$ 左右，超过此长度的装药易产生拒爆，而水胶炸药就没有明显的间隙效应。所以，在实际爆破中，应避免和消除间隙效应。其主要方法：采用散装药，即不耦合系数值为 1；在连续装药的全长上，每隔一定距离放上一个硬纸板做成的挡圈，挡圈外径和炮眼直径相同，以阻止间隙内空气冲击波的传播，削弱其强度；采用临界直径小，爆轰性能好的炸药；减小炮眼直径或增大装药直径，避开产生间隙效应的不耦合系数值范围。

3. 正向起爆装药和反向起爆装药

装药采用雷管起爆时，雷管所在位置称为起爆点。起爆点通常是一个，但当装药长度较大时，也可以设置多个起爆点，或沿装药全长敷设导爆索起爆。

　　试验表明，反向起爆装药优于正向起爆装药，正、反向装药在岩体内激起的应力波及传播情况如图 5-17 所示。

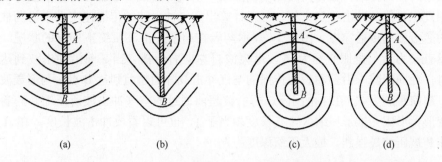

(a)　　　　　　　　(b)　　　　　　　　(c)　　　　　　　　(d)

图 5-17　炸药爆轰和应力波传播示意图

(a) 正向起爆，$\dfrac{D}{c_\mathrm{p}} \leqslant 1$；(b) 正向起爆，$\dfrac{D}{c_\mathrm{p}} > 1$；(c) 反向起爆，$\dfrac{D}{c_\mathrm{p}} \leqslant 1$；(d) 反向起爆，$\dfrac{D}{c_\mathrm{p}} > 1$

　　在深孔爆破中，当只有一个起爆点时，由于起爆点置于炮眼的不同位置，雷管被起爆后，以雷管为中心的爆炸应力波在岩体中传播。在岩体中形成的应力场的几何形状，取决于爆轰波速度 D 与岩体中应力波传播速度 c_p 之比值。若 $\dfrac{D}{c_\mathrm{p}} > 1$，形成的应力场具有圆锥形状；若 $\dfrac{D}{c_\mathrm{p}} \leqslant 1$，则应力场为球形。图 5-17（a）、（b）为正向起爆，图 5-17（c）、（d）为反向起爆。

　　正向起爆时，在装药爆轰未结束前，由起爆点 A 产生的应力波到达上部自由面后，产生向岩体内部传播的反射波可能越过 A 点。此时，反射波产生的裂隙将使炮眼内气体迅速逸出，导致炮眼下部岩石受力降低，破碎范围减小，也将造成炮眼利用率的降低。反向起爆时，爆轰由 B 点向 A 点传播，爆轰产物在炮眼底部存留的时间较长，而且若 $c_\mathrm{p} > D$，由炮眼底部产生的应力波超前于爆轰波传播，能加强炮眼上部应力波的作用。因此，反向装药不仅能提高炮眼利用率，而且也能加强岩石的破碎，降低大块率。

　　无论是正向起爆，还是反向起爆，岩体内的应力场分布都是很不均匀的，但若相邻炮眼分别采用正、反向起爆，就能改善这种状况。

　　实践表明，在有瓦斯的工作面进行爆破作业时，采用反向起爆装药较正向起爆装药更为安全。

　　4. 炮眼的填塞

　　用黏土、砂或土砂混合材料将装好炸药的炮眼封闭起来称为填塞，所用材料统称为炮泥。炮泥的作用是保证炸药充分反应，使之放出最大热量和减少有毒气体生成量，降低爆炸气体逸出自由面的温度和压力，使炮眼内保持较高的爆轰压力和较长的作业时间。

　　特别是在有瓦斯与煤尘爆炸危险的工作面上，炮眼必须填塞，这样可以阻止灼热的固体颗粒从炮眼中飞出。除此之外，炮泥也会影响爆炸应力波的参数，从而影响岩石的破碎过程和炸药能量的有效利用。试验表明，爆炸应力波参数与炮泥材料、炮泥填塞长度和填塞质量等因素有关。合理的填塞长度应与装药长度或炮眼直径成一定比例关系，生产中常取填塞长度相当于 0.35～0.50 倍的装药长度。在有瓦斯的工作面，可以采用水炮泥，即将装有水的聚乙烯塑料袋作为填塞材料，封堵在炮眼中，在炮眼的最外部仍用黏土封口。水炮泥可以吸收部分热量，降低喷出气体的温度，有利于安全。

5. 爆破说明书和爆破图表

爆破说明书和爆破图表是井巷施工组织设计中的一个重要组成部分，是指导、检查和总结爆破工作的技术文件。编制爆破说明书和爆破图表时，应根据岩石性质、地质条件、设备能力和施工队伍的技术水平等，合理选择爆破参数，尽量采用先进的爆破技术。

爆破说明书的主要内容包括：

（1）爆破工程的原始资料。包括井巷名称、用途、位置、断面形状和尺寸，穿过岩层的性质、地质条件及瓦斯情况等。

（2）选用的钻眼爆破器材。包括凿岩机具的型号和性能，炸药、雷管的品种。

（3）爆破参数的计算。包括掏槽方式和掏槽爆破参数，光面爆破参数，崩落眼的爆破参数。

（4）爆破网路的计算和设计。

（5）爆破安全措施。

根据爆破说明书绘出爆破图表。在爆破图表中应有炮眼布置图和装药结构图，炮眼布置参数和装药参数的表格，以及预期的爆破效果和经济指标。

爆破图表的编制见表 5-4 和表 5-5。

爆破条件和技术经济指标　　　　　　　　　　　表 5-4

项 目 名 称	数 量	项 目 名 称	数 量
井巷净断面（m^2）		炸药品种	
井巷掘进断面（m^2）		每循环雷管消耗量（个）	
岩石性质		每循环炸药消耗量（kg）	
矿井瓦斯等级		炮眼利用率（%）	
凿岩机型号		单位炸药消耗量（$kg \cdot m^{-3}$）	
每循环炮眼数目（个）		每循环进尺（m）	
每循环炮眼总长（m）		每循环出岩量（m^3）	
每米井巷炮眼总长（m）		每米井巷雷管消耗量（个）	
雷管品种		每米井巷炸药消耗量（m）	

爆 破 参 数　　　　　　　　　　　　表 5-5

炮眼编号	炮眼名称	炮眼长度 (m)	炮眼倾角 (°)		每眼装药量 (kg)	装药量小计 (kg)	填塞长度 (m)	起爆方向	起爆顺序	连线方式
			水平	垂直						
	掏槽眼 崩落眼 帮眼 顶眼 底眼									

§5.3　光 面 爆 破

5.3.1　概　　述

　　光面爆破是井巷掘进中的一种新爆破技术，它是控制爆破中的一种方法，目的是使爆破后留下的井巷围岩形状规整，符合设计要求，具有光滑表面，损伤小，保持稳定。光面爆破只限于断面周边一层岩石（主要是顶部和两帮），所以又称为轮廓爆破或周边爆破。

　　在井巷掘进中应用光面爆破具有以下优点：

　　(1) 能减少超挖，特别在松软岩层中更能显示其优点；

　　(2) 爆破后成形规整，提高了井巷轮廓质量；

　　(3) 爆破后井巷轮廓外的围岩不产生或产生很少的爆震裂缝，提高了围岩的稳定性和自身的承载能力，不需要或很少需要加强支护，减少了支护工作量和材料消耗；

　　(4) 能加快井巷掘进速度，降低成本，保证施工安全。

　　目前，在井巷掘进中，光面爆破已全面推广，并成为一种标准的施工方法。

　　光面爆破区分为普通光面爆破和预裂爆破两种，其原理和起爆顺序完全不同。

5.3.2　光面爆破原理

　　光面爆破的实质，是在井巷掘进设计断面的轮廓线上布置间距较小、相互平行的炮眼，控制每个炮眼的装药量，选用低密度和低爆速的炸药，采用不耦合装药，同时起爆，使炸药的爆炸作用刚好产生炮眼连线上的贯穿裂缝，并沿各炮眼的连线——井巷轮廓线，将岩石崩落下来。关于裂缝形成的机理有以下两种观点：

1. 应力波叠加原理

在光学材料模型试验中，当相邻两装药同时爆炸时，应力波在两炮孔的连心线方向上产生叠加，如图 5-18 所示。两相邻装药爆炸时，各自产生的应力波沿装药连线相向传播，经一定时间后孔壁处应力达峰值，其后则由于应力波的相互干扰，装药连心线中点处的应力开始增大，达最大值后再逐渐减小。为形成贯穿裂缝，在相邻装药连线中点上产生的拉应力等于岩石的抗拉强度即可。

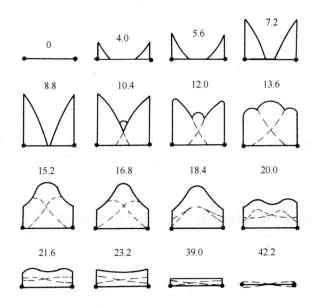

图 5-18　相邻两炮孔同时爆炸时连心线上应力的变化（图上数字为经历时间，μs）

2. 应力波与爆炸气体共同作用原理

只有在相邻两装药几乎同时爆炸的条件下，才有可能发生应力波的叠加。实际上，由于起爆器材存在误差，是难以保证两相邻炮孔同时起爆的，因此也就难以保证上述应力波在连心线中点的叠加及其效应。这样，贯穿裂缝的形成，是基于各装药爆炸所激起的应力波先在各炮眼壁上产生初始裂缝，然后在爆炸气体静压作用下使之扩展贯穿，最终形成贯穿裂缝。其发展过程示于图 5-19 中，图5-19（a）表示两相邻装药炮孔，图 5-19（b）表示两炮孔爆炸后所形成的初始裂纹及向外扩展一定距离。由于岩石中的应力波在两炮孔连心线上叠加，则产生的切向应力使初始裂纹延长，即炮孔连心线上出现较长裂纹的几率较大，为光面的形成提供了条件。图 5-19（c）为其后的爆炸气体的准静压作用，即沿初始裂纹产生"气楔作用"，使裂纹沿连心线进一步扩大贯通，形成贯穿裂缝。

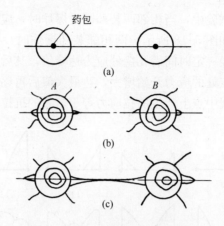

图 5-19   光面爆破断裂面的形成

(a) 炮孔与装药；(b) 初始裂纹；(c) 断裂面形成

5.3.3   光面爆破参数

在井巷掘进中采用光面爆破时，全断面炮眼的起爆顺序与普通爆破相同，但周边眼的爆破参数却有不同的计算原理和方法。

1. 不耦合系数

不耦合系数选取的原则是使作用在孔壁上的压力低于岩石的抗压强度，而高于抗拉强度。

已知在不耦合装药条件下，炮眼壁上产生的冲击压力为：

$$p_2 = \frac{\rho_0 D^2}{8} \left(\frac{d_c}{d_b}\right)^6 n \tag{5-19}$$

令 $p_2 \leqslant K_b \sigma_c$，可求得装药不耦合系数为：

$$K_d = \frac{d_b}{d_c} \geqslant \left[\frac{n \rho_0 D^2}{8 K_b \sigma_c}\right]^{\frac{1}{6}} \tag{5-20}$$

式中 ρ_0、D——炸药的密度和爆速；

d_b、d_c——炮孔直径和装药直径；

K_b——体积应力状态下岩石抗压强度增大系数；

n——压力增大倍数；

σ_c——岩石单轴抗压强度。

当采用空气柱装药时，可按下式计算：

在空气间隙装药条件下，炮眼壁上产生的冲击压力为：

$$p_2 = \frac{\rho_0 D^2}{8}\left(\frac{d_c}{d_b}\right)^6\left(\frac{l_c}{l_c + l_a}\right)n \qquad (5\text{-}21)$$

若忽略炮泥长度不计（炮泥长度一般为 $0.2\sim0.3$ m），则 $l_c + l_a = l_b$，其中 l_b 为炮眼长度。令 $p_2 \leqslant K_b\sigma_c$，由式（5-21）可求得 l_L 为：

$$l_L \leqslant \frac{8K_b\sigma_c}{n\rho_0 D^2}\left(\frac{d_b}{d_c}\right)^6 \qquad (5\text{-}22)$$

式中　l_L——每米炮眼的装药长度（m）。

换算为每米装药量为：

$$q_1 = \frac{\pi d_c^2}{4}l_L\,\rho_0 \qquad (5\text{-}23)$$

实践表明，不耦合系数的大小因炸药和岩层性质不同，一般取 $1.5\sim2.5$。

2. 炮眼间距

合适的间距应使炮眼间形成贯穿裂缝。以应力波干涉观点，可以得到合适的炮眼间距是以两眼在连线上叠加的切向应力大于岩石的抗拉强度为原则，设若作用于炮眼壁上的初始应力峰值为 p_2，则在相邻装药连线中点上产生的最大拉应力为：

$$\sigma_\theta = \frac{2bp_2}{\bar{r}^a} \qquad (5\text{-}24)$$

式中　$\bar{r}$——比例距离，$\bar{r}=\dfrac{R}{d_b}$。

将 $\bar{r}=\dfrac{R}{d_b}$、$\sigma_\theta=\sigma_t$ 代换后，由式（5-24）可求得：

$$R = \left(\frac{2bp_2}{\sigma_t}\right)^{\frac{1}{a}}d_b \qquad (5\text{-}25)$$

式中　R——炮眼间距；

　　p_2——炮眼壁上初始应力峰值；

　　b——切向应力与径向应力比值，$b=\dfrac{\mu}{1-\mu}$，μ 为泊松比；

　　σ_t——岩石抗拉强度；

　　a——应力波衰减系数，$a=2-\dfrac{\mu}{1-\mu}$。

若以应力波和爆炸气体共同作用理论为基础，则炮眼间距为：

$$R = 2R_k + \frac{p}{\sigma_t} d_b \tag{5-26}$$

式中　p——爆炸气体充满炮眼时的静压；

$\qquad R_k$——每个炮眼产生的裂缝长度，$R_k = \left(\dfrac{bp_2}{\sigma_t}\right)^{\frac{1}{\alpha}} r_b$；　　　(5-27)

$\qquad r_b$——炮眼半径。

根据凝聚炸药的状态方程，有

$$p = \left(\frac{p_c}{p_k}\right)^{k/n} \left(\frac{V_c}{V_b}\right)^k p_k \tag{5-28}$$

式中　p_k——爆生气体膨胀过程临界压力，$p_k \approx 100\mathrm{MPa}$；

$\qquad p_c$——爆轰压；

$\qquad k$——凝聚炸药的绝热指数；

$\qquad n$——凝聚炸药的等熵指数；

V_b、V_c——炮眼体积和装药体积；

其余符号意义同上。

根据实践经验，R 一般为炮眼直径的 $10\sim20$ 倍。

3. 邻近系数和最小抵抗线

确定孔距后，应进一步选取邻近系数值，以表征孔距与最小抵抗线的比值。光面爆破炮眼的最小抵抗线是指周边眼至邻近崩落眼的垂直距离，或称光爆层厚度。最小抵抗线过大，光爆层的岩石将得不到适当破碎；反之，则在反射波作用下，围岩内将产生较多的裂缝，影响围岩稳定。

合理的最小抵抗线是与装药邻近系数 $m = \dfrac{R}{W}$ 相关的。实践中多取 $m = 0.8\sim$ 1.0，此时光爆效果最好。所以，合适的抵抗线为眼距的 $1\sim1.25$ 倍。

光爆层岩石的崩落类似于露天台阶爆破，可以采用下列经验公式来确定最小抵抗线 W，即：

$$W = \frac{q_b}{(CRl_b)} \tag{5-29}$$

式中　q_b——炮眼内的装药量；

$\qquad l_b$——炮眼长度；

$\qquad R$——炮眼间距；

$\qquad C$——爆破系数，相当于炸药单耗值。

4. 起爆时差

模型试验和实际爆破表明：周边眼同时起爆时，贯穿裂缝平整；微差起爆次之；秒延期起爆最差。

同时起爆时，炮眼间的贯穿裂缝形成得较早，一旦裂缝形成，使其周围岩体内的应力下降，从而抑制了其他方向裂缝的形成和扩展，爆破形成的壁面就较平整。若周边眼起爆时差超过 0.1s 时，各炮眼就如同单独起爆一样，炮眼周围将产生较多的裂缝，并形成凹凸不平的壁面。因此，在光面爆破中应尽可能减小周边眼的起爆时差。周边眼与其相邻炮眼的起爆时差对爆破效果的影响也很大。如果起爆时差选择合理，可获得良好的光爆效果。理想的起爆时差应该使先发爆破的岩石应力作用尚未完全消失，且岩体刚开始断裂移动时，后发爆破立即起爆。在这种状态下，既为后发爆破创造了自由面，又能造成应力叠加，发挥微差爆破的优势。实践证明，起爆时差随炮眼深度的不同而不同，炮眼越深，起爆时差应越大，一般在 50～100ms。

5.3.4 光面爆破施工

为保证光面爆破的良好效果，除根据岩层条件、工程要求正确选择光爆参数外，精确的钻眼是极为重要的，是保证光爆质量的前提。

对钻眼的要求是：平、直、齐、准。炮眼要按照以下要求施工：

(1) 所有周边眼应彼此平行，并且其深度一般不应比其他炮眼深。

(2) 各炮眼均应垂直于工作面。实际施工时，周边眼不可能完全与工作面垂直，必然有一个角度，根据炮眼深度一般此角度要取 $3°\sim5°$。

(3) 如果工作面不齐，应按实际情况调整炮眼深度及装药量，力求所有炮眼底落在同一个横断面上。

(4) 开眼位置要准确，偏差值不大于 30mm。对于周边眼开眼位置均应位于井巷断面的轮廓线上，不允许有偏向轮廓线里面的误差。

光面爆破掘进巷道时有两种施工方案，即全断面一次爆破和预留光爆层分次爆破。

全断面一次爆破时，按起爆顺序分别装入多段毫秒电雷管或非电塑料导爆管起爆系统起爆，起爆顺序为掏槽眼→辅助眼→崩落眼→周边眼，多用于掘进小断面巷道。

在大断面巷道和硐室掘进时，可采用预留光爆层的分次爆破，如图 5-20 所示。采用超前掘进小断面导硐，然后刷大至全断面，这种方法又称为修边爆破。修边爆破的优点：根据最后留下光爆层的具体情况调整爆破参数，这样可以节约爆破材料，提高光爆效果和质量。其缺点：巷道施工工艺复杂，增加了辅助时间。

我国光面爆破常用参数见表 5-6。

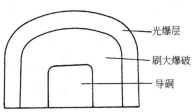

图 5-20 预留光爆层，分次爆破

光 面 爆 破 参 数
表 5-6

围岩条件	巷道或硐室开挖跨度（m）		周边眼爆破参数				
			炮孔直径（mm）	炮孔间距（mm）	光爆层厚度（mm）	临近系数	线装药密度（kg·m⁻¹）
整体稳定性好，中硬到坚硬	拱部	<5	35～45	600～700	500～700	1.0～1.1	0.20～0.30
		>5	35～45	700～800	700～900	0.9～1.0	0.20～0.25
	侧墙		35～45	600～700	600～700	0.9～1.0	0.20～0.25
整体稳定一般或欠佳，中硬到坚硬	拱部	<5	35～45	600～700	600～800	0.9～1.0	0.20～0.25
		>5	35～45	700～800	800～1 000	0.8～0.9	0.15～0.20
	侧墙		35～45	600～700	700～800	0.8～0.9	0.20～0.25
节理、裂隙很发育，有破碎带，岩石松软	拱部	<5	35～45	400～600	700～900	0.6～0.8	0.12～0.18
		>5	35～45	500～700	800～1 000	0.5～0.7	0.12～0.18
	侧墙		35～45	500～700	700～900	0.7～0.8	0.15～0.20

　　在实际施工中，周边眼装药结构采用几种不同的形式（图 5-21）。图 5-21（a）为标准药径（φ32 mm）的空气间隔装药结构；图 5-21（b）为小直径药卷间隔装药结构；图 5-21（c）为小直径药卷连续装药结构，这是一种典型的光面爆破装药结构形式。

　　在以上三种装药结构形式中，图 5-21（a）所示装药结构，施工简便，通用性强，但由于药包直径大，靠近药包孔壁容易产生微小裂纹；图 5-21（b）所示装药结构，用于开掘质量较高的巷道，对围岩破坏作用小；图 5-21（c）所示装药结构，用于炮孔深度小于 2 m 时，爆破效果较好。

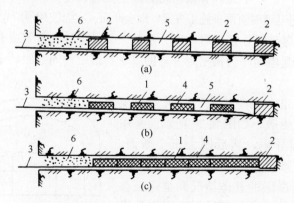

图 5-21　装药结构

1—φ20～φ25mm 药卷；2—φ32mm 药卷；3—导爆索（或脚线）；

4—径向空气间隔；5—空气间隔；6—堵塞

§5.4 微差爆破

利用毫秒量级间隔，实现按顺序起爆的方法称为毫秒爆破或微差爆破。由于顺序起爆的间隔时间为毫秒级，既不同于瞬发起爆，又异于秒延期爆破，致使各装药爆破所产生的爆炸应力场发生相互干涉，以致产生以下一系列良好效果：

(1) 增加了破碎作用，能够减小岩石爆破块度，降低单位炸药消耗量；

(2) 能够降低爆破产生的地震效应，防止对井巷围岩或地面建筑物造成破坏；

(3) 减小了抛掷作用，爆堆集中，既能提高装岩效率，又能防止崩坏支架或损坏其他设备；

(4) 在有瓦斯与煤尘的工作面采用微差爆破，可实现全断面一次爆破，缩短爆破和通风时间，提高掘进速度。但在放炮时，瓦斯浓度不得超过 1%，总延期时间不得超过 130 ms。

5.4.1 微差爆破的破岩原理

国内外许多学者对微差爆破的破岩机理进行了许多实验研究，提出了许多论点，但还难以有一个统一的认识，目前主要有以下几种假说：

1. 应力波干涉假说

若相邻两装药间隔若干毫秒爆炸，先起爆的装药在岩体内形成的应力场尚未消失，而后起爆装药又立即起爆，使两者所产生的应力波相互叠加，从而加强了破碎效果。

2. 自由面假说

该假说认为，先起爆的装药在岩体内已造成了某种程度的破坏，形成了一个新的爆破漏斗，有一定宽度的裂隙和附加自由面，对后起爆装药将是一个有利的破碎条件，相当于新增加自由面并处于应力状态作用下。同时，后起爆装药的最小抵抗线方向和爆破作用方向都发生了改变，朝向了新形成的附加自由面，即新形成爆破漏斗的斜边。由于附加自由面的出现，岩石的夹制作用减小，爆炸能量能较充分地加以利用来破碎岩石，有利于降低大块率，减小抛掷距离和爆堆宽度。按照这种假说，在微差爆破各种形式中，以台阶爆破的炮孔间隔起爆或波浪形微差爆破的效果最好。

3. 岩块碰撞假说

该假说认为，在微差爆破过程中，先后相继爆破下的岩块在运动过程中发生相互碰撞，利用动能使其再次发生破碎，导致运动速度降低，因而抛掷距离减小，爆堆集中。

4. 残余应力假说

该假说认为，先期爆炸激起的爆炸应力波在炮孔周围的岩体内形成动态应力场，并产生径向裂缝向外扩展。其后，高温高压的爆生气体渗入裂缝，在较长时间内使岩体处于准静应力状态，使裂缝进一步扩展。后期装药若在此刻爆炸，就可利用岩体内已形成的残余应力来改善岩石的破碎质量。

此外，由于相邻装药的起爆顺序是相间布置，以毫秒间隔时间起爆，爆破产生的地震波在时间和空间上被分散开，错开了主震相的相位，即使是初震相和余震相可能叠加，也不会超过原来的峰值振幅，所以微差爆破可以降低地震效应。根据试验资料，微差爆破的地震效应比一般爆破降低 $1/3 \sim 2/3$。

5.4.2　微差爆破间隔时间

选择合理的微差间隙时间，是实现微差爆破的关键，但到目前为止，由于微差爆破破岩机理尚未定论，还不能完全从理论上计算，还需要在实践中不断摸索总结，加以修正。

按应力波干涉假说，波克罗夫斯基给出能增强破碎效果的合理间隔延期时间为：

$$\Delta t = \frac{\sqrt{a^2 + 4W^2}}{c_p} \tag{5-30}$$

式中　a——炮眼间距（m）；

　　　W——最小抵抗（m）；

　　　c_p——应力波传播速度。

兰格福斯总结瑞典应用的经验，提出以下能达到最优破碎的合理延期时间的经验公式：

$$\Delta t = 3.3KW \tag{5-31}$$

式中　K——各因素影响系数，$K = 1 \sim 2$。

相对于露天爆破来说，井巷爆破炮孔较浅，抵抗线较小，每次起爆的药量也较小。因此，微差间隔时间要比露天爆破时小。一些资料统计表明，一般微差时间多在 $15 \sim 75$ ms 之间，当只存在一个自由面、眼深超过 $2.5 \sim 3.0$ m 时，有时采用 100 ms。可见，其变化范围很大。对于井巷微差爆破的合理间隔时间，尚需进一步研究。

5.4.3　微差爆破的安全性

在有瓦斯的煤巷和采煤工作面，为了防止引起瓦斯爆炸事故，一般采用瞬发爆破。但在这种情况下，全断面只能采用分次放炮。由于爆破次数多，辅助时间长，影响巷道掘进速度。如果采用秒延期爆破，延期时间过长，在爆破过程中，从岩体内泄出的瓦斯有可能达到爆炸界限，引起瓦斯爆炸，因而不能用于有瓦斯爆炸危险的工作面。

微差爆破除能克服瞬发爆破的上述缺点外，只要总延期时间（即最后一段雷管的延期时间）不超过安全规程的规定限度，就不会引起瓦斯爆炸事故。

《煤矿安全规程》规定：在有瓦斯与煤尘爆炸危险的煤层中，采掘工作面都必须使用煤矿炸药和瞬发电雷管。若使用毫秒延期电雷管时，最后一段的延期时间不得超过 130 ms。

因此，在有瓦斯与煤尘的工作面采用微差爆破是防止瓦斯引爆的重要安全措施，爆破前必须严格检查工作面内的瓦斯含量，并按安全规程规定进行装药、放炮。

思考题与习题

1. 爆破工作面上一般布置有哪些炮眼？各起什么作用？
2. 隧道或井巷掘进中常用的掏槽方式有哪些？各自的优缺点和适用条件是什么？
3. 影响直眼掏槽效果的因素有哪些？如何确定？
4. 隧道或井巷掘进中常用的钻爆参数有哪些？如何确定？
5. 工作面上炮眼布置的原则和方法有哪些？
6. 什么叫管道效应（或间隙效应）？它是如何引起的？实际爆破中应如何避免和消除管道效应？
7. 炮眼中采用间隔装药结构有什么优点？反向起爆装药与正向起爆装药相比有哪些优点？
8. 炮眼填塞有哪些作用？
9. 爆破说明书和爆破图表包括哪些内容？
10. 光面爆破有哪些优点？解释光面爆破破岩机理。
11. 光面爆破参数如何确定？对光面爆破施工有哪些要求？光面爆破质量检验标准和方法是什么？
12. 微差爆破有什么优点？解释微差爆破的破岩机理。

第 6 章　露天工程爆破

露天爆破按一次爆破炸药量和装药方式的不同可分为：裸露药包爆破、深孔爆破、浅孔爆破、硐室爆破等。

裸露药包爆破，是指炸药不装入炮孔里，而只将药包放置在大块表面进行爆破。这种方法有时用于大块的二次破碎，爆破炸药量小。

深孔爆破是指炸药装入深孔进行爆破的一种爆破方法。在露天矿主要是采用深孔爆破崩落矿石和岩石。深孔爆破一次爆破炸药量比较大，我国一些大型露天矿一次爆破炸药量一般为几十吨，有的达百吨以上。炮孔深度为 10～12m 至 16～18m，炮孔直径为 150～310mm。

浅孔爆破是指炸药装入深度不大于 5m，直径 50mm 以下的炮孔中进行爆破的一种方法。浅孔爆破一次爆破炸药量小，这种爆破主要用于小型露天矿生产爆破和大型露天矿二次爆破破碎大块。

硐室爆破，是指炸药集中装入专门的硐室进行的爆破，也称为药室爆破。它用于露天矿剥离，开挖路堑或修筑尾矿坝，平整工业场地。一次爆破炸药量大，一般为几百吨，有的工程一次爆破消耗炸药几千吨。

§6.1　裸露药包爆破

炸大块孤石或大块的二次破碎可采用裸露药包法或炮眼爆破法。

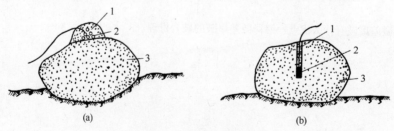

图 6-1　炸大块孤石

(a) 裸露药包法；(b) 炮眼法

1—炮泥；2—炸药；3—孤石

裸露药包法又称为糊炮，即在孤石面上或紧靠其侧面、底面放置炸药包，再覆盖炮泥，用火雷管起爆或导爆管——雷管起爆（图 6-1a）。这时，大块岩石主要是靠其上面的药包爆破产生的爆破冲击波进行破碎，爆炸气体在破碎中的作用几乎是很小的。所以，炸药能量损失大，单位炸药消耗量比浅孔爆破时大，达到 $1\sim2kg/m^3$。为了减少炸药消耗量，提高破碎效果，往往在药包上覆盖黏土之类的炮孔填塞材料，或用装水的塑料袋覆盖。裸露药包爆破产生强烈的声响和空气冲击波，造成多方面的石块飞散，给人员和设备以及环境卫生带来不良后果。因此，一次的爆破药量应加以限制，不应超过 $8\sim10kg$，安全距离不得小于 $400m$。

裸露药包炸孤石的方法虽然简单，但消耗药量大，不经济，在空气中还将激起很强的冲击波。当孤石体积不大时，可以采用这种方法。裸露药包法（包括聚能药包）还可用来爆破金属结构、桥桩，切割钢板等。

炸孤石所需药量可按下式估算：

$$Q = qV \tag{6-1}$$

式中 V——孤石体积（m^3）；

q——单位耗药量（kg/m^3）。

q 值决定于孤石的岩性、体积和所采用的炸药性质，通常为 $1.5\sim3kg/m^3$。采用聚能药包炸孤石，可减少药量。

采用炮眼法炸孤石（图 6-1b），炮眼直径一般为 $25\sim40mm$。炮眼深度和单位耗药量则需根据岩性、孤石厚度和采用的炸药来确定（表 6-1）。所需炮眼数目可根据总药量和每个炮眼的装药容量来计算。

炮眼法炸孤石的炮眼深度和单位耗药量　　　　表 6-1

孤石厚度（m）	炮眼深度（m）	单位耗药量（kg/m^3）（2号岩石炸药）
$0.5\sim0.6$	0.25	$0.23\sim0.35$
$0.7\sim0.8$	0.35	$0.17\sim0.29$
$0.9\sim1.0$	0.40	$0.14\sim0.23$
$1.0\sim1.5$	0.80	$0.12\sim0.17$
>1.5	$>2/3$ 孤石厚度	0.14

对埋入泥土内的孤石，根据埋入深度，需适当增大炮眼深度和单位耗药量。

§6.2　露天深孔爆破

世界各国的矿山开采、基坑开挖、公路石方路堑施工、石材开采、边坡开挖控制等主要采用深孔爆破方法。深孔爆破在工程爆破中占有极其重要的地位。目前，露天深孔爆破技术的发展有以下一些普遍特点：

（1）设计、钻孔、装药及装载等工序广泛运用监控技术，并逐步实现自动化；

（2）路堑、沟槽、边坡开挖工程广泛应用预裂、光面爆破技术；

（3）广泛采用顺序爆破和孔内分段微差爆破控制技术；

（4）炮孔装药品种依岩性和孔内部位的不同而变化；

（5）普遍采用计算机辅助设计系统。

深孔爆破的炮孔可以是垂直的，也可以是倾斜的（图6-2），但以前者为主。有时为了克服大底盘抵抗线和爆破坚硬岩石，在深孔底部用特殊方法将原来直径扩大到400～600mm，然后进行爆破，称为扩孔爆破。

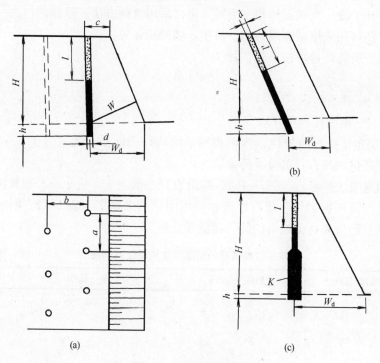

图 6-2　露天深孔爆破

（a）垂直深孔；（b）倾斜深孔；（c）扩孔

H—台阶高度；W—最小抵抗线；W_d—底盘抵抗线；h—超深；a—孔距；K—扩孔；

b—排距；l—填塞高度；c—安全距离；d—炮孔直径；l'—填塞长度

与浅孔爆破比较，深孔爆破具有一次爆破量大，每米炮孔出矿量大，单位炸药消耗量低，钻孔机械化和钻孔效率高等优点。因此，在适合条件下，力求采用深孔爆破。目前我国露天岩（矿）普遍采用牙轮钻机或潜孔钻机钻深孔，直径为150～200mm或250～310mm，孔深一般为12～18m。

爆破是露天岩（矿）生产过程的一个重要的先行环节。爆破质量的优劣，对后续环节，如装载、运输、破碎的生产效率起着决定性的影响。因此，对于深孔爆破的一些参数，如炮孔直径、炮孔深度、炮孔的间距和排距、超深、底盘抵抗线、填塞高度等，一定要根据岩石性质、设备特性和所采用的炸药等爆破材料的性能，进行综合分析计算，并结合生产实践经验正确选取，以保证获得良好的爆破质量。

6.2.1　炮　孔　直　径

露天深孔爆破一般趋向于增大炮孔直径。这是因为较小直径深孔（150～200mm）的钻孔效率较低，深孔每米出岩量较小，钻孔成本高。所以，现代大型露天深孔爆破广泛采用的深孔直径一般为250～310mm，有的已将孔径提高到380～420mm。

在爆破岩体规模较小，台阶平台窄，或者生产能力不大的情况下，可考虑采用较小直径深孔（150～200mm）进行爆破。

炮孔直径大小与所选用的钻孔设备类型直接相关，炮孔直径确定之后，与其有关的爆破参数将可相应确定。

6.2.2　底　盘　抵　抗　线

露天深孔爆破的台阶坡面往往是一斜面，这样，对于垂直深孔来说，就存在两种抵抗线，即最小抵抗线与底盘抵抗线，如图6-2（a）所示。最小抵抗线是指台阶平台水平上药柱中心至台阶坡面的最小距离。底盘抵抗线是指台阶平台水平上药柱中心至台阶坡面底线的距离。

当最小抵抗线过小时，岩（矿）石被抛掷到较大的距离，部分岩（矿）石被过度破碎，同时还将产生较大的空气冲击波；当最小抵抗线过大时，将会产生超爆或后冲现象，爆破振动加大，爆炸能量不能充分用于破碎岩石，并有可能产生爆破根底现象。

为了克服爆破时的最大阻力，避免台阶底部出现"根底"，一般都采用底盘抵抗线作为爆破参数设计的依据，这是露天深孔爆破的一个重要参数。

采用垂直炮孔时，底盘抵抗线可按以下方法来确定。

根据每孔所承担爆破岩石的体积和单位耗药量，每孔内的装药量应为：

$$Q_1 = HW_d a q = mqHW_d^2 \tag{6-2}$$

式中　H——台阶高度（m）；

$\quad W_d$——底盘抵抗线（m）；

$\quad q$——单位耗药量（t/m³）；

$\quad a$——炮孔间距（m）；

$\quad m$——炮孔邻近系数，$m = \dfrac{a}{W_d}$。

每孔所能容纳的药量为：

$$Q_2 = l_c P = (l_b - l_s)P \tag{6-3}$$

式中　l_c——装药长度（m）；

　　　l_b——炮孔深度（m）；

　　　l_s——炮泥长度（m）；

　　　P——每米炮孔的装药量（t/m）。

$$P = \frac{\pi d_c^2}{4}\rho_c \tag{6-4}$$

式中　d_c——装药直径（m）；

　　　ρ_c——装药密度（t/m³）。

若炮泥长度用底盘抵抗来表示，即 $l_s = K_s W_d$（K_s 为比例系数，其变动范围为 0.5~1.0），并使 $Q_1 = Q_2$，得：

$$mqHW_d^2 = (l_b - K_s W_d)P$$

或　　　　　　　　$mqHW_d^2 + K_s P W_d - P l_b = 0$

由该方程解出底盘抵抗：

$$W_d = \frac{-K_s P + \sqrt{K_s^2 P^2 + 4mqHP l_b}}{2mqH} \tag{6-5}$$

单位耗药量决定于岩性（坚固性、裂隙性）、炸药类型、装药直径、台阶高度、爆破块度等许多因素。初步计算时可取表 6-2 中数值，然后通过试验来调整。

台阶爆破的单位耗药量 q（2 号岩石炸药）　　表 6-2

岩石坚固性系数 f	2~3	4	5~6	8	10	15	20
单位耗药量（kg/m³）	0.39	0.45	0.50	0.56	0.62~0.68	0.73	0.79

通常，取炮孔深度 $l_b = 1.2H$，装药长度 $l_c = l_b/2 = 0.6H$，$m=1$。故可得到下列关系式：

$$HW_d^2 q = l_c P = 0.471 d_c^2 H \rho_c \tag{6-6}$$

由该方程解出底盘抵抗，得：

$$W_d = \sqrt{\frac{0.47 l d_c^2 \rho_c}{q}} \approx 0.7 d_c \sqrt{\frac{\rho_c}{q}} \tag{6-7}$$

单位耗药量 q 可近似按下式估算：

$$q = 0.000175 \frac{\gamma}{e} \tag{6-8}$$

式中　γ——岩石密度（t/m³）；

　　　e——炸药爆力校正系数，爆力为 360mL 时，$e=1$。

将式（6-8）代入式（6-7），得：

$$W_d \approx 53 d_c \sqrt{\frac{\rho_c e}{\gamma}} \tag{6-9}$$

考虑岩体裂隙性对爆破的影响，引入裂隙性系数 K_T（$K_T=1\sim1.3$），将式 (6-9) 改写为：

$$W_d \approx 53K_T d_c\sqrt{\frac{\rho_c e}{\gamma}} \tag{6-10}$$

按已知的炮孔直径、装药密度和炮孔密集系数，根据每个炮孔装药量底盘抵抗线还可由下式计算：

$$W_d = d\sqrt{\frac{7.85\rho_c r}{mq}} \tag{6-11}$$

式中　d——炮孔直径；

　　　r——装药系数，取 $r=0.6\sim0.8$。

根据爆破实践经验，底盘抵抗线与台阶高度 H 之间存在如下关系：

$$W_d = (0.6\sim0.9)H \tag{6-12}$$

岩石坚硬，台阶高度小，系数取小值；反之，系数取大值。

在台阶坡面角较小的情况下，实际能采用的底盘抵抗尚须满足钻孔安全条件。钻孔轴线至梯段坡顶线的安全距离 C 取为 $2.5\sim3m$，因此，按照深孔钻机安全作业的要求，底盘抵抗线 W_d 还应满足下列关系：

$$W_d \geqslant W_d' = H\cot\alpha + C \tag{6-13}$$

式中　α——台阶坡面角，一般为 $60°\sim80°$。

若 $W_d < W_d'$，为增加底盘抵抗，则需增大装药直径，或采用密集并排的炮孔；否则，只能采用与坡面平行的倾斜炮孔。

两个并排炮孔能克服的底盘抵抗约为单个炮孔的 $\sqrt{2}$ 倍，三个并排炮孔能克服的底盘抵抗为 $\sqrt{3}$ 倍。

采用倾斜炮孔爆破时，底盘抵抗可近似按下式确定：

$$W_d = \frac{53K_T d_c\sqrt{\rho_c e/\gamma}}{\sin\alpha} \tag{6-14}$$

或

$$W_d = \frac{1}{\sin\alpha}\sqrt{\frac{P}{q}} \tag{6-15}$$

上述各式都是就一个炮孔来说的。当考虑多炮孔爆破相互作用时，底盘抵抗线可按下式计算：

$$W_d' = (0.6\sim1.0)W_d \tag{6-16}$$

式中　W_d'——多炮孔爆破时底盘抵抗线。

我国一些冶金露天矿采用的底盘抵抗线如表 6-3 所示。在压渣（挤压）爆破时，考虑到台阶坡面前留有岩石堆且钻机作业较为安全，底盘抵抗线可适当减小。

深孔爆破底盘抵抗线   表 6-3

爆破方式	炮孔直径（mm）	底盘抵抗线（m）
清渣爆破	200	6～10
	250	7～12
	310	11～13
压渣（挤压）爆破	200	4.5～7.5
	250	5～11
	310	7～12

6.2.3 炮孔间排距和密集系数

同一排炮孔与炮孔之间的距离（间距）和相邻两排炮孔之间的距离（排距）一般通称为孔网尺寸或孔网参数。确定孔网尺寸，通常是以每个深孔容许装入的炸药量为依据，再计算每个深孔所必需崩的岩石体积，最后得出炮孔间距。炮孔间距和炮孔直径、底盘抵抗有关，可按下式计算：

$$a = \frac{(0.5 \sim 0.6)Pl_b}{qHW_d} \tag{6-17}$$

式中系数 0.5～0.6 为炮孔装药系数，它考虑到每 1m 炮孔除去填塞高度之后的实际装药高度。

炮孔排距一般可取与底盘抵抗相同的距离。考虑到后排孔的爆破处于受夹制状态，单位炸药消耗量要提高 10%～15%或排距变为 (0.8～0.9) W_d。

炮孔密集系数 m，是指炮孔间距 a 与抵抗线的比值，即 $m = \frac{a}{W_d}$。随着多排毫秒爆破技术和合理的深孔起爆顺序的应用，发现缩小排距，增大孔距，从而增大炮孔密集系数可以提高破碎质量，也就是所谓的小抵抗大孔距爆破。我国一些露天矿采用的 m 值一般为 0.9～1.2，有的 m 值达到 2。实践证明，适当加大 m 值，有利于改善爆破块度。表 6-4 列出一些露天矿采用的 a 值和 m 值。

炮孔间距与炮孔密集系数   表 6-4

爆破方式	炮孔直径（mm）	炮孔间距（m）		炮孔密集系数	
		前排	后排	前排	后排
清渣爆破	200	3～7	4.5～7	0.43～1.14	0.95～1.6
	250	4～11	5～11	0.36～1.08	1～2.5
	310	5～6	6.8～8	0.42～0.5	1～1.07

续表

| 爆破方式 | 炮孔直径 (mm) | 炮孔间距（m） | | 炮孔密集系数 | |
		前排	后排	前排	后排
挤压（压渣）爆破	200	3～4	5～6	0.56～0.7	1～1.10
	250	4～11	6～11	0.59～1.4	1～1.7
	310	5～6	6.5～8	0.67～0.79	1～1.1

6.2.4 超 钻

为使爆破后得到平整底板，克服底盘抵抗线的阻力，不留根底，炮孔深度应大于台阶高度。超出底板的炮孔长度 h 称为超钻长度。通过超钻，增加了深孔底部炸药量，增强对深孔底部岩石的爆破作用，从而避免爆破后在台阶底部残留岩柱。超钻长度与岩石坚硬程度、炮孔直径、底盘抵抗线有关，其值可按式（6-18）、式（6-19）确定。坚硬岩石中爆破，系数取大值，相反在硬度较小岩石中，系数取小值。经验表明，在超深值大于 15d 之后，超深部分炸药爆破克服底盘抵抗线阻力的作用已减弱，过大增加超深没有实际意义。目前露天深孔爆破超深一般不大于 3.5m。若台阶底板为软岩层或存在有水平裂缝时，为不破坏底板完整性，可减小超钻长度，或完全取消，而采用调整其他爆破参数的方法来获得平整底板：

$$h = (10 \sim 15)d \tag{6-18}$$

或

$$h = (0.15 \sim 0.35)W_d \tag{6-19}$$

式中 d——炮孔直径（mm）；

W_d——底盘抵抗线（m）。

超钻使矿山每年钻孔工作量增加。在每个深孔装药量一定的条件下，超钻增大，直接用于破碎台阶岩石的那部分炸药量减小，同时也增加填塞高度，即增加非装药区高度，从而导致台阶上部岩石不能得到炸药直接爆破作用，大块率增加。此外，超钻部分的炸药爆破结果，使下一台阶平台受到强烈破碎，增加下一台阶钻孔工作的困难。因此，在可能条件下，应力求减小超钻。

6.2.5 堵 塞 长 度

众所周知，堵塞对爆破作用的影响是显著的。爆破时，除了按设计计算要求装入一定量炸药之外，在上部还要装入堵塞物。堵塞是为了延长爆炸气体在岩体中的作用时间，调节炮孔中爆炸气体压力，以提高炸药能量利用率。同时，堵塞还可以减弱破碎岩石的飞散，降低空气冲击波和爆破噪声对周围环境的不良影响。堵塞长度是一个重要的爆破参数，合理的堵塞长度应保证爆炸气体不过早从孔口喷泄，同时又使台阶上部岩石能得到充分破碎。堵塞长度太长，则单孔装药量减少，造成炮孔浪费，也容易在孔口处产生大块；堵塞长度太小，容易发生冲炮，产生大量飞石。因此确定合理的堵塞长度，能够改善爆破质量，提高爆破效率，降低作业成本，保证爆破安全。根据经验公式，堵塞长度可取为：

$$l_s = (20 \sim 25)d \tag{6-20}$$

或
$$l_s = (0.5 \sim 0.75)W_d \tag{6-21}$$

式中 d——炮孔直径（mm）；

W_d——底盘抵抗线（m）。

有时为了获得更集中的爆堆，可适当加大堵塞长度，这时，l_s 可取：

$$l_s = (0.8 \sim 1.0)W_d \tag{6-22}$$

6.2.6 炮孔装药量

每个深孔中的装药量，是根据已选定的其他参数计算，可以采用下式进行计算：

$$Q = qW_d aH \tag{6-23}$$

q 为单位耗药量，可参考表6-2或国家定额并经现场漏斗试验来确定。随着被爆岩体性质、结构不同，q 将在较大范围内变动。q 还可按经验公式（6-8）估算。

得出的炸药量，还需要以每一深孔可能装入的最大炸药量来验算，即：

$$Q \leqslant P(l_b - l_s) \tag{6-24}$$

如果 Q 值小于或等于不等式右边的容许装入的炸药量，则可认为 Q 值是适当的。若 Q 值大于不等式右边装药量，说明计算得出的炸药量，大于容许装入深孔的炸药量，即 Q 不能全部装入深孔。这种情况的发生，可能是由于所取 W_d、q 或 a 值偏大，或者是炮孔直径偏小，这时需要对这些参数作适当的调整。

多排爆破时，第一排深孔装药量计算如上述。第二排以后各排深孔，因爆破时受到其前面已爆破的岩石阻力作用，装药量应适当加大，其值可按下式计算确定：

$$Q = KqabH \tag{6-25}$$

式中 K——岩石阻力系数，采用毫秒爆破时，取 $K=1.1 \sim 1.3$；采用齐发爆破时，取 $K=1.2 \sim 1.5$；最后一排炮孔，取 K 值的上限值；

b——炮孔排距（m）。

6.2.7 布孔方式和起爆顺序

随着爆破技术的发展，深孔爆破规模不断扩大，同时爆破的深孔孔数及排数增加，在这种情况下，一般都采用多排毫秒爆破，以提高爆破质量，降低炸药消耗，减少岩（矿）年爆破次数。多排深孔爆破时，在台阶平盘上的布置有三种形式：正方形、三角形和矩形，如图 6-3 所示。正方形布置的设计和布孔施工简易，矩形和三角形布置分别多用于大孔距爆破和排间顺序爆破。

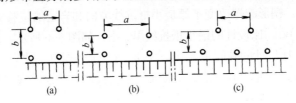

图 6-3　深孔布置方式
(a) 正方形；(b) 矩形；(c) 三角形

毫秒爆破技术的应用，使得多排深孔爆破孔间和排间的深孔起爆顺序更多样化。起爆顺序变化的主要目的，在于改变炮孔爆破方向，缩小爆破时实际的最小抵抗线，增大实际的 a/W 值，创造新自由面，增加爆破后岩块之间的碰撞机率，实现再破碎，以改善爆破块度和爆堆形状，降低爆破地震效应。露天岩（矿）深孔爆破时常用的起爆顺序，归纳起来，主要有以下几种：

（1）排间顺序起爆。这种起爆顺序还可分为两种，一种是如图 6-4（a）所示，各排炮孔依次从自由面开始向后排起爆。这种起爆顺序设计和施工比较简便，起爆网路易于检查，但各排岩石之间碰撞作用比较差，容易造成爆堆宽度过大。另一种起爆顺序，如图 6-4（b）所示，先从中间一排深孔起爆，形成一楔形槽沟，创造新自由面，然后槽沟两侧深孔按排依次爆破。这种起爆顺序有利于岩块的互相碰撞，增加再破碎作用，且爆破后爆堆比较集中。但是，这时爆堆中部的高度容易过度增大，不利于装载机械的安全作业。最先起爆的一排深孔，需加大装药量，以形成充分自由面，由此而使炸药消耗量增加。排间顺序起爆方式同段起爆药量大，后冲及地震效应较大。

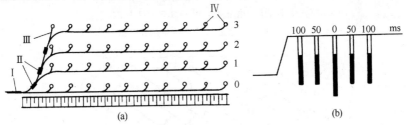

图 6-4　排间顺序起爆
Ⅰ—雷管；Ⅱ—继爆管；Ⅲ—导爆索；Ⅳ—炮孔；0、1、2、3—起爆顺序

（2）波浪式起爆。如图 6-5 所示，这一起爆顺序的特点，是深孔爆破时可增加孔间或排间深孔爆破的相互作用，达到加强岩块碰撞和挤压，改善破碎块度的效果，同时，还可减小爆堆宽度，但施工操作比较复杂。

（3）楔形起爆。也称 V 形起爆，它的特点是爆区第一排中间 1～2 深孔先起爆，形成一楔形空间，然后两侧深孔按顺序向楔形空间爆破，起爆顺序如图 6-6 所示。这样就可以达到岩块相互碰撞，改善破碎块度，缩小爆堆宽度的结果。可见，除第 1 排深孔外，楔形起爆改变了原最小抵抗线方向和岩层的位移方向，从而使实际的最小抵抗线 W_s，比设计的最小抵抗线 W_p 小，如图 6-6 所示，即 $W_s < W_p$，而实际的孔间距 a_s 比设计的孔间距 a_p 增大，即 $a_s > a_p$。这样一来，实际上就是增大了密集系数 m 值。不过，第一排炮孔爆破效果会较差，容易出现"根底"。

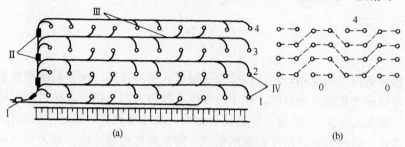

图 6-5　波浪式起爆

（a）起爆网路；（b）起爆顺序

Ⅰ—雷管；Ⅱ—继爆管；Ⅲ—导爆索；Ⅳ—炮孔；0、1、2、3—起爆顺序

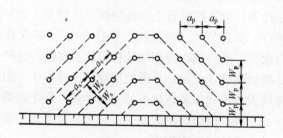

图 6-6　楔形起爆

W_p—设计的最小抵抗线；W_s—实际的最小抵抗线；

a_p—设计的孔间距；a_s—实际的孔间距

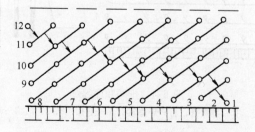

图 6-7　斜线起爆

1、2、3、……、11、12—起爆顺序

（4）斜线起爆。它的特点是炮孔爆破方向朝台阶的侧向，同一时间起爆的深孔连线与台阶眉线斜交成一角度（一般为45°），如图6-7所示。这一起爆顺序的优点，是爆堆宽度小，实际最小抵抗线小，同时爆破的深孔之间实际距离增大，m值随之增大，有利于改善破碎块度，爆破网路联结比较简便，在岩（矿）多排爆破中得到较广泛的应用。

（5）周边深孔预裂起爆。它的特点是首先起爆，爆区周边的深孔类似于预裂爆破。图6-8表示了这种起爆顺序，例如，起爆后，周边深孔立即爆破，然后依次以25、75、100、125ms时间间隔先后起爆其他深孔。这样的起爆顺序，除了具有楔形起爆顺序的优点外，还利于降低爆破地震对岩体和边坡的有害影响。但是深孔数增加，且起爆网路比较复杂。因此，只是在一次爆破深孔数多、爆破炸药量大的情况下，才考虑采用这种起爆顺序。

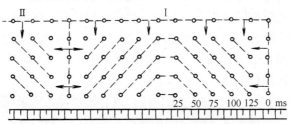

图6-8　周边深孔预裂爆破

Ⅰ、Ⅱ—爆区

起爆顺序是多样化的，选取哪一种起爆顺序，要根据爆区的地质条件，特别是岩体裂隙的分布和方向，以及岩（矿）体生产的要求和技术条件，综合考虑来确定。

6.2.8　装　药　结　构

装药在炮眼内的安置方式称为装药结构。在露天深孔爆破时，装药结构对炸药在炮孔中的分布、深孔爆破作用以及爆炸气体作用延续时间都有影响。而且由于钻孔较深，穿过的岩层变化较大，岩层的走向和倾向与工作面可能呈多种相关状况。所以，除正确选择爆破参数外，合理的装药结构对于提高爆破质量显得更为重要。

在露天深孔爆破中应用的装药结构主要有：连续装药结构、间隔装药结构、混合装药结构、底部空气垫层装药结构等。

（1）连续装药结构。如图6-9（a）所示，这是深孔爆破最常用的一种装药结构。它操作简便，便于机械化装药，但沿台阶高度炸药分布不均匀，特别是在台阶高度大，台阶坡面角小时，这一缺点更为严重，可造成爆破块度不均匀、大块率高、爆堆宽度增大和出现"根底"。

（2）间隔装药结构。这是一种非连续装药结构，如图6-9（b）所示，整个药柱分成2~3分段，分段之间用空气层隔开。这样，一方面可使炸药分布较为均

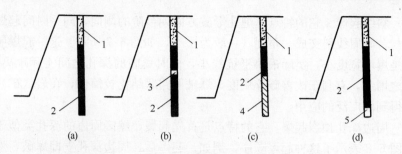

图 6-9 深孔装药结构

1—堵塞材料；2—炸药；3—空气间隔；4—高威力炸药；5—空气垫层

匀，尤其是台阶上部岩石能够得到炸药爆破直接作用；另一方面，空气层的存在有助于调节爆炸气体压力，延长其作用时间，从而增强爆破破碎效果。在孔网参数和单位炸药消耗量相同条件下，与连续装药结构比较，间隔装药结构的爆破块度较均匀，大块率降低，爆堆形状得到改善。在台阶高度不超过 20m 时，孔底部分装药量约占深孔总装药量 60%～70%。这种装药结构的装药操作施工比较麻烦，且不便于机械化装药，在大型岩（矿）的应用受到限制。

（3）混合装药结构。如果底盘抵抗线大或岩层坚硬，可于深孔底部或坚硬岩层部位，装高威力、高密度炸药，而在深孔上部装普通硝铵炸药或铵油炸药，构成混合装药结构，如图 6-9（c）所示。这样便可达到沿台阶高度合理分布炸药能量的效果，既有利于改善爆破块度，又可降低爆破成本。当然，这种装药结构同样操作麻烦，妨碍机械化装药。

（4）底部空气垫层装药结构。如图 6-9（d）所示，它的实质是利用炸药在空气垫层中激起的空气冲击波对孔底岩石的强大冲击压缩作用，使岩石破碎，同时由于底部存在空气垫层，就使药柱重心上移，炸药沿台阶高度的分布趋于合理，从而减少台阶上部大块的产生。空气垫层还可调节爆炸气体压力和其作用时间，使炸药能量得到有效的利用。最终结果是改善爆破块度，减小爆堆宽度和后冲。所以，在深孔底部留有一定高度的空气垫层，有利于提高爆破质量。与空气间隔装药结构比较，底部空气垫层装药结构还便于机械化连续装药。

6.2.9 挤压（压渣）爆破

近年来，露天岩（矿）为强化开采强度、采用连续流水作业和改善爆破质量，广泛地应用了多排微差挤压爆破。广义地讲，挤压爆破即装药在受夹制条件下的爆破。但就一般概念而言，微差挤压爆破系指工作面前留有渣堆的微差爆破，如图 6-10。这种爆破可以避免爆堆伸出过大造成埋道、损伤设备，从而增加工时的弊端，由于渣堆的存在，为钻机作业创造更安全的条件，使钻孔工作可与装载工作同时进行，提高设备效率，而且能改善爆破效果，提高破碎程度。压渣爆破所体现的良好爆破效果，主要是由于：

（1）渣堆阻力延缓了岩体的运动和内部裂缝张开的时间，从而使爆生气体的静压作用时间加大，提高了爆炸能量的利用率。

（2）运动的岩块与渣堆相互碰撞，并挤压渣堆，使动能转化为破碎功，提高破碎质量。

挤压（压渣）爆破既有有利方面，又有不利的方面，故需确定合理渣堆厚度。由于爆破工作面前为渣堆，其ρc（ρ为密度，c为波速）值要比空气的ρc值大，所以从界面（渣堆与台阶坡面）反射的能量降低，不利于岩体的破碎。为此，应在渣堆和坡面之间有一补偿空间

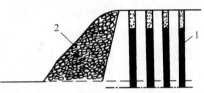

图 6-10 挤压（压渣）爆破
1—炮孔；2—碎石层

或使渣堆的ρc值小，即渣堆密度较小，故需合理确定渣堆厚度。

渣堆厚度的确定可根据能量相等的原则导出，即：

$$\delta = \frac{W_d}{2} K_p \left(1 + \frac{\rho_2 c_2}{\rho_1 c_1}\right) \tag{6-26}$$

式中　K_p——渣堆松散系数；

ρ_1、ρ_2——岩体和渣堆密度，$\rho_2 = \rho_1 / K_p$；

c_1、c_2——岩体和渣堆的纵波波速（m/s），$c_2 = 500(3 + d_n)$；

d_n——渣堆岩块平均尺寸（m）。

计算所得的渣堆厚度只能作为参考，合理的渣堆厚度还需通过试验确定。

为了使挤压（压渣）爆破获得良好效果，一般要求同时爆破4排深孔或更多。根据实际经验和具体条件，渣堆厚度可取10~20m；在台阶高度、孔网参数以及爆破量增大的条件下，可考虑将渣堆厚度增加到30m。第1排深孔的装药量要增加约15%，以便为后排深孔爆破提供足够的岩石松散空间。一般来说，挤压（压渣）爆破比一般爆破炸药量消耗增加15%~30%。

§6.3　边坡开挖控制爆破

边坡塌落以至滑坡，已成为影响生产和安全的一个严重问题，特别是对于深凹露天矿更是如此。影响边坡稳定的因素包括：工程地质条件、边坡设计和使用特性、边坡开掘方法等。爆破是其中的一个主要因素。随着露天矿生产规模的不断扩大，一次爆破岩石量和使用的炸药量迅速增加，由此产生的对边坡稳定性的影响就更为突出。因此，采用合理有效的边坡控制爆破技术，限制或减弱大量爆破对边坡的破坏，能够以最小的成本实现边坡的安全、稳定，是提高边坡稳定性

的一项重要措施。

边坡控制爆破技术主要有四种方法，即预裂爆破、缓冲爆破、减振孔和密集空孔爆破法。这四种设计方法可单独采用或联合采用。对于要求特别高的边坡，也采用小孔径小台阶逐层开挖的方法。

实际应用中，预裂爆破和缓冲爆破是控制边坡稳定最常用的方法，临时性的边坡，有的只进行缓冲爆破。例如，在加拿大 25 个大中型露天矿中，1/2 采用预裂爆破，1/3 采用缓冲爆破。

预裂爆破是一种控制爆破方法，用以减弱在预定方向上的爆破破坏作用。这一方法的实质，是沿设计边坡境界线钻一排间距较小的密集炮孔，称为预裂孔。在生产炮孔即主炮孔爆破之前，预裂孔先起爆，爆破结果，在岩体中沿预裂孔连线形成一定宽度的裂隙，称为预裂带，以此来隔离或降低主炮孔爆破产生的应力波和地震波对边坡的作用。同时，由于预裂孔孔径一般均较小，不耦合装药，采用低猛度炸药爆破，因而预裂孔爆破对边坡的影响程度和范围大大减小，并且可以形成一较为光滑的预裂面。此外，炮孔连线上首先形成的裂隙，使炮孔的爆炸气体通过该裂隙散出，降低其对周围岩石的压力，这就使得爆生气体在其他方向上的压缩与破坏作用减弱或消除，保证边坡的坡面比较完整，达到维护边坡稳定的目的。

缓冲爆破是指在临近边坡钻一排间距较小的炮孔，减少每孔装药量，在主炮孔之后进行爆破的一种控制爆破方法。由于主炮孔先爆破，这一爆破方法不能降低主炮孔爆破对边坡的影响，而只能在一定程度上减弱缓冲孔本身爆破对边坡的破坏作用。因此，与预裂爆破相比，缓冲爆破控制爆破破坏作用和地震效应的效果比较差，不过缓冲爆破施工较简易，费用也较低。

预裂孔有倾斜孔和垂直孔两种，一般采用潜孔钻钻孔，也有用生产钻机如牙轮钻钻孔的，孔径变化范围 150～250mm。

图 6-11 表示用倾斜预裂孔进行掘沟预裂爆破时，预裂孔、缓冲孔与主炮孔布置情况。预裂孔沿设计境界线布置，向下倾斜 60°，与台阶坡面角一致，孔径 150mm，孔深 15～16m。用铵油炸药和 2 号岩石炸药爆破，药卷直径 35～45mm，线装药密度 0.9～1.6kg/m，不耦合系数达到 3.3～4.3，孔间距 1.0～2.0m。预裂孔在主炮孔之前 50～150ms 首先起爆。辅助孔起辅助破碎作用，一般用于坚硬岩石爆破，它与预裂孔的排距为 2.5～3.0m，辅助孔间距为 3.0～4.0m，孔深 7.0～8.0m，每孔装药量约 30～45kg。它是在主炮孔之后爆破，即最后一排爆破。

图 6-12 表示用垂直预裂孔进行预裂爆破的炮孔布置图。预裂孔孔径 250mm，孔间距 2.8m，不耦合系数 3.9，线装药密度 2.7kg/m，采用径向间隙连续装药结构。药包直径 60～80mm，用密度为 0.85g/cm^3 的铵油炸药爆破。预裂孔比主炮孔提前 50ms 起爆。预裂孔布置在边坡境界前 10～12m 处，超钻 0.5m，孔间距 4m。缓冲孔与预裂孔距离 4m，与前排主炮孔距离 6～7m，装药量相当于主炮孔 70%。

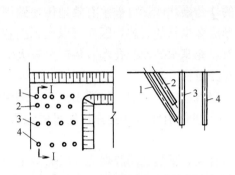

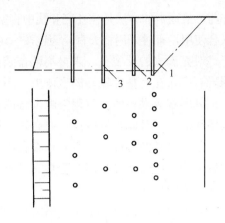

图 6-11　预裂爆破炮孔布置图
1—预裂孔；2—辅助孔；3—缓冲孔；4—主炮孔

图 6-12　垂直孔预裂爆破
1—预裂孔；2—缓冲孔；3—边坡境界线

预裂爆破参数主要包括预裂孔直径、孔间距、线装药密度等。这些参数及装药结构对于预裂爆破效果起决定性影响。此外，还要确保预裂孔的同时起爆。至于这些爆破参数的确定，目前仍然建立在经验基础上，一般都是参照类似条件的矿山预裂爆破的经验、资料，并考虑具体矿山条件加以修改完善的。

炮孔直径一般为 $150\sim250$mm，孔间距 $a=(8\sim13)d$，d 为预裂孔直径，硬岩时取小值，不耦合系数取 $3.5\sim5.0$，线装药密度 $0.6\sim3.5$kg/m。预裂孔普遍采用导爆索同时起爆，超前主炮孔 $50\sim150$ms 起爆。

随着孔径的增大，预裂炮孔的孔间距通常也随之增大。表 6-5 列出了预裂爆破设计参考值。在普通岩石条件下，预裂爆破装药量随炮孔直径的增大而增大，如表 6-5。最佳装药量随矿岩的性质而变化，松软或裂隙致密的岩石需要减少药量和孔距，具有较高强度的完整岩石可能需要装药量大些。在松散地层，炮孔上部的每延米装药量需要减少 50% 或更多，以便最大程度地减少坡顶线周围的后冲。

普通强度岩石预裂爆破设计参数　　　　　　　表 6-5

孔径（mm）	炸药单耗（kg/m）	孔距（m）	孔径（mm）	炸药单耗（kg/m）	孔距（m）
76	0.5	0.9	152	1.4	2
89	0.7	1.2	200	3.3	2.6
102	0.8	1.3	251	5.3	3.3
114	1.1	1.4	270	6.1	3.6
127	1.3	1.5	311	7.8	4

预裂炮孔装药长度通常至离孔口约 8 倍孔径以下，在裂隙致密的岩石中，孔口不装药长度为孔径的 15 倍以上。对于 200mm 及以上的大直径预裂孔，没有特制的

炸药，最通常的方法是在孔底和孔中将空气间隔器同散装的乳化油炸药或铵油炸药联合使用，有时采用将大直径药包按一定间隔放置在孔中并用导爆索连接。

对充满水的预裂孔，来自不耦合装药的炸药爆炸能量可被水有效地传递到周围岩石中。在完整性较好的岩体中，不会形成多少新的裂隙，因而可以得到满意的预裂爆破效果；但对节理裂隙发育的岩石，充满水的预裂孔爆破将产生较大的破坏和疏松，对此，爆破设计时必须予以充分重视。

预裂爆破的起爆，将所有预裂孔中的导爆索连接到一根主导爆索上，以确保预裂装药的同时起爆。同时起爆在地面震动很可能引起过爆或惊扰居民的地方，可采用成组炮孔延时。

如果最小抵抗线小于 150 倍的预裂炮孔直径，预裂孔的起爆应与毗邻的主炮孔一起起爆。如果最小抵抗线较大或在坚固岩石中爆破，预裂爆破在邻近最终边帮爆破之前提前起爆，一般可获得较理想的预裂效果。

边坡预裂控制爆破技术的发展，有下列一些新的趋势：采用超深预裂孔；新的装药结构；针对不同边坡地质条件，选取适宜的预裂爆破参数等。

§6.4　硐　室　爆　破

硐室爆破是将大量炸药（几吨至千吨以上）装在坑道或硐室内进行大规模爆破的方法，故通常称作大爆破。其突出特点是一次爆破的炸药量集中，炸药量大，爆破的岩土量大。

硐室爆破主要用于松动岩石，定向抛移岩土，用以修筑堤坝，开挖河渠或路堑。在矿山，药室爆破主要用于露天矿的剥离，开挖运输线路路堑，平整工业场地和修筑尾矿坝等大型基建工程。在进行这类大型基建工程时，硐室爆破显示出其突出优点：

（1）工程的施工建设不受地形和气候条件的限制，有利于加速基建工程的进行，缩短基建时间；

（2）需要的机械设备简单，在没有大型机械设备条件下，仍可正常施工，施工机械设备轻便，易于安装操作，利于在一些交通不便的地区施工；

（3）当采用抛掷爆破时，可抛移大量岩石，大大减少装载和运输机械设备的工作量，减少在这方面的费用；

（4）凿岩工作量大大减少，相应的设备、机具、材料和动力等消耗也随之减少。

但是，药室爆破也具有许多缺点：

（1）施工的劳动条件往往比较差；

（2）一次爆破炸药量大，爆破地震和爆破空气冲击波以及爆破噪声强度大，给环境保护带来不良影响；

（3）由于是集中爆破，岩体中炸药能量分布极不均匀，爆破后，岩石破碎程度差，大块多，二次爆破量增加，生产效率降低，同时还污染环境；

（4）在药室周围，由于受到集中药量爆破的强烈破碎作用，岩石破坏范围大，增加了露天矿边坡或路堑两边岩石的不稳定性。

6.4.1　硐室爆破技术的发展

我国硐室爆破技术的应用和发展经历了三个阶段：

1954年9月，我国铁路部门第一次、也是我国首次在铁路建设中采用硐室爆破方法，当时一个药室装药只有4500kg，一次爆破石方38324m³。其后，又从苏联引进了有关硐室爆破的先进经验，自1955年起在宝成、鹰厦等线进行了200余处硐室爆破。硐室爆破技术的采用大大提高石方开挖工效，加快了新线铁路的施工速度。在20世纪50～60年代，曾有过采用硐室大爆破的高潮。

20世纪60年代以来，在广泛采用硐室大爆破的过程中，我国老一代爆破工程技术人员不断总结经验，发展了大爆破设计理论，完善了爆破设计计算参数，提出了一套完整的定向爆破设计计算经验公式。与此同时，我国公路系统提出并逐步完善了"多边界石方爆破体系"，先后建立了数种因地制宜的爆破设计方法。这些技术的成功应用，显著提高了铁路、公路路堑爆破的实际开挖效果和边坡质量，这一时期可以说是硐室爆破技术发展的第二个阶段。

除了铁路和公路采用硐室爆破开挖路堑和填筑路堤外，水利水电及冶金矿山等部门在20世纪50～70年代，广泛采用定向爆破技术堆筑了40多座水库用挡水堆石坝或尾矿坝、泥石流防护坝等。广东南水水利枢纽工程的挡水坝一次定向抛掷爆破筑成，后经加高，坝高达81m。至今，它仍是采用定向爆破法筑成的大坝工程中规模较大、效益较好的工程。

条形药包装药设计是我国硐室爆破技术发展的第三阶段。

在国外，条形药包硐室爆破技术的研究与应用以苏联最为先进和具有代表性，而欧美等发达国家有关柱状药包的基本特性研究同样为条形药包爆破技术的发展提供了许多可贵的基础资料。早在20世纪60年代初，苏联就开始了有关条形药包的生产性试验，一直到20世纪80年代，多次采用条形药包硐室爆破方法进行定向爆破筑坝、运河和路堑开挖等，比较典型的工程有：1966～1967年米侨泥石流防护坝的定向爆破，坝高93m，使用炸药9235t；1970～1972年阿雅姆—阿及特明泄水渠、阿姆—尚克运河和巴拉索夫运河干线等的抛掷爆破开挖；1975年为验证康巴拉金水电站大坝的设计方案而在布累基河上修建的试验坝，坝高50m，使用炸药702t；阿拉马—阿塔—挪沃伊利斯克铁路工程，一次使用195m的条形药包，用药572t所进行的路堑开挖等。同期，有关条形药包爆炸作用特征参数计算和破碎机理等的理论和试验研究得到一定发展，其中有：1968

年美国的 A. M. Starfield 和 J. M. Pugliese 将条形药包分解为有限个等效半径的球形药包组合，然后利用球形药包计算公式计算并采用线性选加的方法得到圆柱药包应力波的参数解；1976 年苏联的 B. A. Borovikov 等利用相同原理求得水平条形药包在岩石中爆炸时的应力波参数解；1982 年澳大利亚的 G. Harries 仍用同样的计算模型，通过试验验证，得到条形药包爆炸时速度场的分布规律；1985年苏联的 V. V. Adushkin 等，用石英砂和甘油混合材料为介质，在真空条件下，用高速摄影记录条形药包爆炸时的介质鼓包运动过程，分析了抛掷参数与鼓包运动速度的关系；1987 年苏联的 O. I. B. Neiman 应用流体动力学理论，假设受爆岩石为不可压缩流体，由拉普拉斯方程和边界映射条件推导得到了条形药包在无限、半无限空间和多面临空条件下的介质速度场。另外，苏联的许多学者根据条形药包硐室爆破工程实践的经验总结，借助于相似理论和集中药包药量计算公式，提出了多个条形药包硐室爆破药量计算公式，其典型形式为 $q = KW^2 f(n)$。近年来随着计算机技术的发展，国外开发研制了许多模拟爆破作用的计算机软件，如 SHALE、DYNA、EPIC 程序等，它们为解决不同几何形状药包和边界条件下介质大变形破坏等复杂问题的数值计算提供了可能性。

在国内，有关条形药包硐室爆破的研究始于 20 世纪 70 年代末，而它的工程应用则更早，1966 年在成昆铁路建设中率先使用该项技术，取得了明显好于集中药包硐室爆破的效果。从 20 世纪 80~90 年代，条形药包硐室爆破技术应用领域和规模逐渐扩大，特别是 20 世纪 90 年代后，沿海地区经济的飞速发展，大规模的开发建设进一步促进了条形药包硐室爆破技术的发展。其中规模和影响较大的工程有：1985 年福建顺昌石灰石矿的 1700t 剥离大爆破；1991 年广东惠州芝麻洲 3100t 移山填海大爆破；1992 年底广东珠海炮台山 1.2 万 t 炸药的移山填海大爆破等。同期，在铁路、冶金、水电、公路、有色、建材等部门先后成功地进行了数十次大型条形药包硐室爆破工程，其爆破的规模从数十吨到数百吨的条形药包硐室爆破，取得了很高的技术经济效果。近年来，在石方路堑施工中，为控制主体石方爆破效果和路堑边坡质量，发展了条形药包硐室加预裂一次成型的综合爆破技术，爆破形成的边坡稳定、平整。这一切充分显示出我国在条形药包硐室爆破的工程应用上已经走在了世界的前列。

随着工程应用的增多，条形药包硐室爆破技术及其爆炸作用特性的理论和实践研究亦得到国内外爆破工作者的广泛重视，并取得了一定的研究成果。

硐室爆破方法不需要大型机械，我国是劳动力密集型的国家，可以同时组织大量的劳力进行导硐和药室的开挖，实施硐室爆破作业时间短、成本低，因此在许多重大工程基础、场地平整工程施工中，硐室爆破发挥了重要作用。随着我国大型钻孔和开挖机具设备的发展和更新、爆破环境的日益复杂化以及爆破对周围地区的影响控制程度要求的提高，大量石方开挖工程目前已广泛采用深孔爆破方法，而硐室爆破的应用范围受到限制。但是，在我国的一些土石方施工中，特别是在西部开发的一些重大基础工程，研究改进的硐室爆破综合技术，如条形药包硐室加预裂一次成型的综合爆破技术，仍将具有可观的应用前景。

6.4.2 硐室的形式和布置原则

硐室爆破，按爆破目的的不同可分为松动爆破、加强松动爆破（减弱抛掷爆破）和抛掷定向爆破。岩石抛掷的主要方向是沿最小抵抗线方向。根据硐室几何形状和尺寸，抛掷爆破的药包有集中药包和条形药包两种。在选定硐室形式和布置硐室时，要考虑爆破炸药量的大小、地形条件以及爆破的性质等。

1. 硐室形式

常用的硐室形式如图 6-13 所示，主要有直线式、直角式、T字式和复合式。露天矿硐室爆破时，硐室和平硐一般都在硬岩中开掘，所以，在多数情况下不必支护。硐室高度大多不超过 2～2.5m，最大的也不超过 4～5m，硐室宽度也以不大于 5m 为宜。平硐的作用，一是作为开挖硐室和硐室装药的通道，另一是用以堆积堵塞材料。堵塞要有足够长度，并且要堵塞密实，以保证爆破安全和良好爆破效果。

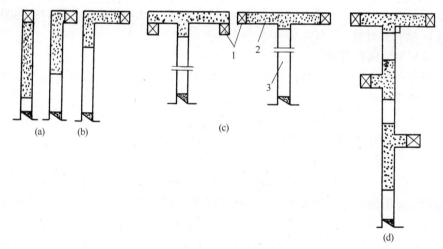

图 6-13 硐室形式
(a) 直线式；(b) 直角式；(c) T字式；(d) 复合式
1—硐室；2—填塞材料；3—平硐

2. 硐室布置原则

在布置硐室时，要使其符合下列要求：

（1）按工程的要求，要达到不超挖，不欠挖，符合设计规定；

（2）爆破参数选取适当，爆破块度均匀，大块率低；

（3）满足工程对爆破岩石方量的要求，如果是抛掷定向爆破，还应使抛掷方量、抛掷方向和抛掷岩石堆积高度、宽度符合设计要求；

(4) 爆破对边坡或附近建筑物和构筑物不造成损坏；

(5) 工程施工安全简易，爆破工程成本低。

因此，在布置硐室时要考虑到下列基本原则：

(1) 对于一般爆破工程，药包的最小抵抗线不大于 50m，不小于 5～7m。

(2) 如果地形条件适当，爆破方量和抛掷方量都不过大时，应尽量采用单排硐室爆破。当然，如果由于地形条件不容许，单排硐室爆破满足不了对爆破方量和对破坏范围的要求时，则应考虑双排或多排硐室爆破。

(3) 地形高差比较小，最小抵抗线与药包中心至地表垂直距离之比，即 $W/H \geqslant 0.6 \sim 0.9$ 时，硐室可按一层布置，破碎与抛掷效果均较好。

(4) 地形高差大，$W/H < 0.5 \sim 0.6$，且又要求保证良好的破碎质量时，则应考虑按双层或多层布置硐室，而且上、下层硐室之间，要采用间隔爆破。若对爆破块度不提出严格要求时，例如，对于有些崩塌爆破，W/H 值可小于 0.5。

6.4.3　硐室爆破参数

硐室爆破参数，主要考虑装药量、最小抵抗线、爆破作用指数及硐室间距。

1. 装药量计算

(1) 抛掷爆破药量

药包布置好后，计算各药包药量。在爆破工程中，集中抛掷药包量常用鲍列斯柯夫公式计算，即：

$$Q = qW^3 f(n) \tag{6-27}$$

式中　q——形成标准抛掷漏斗（$n=1$）的单位耗药量；

$f(n)$——抛掷作用指数的函数。

$$f(n) = 0.4 + 0.6n^3 \tag{6-28}$$

确定 q 值的大小，通常从岩石的抗压强度、岩石的密度、岩石的可凿性和标准抛掷漏斗试验等方面综合考虑。但在实际爆破中，因种种原因，是做不到的。一般可以参考条件类似的爆破工程的实际 q 值或者按已有的资料经验，首先假定一个 q 值，然后对实际的药室进行"试炮"，分析爆破效果，最后确定出比较符合岩石爆破特性的 q 值。q 值的选取可参照表 6-6，当岩石节理裂隙比较发育时，取表中小值，甚至更小些。

形成标准抛掷漏斗的单位耗药量（2号露天铵梯炸药）　　　表 6-6

岩石名称	q（kg/m³）
泥灰岩	1.2～1.5
贝壳石灰岩	1.8～2.1
砾岩和钙质砾岩	1.35～1.65

续表

岩石名称	q（kg/m³）
砂质砂岩、层状砂岩、泥灰岩	1.35～1.65
钙质砾岩、白云岩镁质岩	1.5～1.95
石灰岩、砂岩	1.5～2.4
花岗岩	1.8～2.55
玄武岩、安山岩	2.1～2.7

式（6-27）适用于 $W \leqslant 25\text{m}$。若 $W > 25\text{m}$，则需考虑重力影响进行修正。修正后的公式为：

$$Q = qW^3 f(n)\sqrt{\frac{W}{25}} \tag{6-29}$$

在斜坡地面，计算抛掷药包量的修正公式为：

$$Q = qW^3 f(n)\sqrt{\frac{W\cos\theta}{25}} \tag{6-30}$$

其中 θ 为坡角，当 $W\cos\theta < 25\text{m}$ 时，不进行修正。

当 $W > 200\text{m}$ 时，集中抛掷药包量按下式计算：

$$Q = \frac{q}{50}W^4\left(\frac{1+n^2}{2}\right)^2 \tag{6-31}$$

对于上面的药量计算公式要指出的是，其计算的药量种类是以 2 号露天铵梯炸药（爆力为 280mL）作为标准炸药，当使用的炸药种类不同时，需要进行炸药数量的换算。换算系数为：

$$e = \frac{280}{\text{炸药的爆力}} \tag{6-32}$$

岩石爆破，尤其是硐室松动控制爆破，通常是以爆力进行药量换算，但对坚硬的岩石也要考虑炸药猛度。上面公式计算的药量是假定猛度为 10mm，而对于其他猛度的炸药，换算系数 e 为：

$$e = \frac{10}{\text{炸药的猛度}} \tag{6-33}$$

对于坚硬的岩石，其装药换算系数 e 拟取式（6-32）和式（6-33）的平均值为宜。

利用条形药包进行抛掷爆破时（图 6-14），每米药包量按下式计算：

$$Q = 1.29W^2(n^2 - n + 1) \tag{6-34}$$

（2）松动爆破药量

硐室松动爆破与抛掷爆破的目的不同，只要求将岩石破碎成所要求的块度，并尽可能减少岩石的抛掷。松动爆破有标准松动和加强松动两种。加强松动即减弱抛掷，按抛掷爆破的原则计算爆破参数，为防止造成大量抛掷，抛掷作用指数

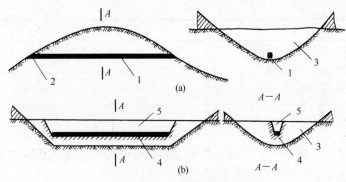

图 6-14　条形抛掷药包

（a）药包置于平硐内；（b）药包置于壕沟内

1—平硐内药包；2—平硐；3—爆破形成的堑沟；4—壕沟内药包；5—壕沟

须根据最小抵抗线来确定。加强松动的抛掷作用指数见表 6-7 所示。

加强松动的抛掷作用指数   表 6-7

W (m)	n	$f(n)$	W (m)	n	$f(n)$
>35	1	1	25～22.5	0.75	0.633
35～32.5	0.95	0.914	22.5～20	0.70	0.606
32.5～30	0.90	0.838	20～17.5	0.65	0.564
30～27.5	0.85	0.768	<15		0.33～0.40
27.5～25	0.80	0.707			

最小抵抗小于 15m 时，一般采用标准松动。标准松动药包量按下式计算：

$$Q' = q'W^3 \tag{6-35}$$

式中　q'——形成标准松动漏斗的单位耗药量，大约等于标准抛掷单位耗药量的 33%～40%。

式（6-35）适用于集中药包。采用条形药包时，标准松动的每米药包量 Q' 可近似按下式计算：

$$Q' = q'W^2 \tag{6-36}$$

2. 爆破作用指数 n

爆破作用指数 n，是计算药包装药量的主要参数之一，与最小抵抗线 W 一起是表示药包爆破范围大小的主要参数，n 值大小直接影响爆破性质、爆破方量、抛掷方向和方量、抛掷距离及堆积高度等重要工程指标。

对于集中药包爆破，根据地形条件和爆破性质，n 值可按下列各式进行计算：

平坦地形抛掷爆破，$n = \dfrac{E}{55} + 0.5$，E 为预计的抛掷率。爆破石质岩石，一般取 $n=1.5\sim2.5$；爆破非石质岩石，一般取 $n=1.5\sim3.5$。但经验表明，炸药消耗量最小而又能达到较大可见深度的最佳抛掷作用指数如表 6-8 所示。

最佳抛掷作用指数   表 6-8

岩石名称	n
砂质碎石及松石土壤	1.8
黏土及黏质砂土	1.85
半松半坚的石质土壤	1.9
岩石及最坚的石质土壤	2.0

斜坡地形、单侧抛掷爆破，根据斜坡坡度 φ，抛掷率 E，n 与 E 符合：

$$E = 26(n+0.87)(0.012\varphi+0.4) \tag{6-37}$$

而斜坡地面有前后排药包时：

$$E = 26(n+0.87)\left(0.012\varphi+\frac{0.12}{D_\mathrm{w}}\right) \tag{6-38}$$

式中　D_w——前后排抵抗线 W_1 和 W_2 的比值。

多面临空抛掷爆破，取 $n=1\sim1.25$，加强松动爆破 $n=0.7\sim0.8$。

松动爆破时，$W<15\mathrm{m}$，要求爆堆高度不大于 15m，取 $n=0.7$。若 $W>15\mathrm{m}$ 时，如 $W=20\sim22.5\mathrm{m}$，取 $n=0.75$；$W=22.5\sim25\mathrm{m}$，取 $n=0.8$。

采用多排多层药包爆破时，主药包的 n 值一般约为辅助药包 n 值的 1.25 倍，后排药包 n 值约为前排药包 n 值的 1.25 倍。上、下层药包同时起爆时，上层药包 n 值约为下层药包 n 值的 1.1 倍。若同排药包同时起爆，取同一 n 值。

3. 硐室距离

不管大面积还是小面积的硐室爆破，可以说没有单个药包的情况，一般是一排药包或多排多层药包，这样就需要设计计算药包之间的距离 a。合理的硐室距离，应使岩石得到充分破碎，降低大块，消除硐室之间可能产生的岩块。实际爆破效果表明，药包距离 a 偏大，药包与药包之间岩体没有充分破碎，甚至出现"石坎"，极大影响施工进度；药包距离偏小，相对增加单位耗药量和导硐药室开挖量，造成成本增加，而且爆破时相对不安全。确定硐室距离时，通常主要考虑地形因素、爆破性质、最小抵抗线和 n 值的影响。

平坦地形抛掷爆破或加强松动爆破的硐室间距为：

$$a = 0.5W(1+n) \tag{6-39}$$

或

$$a = 0.5\frac{W_1+W_2}{2}\left(1+\frac{n_1+n_2}{2}\right) \tag{6-40}$$

斜坡地面的抛掷爆破：

$$a = nW \tag{6-41}$$

多面临空抛掷爆破或加强松动爆破：

$$a = (0.8\sim0.9)W\sqrt{1+n^2} \tag{6-42}$$

平坦地形松动爆破：

$$a = (0.8 \sim 1.0)W \tag{6-43}$$

斜坡地形松动爆破：

$$a = (1.0 \sim 1.2)W \tag{6-44}$$

多层药包上下层药包间距：

$$nW < b < 0.8W\sqrt{1 + n^2} \tag{6-45}$$

6.4.4　抛掷方向的控制

抛掷爆破除破碎岩石外，还要求按规定方向将部分或全部爆破下的岩石抛弃到预定界限范围内。这种方法常用于开挖河道、路堑或路基、筑坝和用于露天矿山的基本建设中。

最常采用的是集中药包，其硐室长与宽之比不大于 4 : 10。抛掷爆破几乎全部采用加强抛掷，标准抛掷和减弱抛掷仅用于加强松动。根据岩石抛出方向，有单侧、双侧和多侧几种抛掷爆破。单侧抛掷又称为指向抛掷或定向抛掷。根据硐室标高与抛出岩石堆积场所标高的相对关系，抛掷爆破又分上向、平向、下向几种。

抛掷爆破时，为了达到预期的抛掷量和堆积形状，需要在爆破时对抛掷方向加以严格控制。控制抛掷方向有许多途径，例如选取合理的最小抵抗线方向，控制爆破顺序，采用辅助药包等。

抛掷爆破作用指数 $n = r/W$，是抛掷爆破的一个重要参数，因它关系着硐室药量及其间距、边坡坡角、爆破能量有效利用系数（堑沟设计断面与开挖断面的比值）、抛掷率（抛出的百分数）和堑沟的可见深度等。

图 6-15 表示，利用凹形的有利地形，合理布置药包，使多个药包爆破的岩石朝最小抵抗线抛掷，并集中堆积于预定地点。

图 6-16 表示，利用辅助药包 1 先爆破，为主药包爆破创造新的自由面，保证其爆破时，大量岩石沿最小抵抗线方向抛掷。

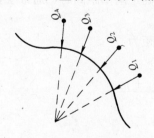

图 6-15　集中抛掷堆积

Q_1、Q_2、Q_3、Q_4—不同位置的药包

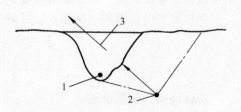

图 6-16　辅助药包控制抛掷方向

1—辅助药包；2—主药包；3—抛掷方向

图 6-17 说明控制两个药包的不同起爆顺序，实现单侧抛掷或双侧抛掷。要求单侧抛掷时，先爆破左侧药包 Q_1，然后爆破右侧药包 Q_2，将岩石沿最小抵抗线方向定向抛掷到左侧。双侧抛掷时，则是 Q_1 与 Q_2 同时爆破，使岩石均匀向两侧抛掷。

图 6-17　双侧与单侧抛掷爆破

（a）双侧抛掷爆破；（b）单侧抛掷爆破

Q_1、Q_2—药包

在山坡地形爆破时，可通过调节不同方向的最小抵抗线，达到抛掷爆破的结果。

如图 6-18 为了使岩石能够在 A、B 两个方向等量抛掷，在地形条件相似的同种岩体中布置药包，则应使在两方向上的最小抵抗线相等，即 $W_A = W_B$。如果在相同条件下，要在 A 方向抛掷爆破，B 方向加强松动爆破，则在两个方向的最小抵抗线之间应保持如下的关系（图 6-19）：

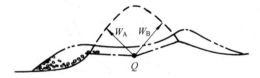

图 6-18　双向抛掷爆破

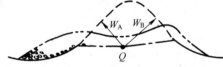

图 6-19　一侧抛掷爆破，一侧加强松动爆破

$$\frac{W_A}{W_B} = \sqrt[3]{\frac{f(n_B)}{f(n_A)}} \tag{6-46}$$

式中　n_A——抛掷爆破作用指数；

n_B——加强松动爆破作用指数。

同理，若为了保证在 A 方向上抛掷爆破，在 B 方向上松动爆破（图 6-20），则应使 A、B 两方向上最小抵抗线之间的关系为：

$$\frac{W_A}{W_B} = \sqrt[3]{\frac{1}{3f(n_A)}} \tag{6-47}$$

若欲使 A 方向上的岩石抛掷，在 B 方向上的岩石不受破坏，则可调节两个方向的最小抵抗线，使它们之间满足下面的关系（图 6-21）：

$$\frac{W_B}{W_A} \geqslant 1.3\sqrt{1 + n_A^2} \tag{6-48}$$

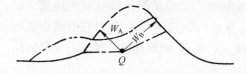

图 6-20   一侧抛掷爆破,一侧松动爆破

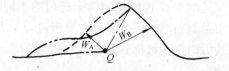

图 6-21   一侧抛掷爆破

6.4.5   爆破漏斗可见深度

抛掷爆破时,除了大部分岩石被抛掷到爆破漏斗以外一定距离处,还有一部分岩石将回落到爆破漏斗中来。在平坦地形所形成的爆破漏斗如图 6-22 所示。这时,可见深度 P 与爆破作用指数 n 及最小抵抗线 W 之间的关系为:

$$P = 0.33(n-1)W \tag{6-49}$$

在斜坡地形爆破时,由于山坡上部一些岩石被松动破碎之后,从高处塌陷滑落下来,形成新的地面,如图 6-22 所示。新地面线与原地面线之间的最大距离,就是在该爆破条件下的爆破漏斗可见深度 P。对于斜坡地形,且单层药包爆破时,如图 6-23,其 P 值按下式得出:

$$P = (0.32n + 0.28)W \tag{6-50}$$

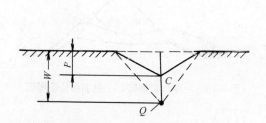

图 6-22   平坦地形爆破漏斗

Q—药包;C—可见爆破漏斗底部中心

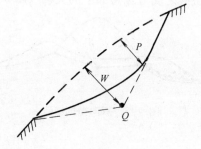

图 6-23   斜坡地形爆破漏斗

Q—药包

山脊爆破的漏斗可见深度,是指原山脊顶部到渣堆的高度(图 6-24),其值如下:

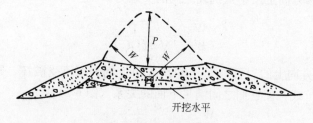

开挖水平

图 6-24   山脊抛掷爆破的可见深度

$$P = 0.5nW \qquad (6\text{-}51)$$

进行硐室爆破时，必须保证所有药包准确爆炸。为此，在每个药室内一般安放 2～3 个起爆药包，并敷设重复爆破网路（独立的两组电爆网路，或一组电爆网路与一组导爆索网路，或敷设双重导爆索网路）。

思考题与习题

1. 露天爆破有哪几种爆破形式？
2. 露天深孔爆破的优点有哪些？爆破参数如何确定？
3. 露天深孔爆破的布孔方式和起爆顺序有哪些？各有什么优缺点？
4. 露天深孔爆破的装药结构有哪些？
5. 预裂爆破的作用原理是什么？有什么优点？
6. 硐室爆破有什么优缺点？硐室布置原则和形式有哪些？硐室爆破的爆破参数如何确定？

第7章 拆除控制爆破

§7.1 拆除控制爆破基本原理

拆除爆破是一种控制爆破技术。它是根据拆除对象的具体情况，通过选择合理的爆破方案和爆破参数，采取一定的防护措施，使爆破效果满足工程要求，并保证施爆点周围人员和设施安全。

对于拆除控制爆破基本原理的研究，目前进行得还不深入。现有的认识尚难详细解释拆除控制爆破中所发生的各种力学现象，这主要是因为拆除控制爆破比一般工程爆破所处的周围环境更为复杂，要求条件更为苛刻，主控目标又为多变，影响因素又较多等，这就给理论研究工作带来更大的困难。但是，经过长期的爆破实践和理论分析，归纳起来大体上有如下主要基本原理：

7.1.1 最小抵抗线原理

由于从药包中心到自由面的距离沿最小抵抗线方向最小，因此，受介质的阻力最小；又由于在最小抵抗线方向上，冲击波（或应力波）传播的路程最短，所以在此方向上波的能量损失最小，因而在自由面处最小抵抗线出口点的介质首先突起。我们将爆破时介质抛掷的主导方向是最小抵抗线方向这一原理，称为最小抵抗线原理。

最小抵抗线方向不仅决定着介质的抛掷方向，而且对爆破飞石、振动以及介质的破碎程度等也有一定的影响。此外，最小抵抗线的大小，还决定装药量的多少和布孔间距的大小，并对炮眼深度和装药结构等有一定的影响。

最小抵抗线的方向和大小是人为决定的。根据炮眼的方向和深度或布孔的位置与起爆顺序，在特定的爆破对象条件下即可确定。但是，此时的最小抵抗线的方向和大小是否是最优的，还要从具体的爆破对象出发，权衡其安全程度、破碎效果、施工方便与经济效益等方面因素，综合考虑予以选择。一般来说，在城市建筑物拆除控制爆破中，应严格应用最小抵抗线原理。

7.1.2 分散装药的微分原理

将欲要拆除的某一建（构）筑物爆破所需的总装药量，分散的装入许多个炮眼中，形成多点分散的布药形式，以便采取分段延时起爆，使炸药能量释放的时间分开，从而达到减小爆破危害、破坏范围小、爆破效果好的目的，这就是分散装药的微分原理。"多打眼、少装药"是对拆除控制爆破中微分原理的形象而通俗的说法。

装药的布药形式基本上有两种：其一是集中装药，即将所需药量装在一个炮孔中或集中堆放；其二是分散布药，即将所需药量分别装入许多炮孔内。这两种布药形式均可达到一定的爆破效果和拆除目的。但是，两者所引起的后果却截然不同。前者将会引起较强烈的振动、空气冲击波、噪声和飞石等爆破危害，这是拆除控制爆破尤其是城市拆除爆破所不允许的；后者既可满足爆破效果的要求，又能在某种程度上控制爆破危害。所以，在城市建筑物拆除控制爆破中，一般应遵循分散装药的微分原理。

7.1.3 装药量适当的等能原理

在拆除控制爆破中，如果炸药用量适当，辅以合理的装药结构和起爆方式等，就可以防止或减轻爆破危害，从而达到拆除控制爆破的目的。对此，人们便提出了等能原理的设想，即根据爆破的对象、条件和要求，优选各种爆破参数——孔径、孔深、孔距、排距和炸药单耗等，同时采用合理的装药结构和起爆方式，以期使每个炮孔所装的炸药在其爆炸时所释放出的能量与破碎该孔周围介质所需要的最低能量相等。也就是说，在这种情况下介质只产生一定的裂缝，或就地破碎松动，最多是就近抛掷，而无多余的能量造成爆破危害，这就是等能原理。

7.1.4 建（构）筑物的失稳原理

在认真分析和研究建（构）筑物的受力状态、荷载分布和实际承载能力的基础上，利用控制爆破将承重结构的某些关键部位爆松，使之失去承载能力，同时破坏结构的刚度，则建（构）筑物在整体失去稳定性的情况下，并在其自重作用下原地坍塌或定向倾倒，这一原理称为失稳原理。

例如，当采用控制爆破拆除楼房时，根据上述失稳原理，应使其形成相当数量的铰支和倾覆力矩。铰支是结构的承重构件某一部位受到爆破作用破坏时，失去其支撑能力所形成的。对于素混凝土立柱来讲，一般只需对立柱的某一部位进行爆破，使之失去承载能力，立柱在自重作用下下移，造成偏心失稳，便可形成铰支。对于钢筋混凝土来说，则需要对立柱某一部位的混凝土进行爆破，使钢筋露出，钢筋在结构自重作用下失稳或发生塑性变形，失去承载能力，则可形成铰支。关于形成倾覆力矩的条件及其计算将在下面介绍。

7.1.5　缓　冲　原　理

拆除控制爆破如能选择适宜的炸药品种和合理的装药结构，便可降低爆轰波峰值压力对介质的冲击作用，并可延长炮孔内压力的作用时间，从而使爆破能量得到合理的分配与利用，这一原理称为缓冲原理。

爆破理论研究表明，常用的硝铵类炸药在固体介质中爆炸时，爆轰波阵面上的压力可达 $490\sim980$MPa。此高压力首先使紧靠药包的介质受到强烈压缩，特别是在 $3\sim7$ 倍药包半径的范围内，由于爆轰波压力大大超过了介质的动态抗压强度，致使该范围内的介质极度粉碎而形成粉碎区。虽然该区范围不大，但却消耗了大部分爆破能量，而且粉碎区内的微细颗粒在气体压力作用下又易将已经开裂的缝隙填充堵死，这样就阻碍了爆炸气体进入裂缝，从而减弱了爆轰气体的尖劈效应，缩小了介质的破坏范围和破碎程度，并且还会造成爆轰气体的积聚，给飞石、空气冲击波、噪声等危害提供能量。由此可见，粉碎区的出现，既影响了爆破效果，又不利于安全。所以在拆除控制爆破中，应充分利用缓冲原理，以缩小或避免粉碎区的出现。

大量实践证明，如采用与介质阻抗相匹配的炸药、不偶合装药、分段装药、条形药包等装药结构形式，可达到上述目的。

§7.2　楼房拆除控制爆破

7.2.1　概　　述

大量实践表明，用控制爆破拆除楼房，是一种既经济又安全的施工方法，它可以节省时间、劳力、设备和投资，同时还可将高空作业变为地面或底层作业，而且由于能准确预报倒塌时间和方向，可避免像人工或机械拆除那样，造成被拆楼房周围长期处于危险状态或受到干扰。

常见的楼房主要有厂房、办公和民用建筑几种。结构有砖砌体楼房，其承重骨架由砖砌体构成，一般来说楼层较低；有钢筋混凝土框架结构，主要由钢筋混凝土柱、梁、板组成的构件，楼层一般较高或用于重要厂房；有砖混结构，它是由钢筋混凝土柱、梁、板构成骨架，并作为主要承重构件，再用砖将其封闭，其中承重立柱也有部分为砖的，部分为钢筋混凝土的，如抗震加固楼房。

楼房往往位于人口稠密、建筑物集中、水电管线交错、交通繁华地区，为了保证安全，首要任务是根据作业环境、场地以及结构类型等，正确选择爆破拆除方案与失稳所必须的破坏高度等爆破方案设计，其次是进行柱、梁、墙以及节点等构件破坏的细部技术设计。

在城镇市区用控制爆破方法拆除楼房时，必须制定严格的安全技术措施，控制爆破危害，还要进行有效可靠的防护覆盖，以免飞石伤人。环境险恶的工程，还必须将邻近建筑物内的人员撤离和进行道路的短期戒严。

7.2.2 爆破方案的选择

为确保楼房拆除控制爆破安全顺利进行，并获得预期的爆破效果，爆前必须认真分析楼房的有关构件及其受力状态、荷载分布情况、建筑物类型以及爆破点周围环境等情况，从而选择与制定出切实可行的爆破方案。目前，对楼房的爆破拆除方案主要有以下几种：

1. 定向倒塌方案

自从建（构）筑物拆除控制爆破提出和应用以来，定向倒塌方案以其具有使建筑物充分解体破碎的优越性一直作为基本方案而得以广泛应用。当被拆除楼房的四周只要有一个方向具备较为开阔的场地，即有长度大于一倍楼房高度时，就可以用定向倒塌爆破方案。该方案的基本工艺是，除事先破坏底层阻碍倒塌的连接构件外，一般只需爆破底层的内承重墙、柱以及倒塌方向左右两侧一定高度的外承重墙和柱。而处于倒塌方向反向一侧的承重墙、柱，如为砖结构可不爆，它对楼房的定向倾塌起着支撑作用；若为钢筋混凝土立柱，可爆破一定的高度，以形成铰链。这样将使楼房失去承载能力，整体失稳，在自重作用下，形成一个倾覆力矩和相应数量的转动铰链而定向倒塌，如图7-1所示。图中的阴影部分即为爆破部分。

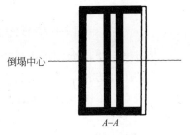

图7-1 定向倒塌爆破

为使楼房在倾覆力矩作用下定向倒塌，这个力矩可以通过如下方法来实现：

（1）用在不同高度上破坏各个立柱或承重结构底部的办法来实现，如图7-2所示。由图7-2可知，承重立柱由 I～IV 的破坏高度依次取 $h_4 > h_3 > h_2 > h_1$。将各立柱与顶板连接处的混凝土炸松以形成铰链，当所有立柱同时起爆后，由于各立柱下塌位移量不同，因而框架结构失稳，重心产生位移，由 $L/2$ 变成 L'，重力矩由 M 变成 $M' = GL'$，则框架将以立柱 I 的根部 A 点为支点，在倾覆力矩 M' 的作用下，顺时针方向转动倾倒，其过程可简化为如图7-3所示。

（2）采用延期间隔起爆技术，使各个立柱按照严格的先后顺序间隔起爆来产生倾覆力矩，如图7-4所示。由图7-4可见，承重立柱 A、B、C 和 D 爆破破坏高度 h 相等，但按图中标出的顺序延期间隔起爆。当柱 A 和 B 开始向下塌落时，框架即失去平衡，形成重力倾覆力矩；当柱 C 继续起爆后，框架则以柱 D 底部为支点，在倾覆力矩作用下沿逆时针方向倾倒，如图7-4（b）所示。

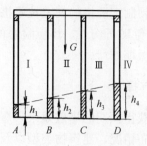

图 7-2 不同破坏高度的倾倒示意图

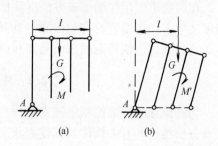

图 7-3 重力矩形成与框架倒塌过程

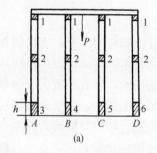

(a)

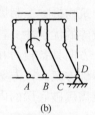

(b)

图 7-4 毫秒延时起爆倾倒示意图（起爆顺序为 1～6）

此方案与下面介绍的其他方案比较，具有只在底层作业、钻爆工作量小、钻孔和防护工作方便，且能充分利用建筑物倒塌时与地面冲击力使拆除破碎高等优点；其缺点是倒塌堆积范围大。因此，要求在倒塌方向上必须有足够的开阔场地。

2. 原地坍塌方案

若楼房四周场地的水平距离均小于 1/2 楼房的高度的高层楼房最好为砖结构，且每层楼板又为预制板时，便可采用原地坍塌方案。在爆破时，将最底一层或几层的内外承重墙、柱及楼梯间全部予以充分炸毁，并事先将底层阻碍楼房坍塌的隔断层进行必要的破坏，整个楼房便可在自重作用下，原地向下坍塌，其上部未炸毁的各层在下落冲击力的作用下，自行捣毁于原地，如图 7-5 所示。另外，也可将立柱与墙的不同破坏高度与毫秒延时起爆相结合，达到原地坍塌的目的，如图 7-6 所示。该方案的实质是内向折叠原地坍塌。西班牙卡迪茨城中心医院，需拆除主楼而保留两侧配楼，主楼和配楼之间有一条沉降缝相隔，利用上述方案，实现了主楼的安全控爆拆除。

原地坍塌方案的特点是施工简单，钻爆工作量少，拆除效率高；其缺点是技术要求复杂，难度大，对钢筋混凝土结构爆破效果并不理想，迄今尚无一套完整而准确的理论计算方法。因此，常出现上部楼房整体产生垂直下落而不坍塌的现象，仅上层楼板和墙体产生一些裂纹而已，此时应采用其他方案。

图 7-5 原地坍塌爆破

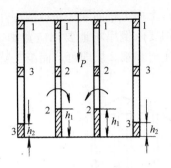

图 7-6 不同破坏高度和毫秒延时爆破示意图
h_1、h_2—不同爆高；1、2、3—起爆顺序

3. 单向连续折叠倒塌方案

该方案是在定向倒塌方案的基础上派生出来的。当爆破周围均无较为开阔的场地或四周任一方向场地的水平长度均小于 2/3~3/4 楼房的高度时，为控制楼房的倒塌范围，可选用该方案。这种爆破拆除方式，系自上而下对楼房每层的大部分承重结构用爆破法予以破坏。图 7-7 所示的阴影部分为爆破部分。其破坏方式和倾倒方向与定向倒塌方案类似，不同点是必须利用微差间隔起爆技术，自上而下顺序起爆，迫使每层结构在重力转矩 M_1、M_2、M_3 和 M_4 的作用下，均向一个方向连续折叠。

4. 双向交替折叠倒塌方案

该方案适用于高层楼房且四周地面水平距离更为狭窄时的拆除爆破，可将爆破倒塌堆积范围控制在 H/n 的距离范围之内（H 为楼房的高度、n 为楼房的层数）。该方案与单向连续折叠方案类似，其不同之处是自上而下顺序起爆时，上下层一左一右交替地连续折叠倒塌，如图 7-8 所示。

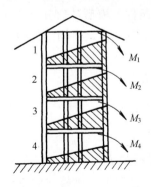

图 7-7 单向连续折叠倒塌爆破

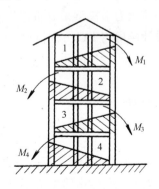

图 7-8 双向交替折叠倒塌爆破

5. 简化折叠方案

采用单向和双向折叠倒塌方案时，在分别满足相应要求的倒塌水平距离的前

提下，亦可自上而下每间隔一层或数层炸毁一层进行顺序起爆，这样可以减少钻爆工作量，但要求倒塌场地要相应宽阔一些。图 7-9 为简化双向交替折叠方案，此时只爆第 4 层和第 2 层即可，而第 1 层和第 3 层可不爆。图 7-10 为简化的单向折叠方案。

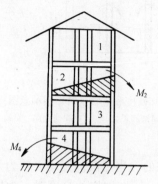 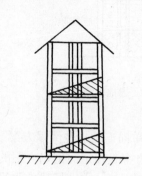

　　图 7-9　简化双向折叠倒塌爆破　　　　　图 7-10　简化单向折叠倒塌爆破

7.2.3　楼房厂房倾倒的基本条件

　　在上述五种倒塌方案中，从倒塌原理来看，定向倒塌是楼房倾倒的最基本形式，其他倒塌方案都是由这一基本形式派生出来的。下面仅以定向倒塌为例，来分析楼房厂房倾倒的基本条件。

　　用爆破法按定向倒塌方案拆除楼房厂房时，必须将楼房底层的承重墙和承重柱的底部炸出一定高度的缺口，即爆破缺口，而且靠近倾倒一侧的爆破缺口高度应比远离倾倒一侧的爆破缺口高度要高。由于两侧缺口产生的这种高度差，使得整个楼房获得一个重力偏心距 M，促使楼房向预定方向倾倒。通过对图 7-11（a）的楼房简化力学模型来分析楼房定向倒塌的基本条件，模型各部分尺寸如图中所示，设计楼房向 DC 方向倾倒，当楼房的梁柱完全解体时，在倾倒瞬间如图 7-11（b）所示，所产生的重力偏心距为：

$$e = H\tan a = Hh/L \tag{7-1}$$

倾覆力矩为：

$$M = eP = \frac{Hh}{L}P \tag{7-2}$$

　　由式（7-1）可知，若楼房底层高度 H、上部荷载 P 和爆破缺口 h（$h = h_2 - h_1$）越大，以及楼房跨度 L 越小，则倾覆力矩 M 也越大，则楼房完全倾覆的可能性也越大。

　　对于楼房倾倒瞬间构件的受力情况，如图 7-12 所示。楼房底层上部的荷载为 P，N_B 和 N_D 为墙（柱）的支撑反力，T_B 和 T_D 为接合面剪力或推力。由力

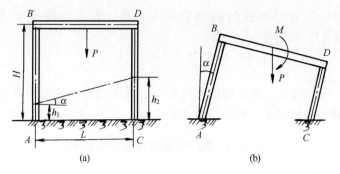

图 7-11　楼房简化力学分析模型简图

（a）力学模型；（b）倾倒趋势

系平衡条件得：

$$N_B + N_D = P\cos\alpha \tag{7-3}$$

$$T_B + T_D = P\sin\alpha \tag{7-4}$$

$$N_D \cdot L = P\cos\alpha \cdot \frac{L}{2} \tag{7-5}$$

若设建筑物倾倒时两支撑反力相等，两剪切力也相等，则有：

$$N = N_B = N_D = \frac{1}{2}P\cos\alpha \tag{7-6}$$

$$T = T_B = T_D = \frac{1}{2}P\sin\alpha \tag{7-7}$$

建筑物倾倒瞬间墙（柱）构件的受力分析如图 7-12 所示。对墙（柱）体 CD 取力矩平衡，如其倾倒时以 C 点为支撑点，则有：

$$P_1\sin\alpha \frac{H}{2} + TH = P_1\cos\alpha \frac{B}{2} + \frac{B}{2}N \tag{7-8}$$

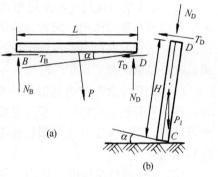

图 7-12　楼房构件受力分析简图

（a）顶盖（梁）受力分析；

（b）承载墙（柱）受力分析

将式（7-6）和式（7-7）中的 N 和 T 值代入式（7-8）中，则得：

$$\tan\alpha = \frac{B}{H}\left(\frac{1}{2} + \frac{P_1}{P}\right) \tag{7-9}$$

式中　B——墙（柱）体厚度；

　　　P_1——墙（柱）体自身荷重。

因为 $\tan\alpha = h/L$，将其代入式（7-9）可得爆破缺口最小相对高度为：

$$h_{\min} = \left(\frac{1}{2} + \frac{P_1}{P}\right)\frac{LB}{H} \tag{7-10}$$

由此可得：

$$h \geqslant \left(\frac{1}{2} + \frac{P_1}{P}\right)\frac{LB}{H} \tag{7-11}$$

式（7-11）即为楼房侧向倾倒的基本条件。若上部荷载 P 很大时，即 $P \gg P_1$,式（7-11）可简化为：

$$h \geqslant \frac{LB}{2H} \tag{7-12}$$

由式（7-12）可见，当楼房的高度很高、跨度较小、承重构件厚度较薄时，在自身重量较大的情况下，爆破缺口可取小值，反之，爆破缺口应取大些。

7.2.4　楼房厂房拆除爆破技术设计

1. 设计原则

选择和确定了控制爆破拆除方案后，在拆除爆破的技术设计中应遵循以下设计原则：

（1）应重点分析建筑物的结构特点，抓住受力的要害部位，破坏它的强度和刚度，使其失去支撑能力，即在承重墙和承重柱与梁的受力关键部位上布置炮孔。

（2）要在梁与柱的连接部位布置少量炮孔，以达到"切梁"的目的，从而使上层结构因自重的作用，随着梁的切断而塌落下来。要在立柱底部一定高度内和顶部与梁结合的部位分别布置炮孔，将立柱顶部和底部炸毁，立柱便会失稳而倒塌，这一原则叫做"切梁断柱"。

（3）对于可能影响钢筋混凝土框架整体倒塌的柱间横梁、联系梁和承重墙等，要认真分析结构特征，事先设置一定数量炮孔对其加以破坏。也可在整个框架爆破前，用即发雷管先起爆这些部位的炮孔，以便主体框架起爆时不受阻碍地顺利倒塌。

（4）对于砖墙结构的建筑物，要在外墙与外墙间的承重柱，在门和窗、窗与窗之间的墙体和柱体中布眼。下排炮孔与窗台平齐，一般要布置 3～5 排炮孔，使其爆破缺口的高度达到承重墙厚度的 1.5～3.5 倍，以确保砖墙的倒塌。

（5）室内与地下室中的辅助承重构件，包括隔墙、楼梯和电梯间等，应预先彻底炸毁，也可利用起爆时差超前起爆。

（6）应以爆破振动速度的安全值来核定一次起爆规模，以确保周围建筑物或其他设施的安全。

2. 爆破设计

（1）墙体炮孔布置：在楼房厂房的拆除爆破中，一般均采用水平炮孔，对于墙体应采用多排炮孔以梅花形交错布孔。但在墙体的拐角处和墙与墙相交的地方，由于这些部位的结构较墙体本身更坚固，如果布孔不当，这些部位往往不能完全破坏，仍然起着支撑作用，使楼房不能倒塌或倒塌不彻底。这些部位应沿墙角平分线方向钻孔，并加大其单孔药量，以保证该部位的解体充分。

（2）梁、柱的炮孔布置：梁和柱是一种横截面面积较小而长度较长的结构构件，在梁上布置炮孔主要是依靠爆破的破坏作用，切断它们与柱的连接。因此，炮孔主要是布设在与柱连接的两端，布孔的范围小、孔数少，所以布孔较简单。柱的作用是支撑楼房，它的顶端与梁连接，只要布设少量炮孔就可切断与梁的连接。柱的下端要根据爆破缺口的高度来确定其布孔范围，对于小截面立柱，一般只沿轴线布设一排炮孔；对于大截面钢筋混凝土承重立柱，为了使它充分解体，一般可沿立柱轴线均布三排炮孔，见图 7-13 和图 7-14 所示。

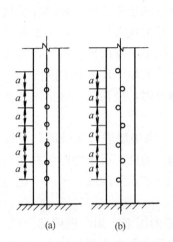

图 7-13 梁柱单排炮孔布置方式

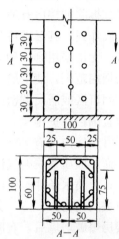

图 7-14 大截面立柱炮孔布置方式

（3）最小抵抗线 W：最小抵抗线的确定取决于构件的材质、结构特征、自由面的多少、构件的尺寸和清渣的要求。对于楼房厂房的拆除爆破，最小抵抗线一般为：

$$W = \frac{1}{2}B \tag{7-13}$$

式中　B——墙体厚度或梁、柱截面最小边长。

（4）炮孔间排距 a 和 b：对于混凝土、钢筋混凝土的梁、柱和板形构件，$a = (1.2 \sim 2.0)W$；对于砖墙 $a = (1.5 \sim 2.5)W$；炮孔排距 $b = (0.8 \sim 1.0)a$。

（5）炮孔深度 l：原则上应使装药中心位于墙体、梁和柱的厚度或最小边长的中点上，一般为 $l = 0.6B$。

7.2.5　楼房厂房控制爆破的施工与安全措施

楼房厂房爆破施工的工艺、方法和技术要求与一般控制爆破基本相同，下面仅就楼房厂房爆破拆除的特别之处予以阐述。

（1）为使楼房顺利倒塌，作为准备工作应事先将门、窗拆除，特别是拆除低矮楼房时，更应注意这一点。此外，对阻碍或延缓倒塌的隔墙应事先进行必要的破坏，其高度与承重墙的爆破高度相同。

（2）采用炮孔法爆破时，炮孔直径不宜小于38~40mm，以利于提高装药集中度和增加堵塞长度。

（3）在城市拆除控制爆破工程中，一般采用浅孔爆破法，因此，宜在室内墙壁上进行钻孔，这样有利于控制可能出现的冲炮造成的危害，同时也使防护与起爆网路的连接互不干扰。

（4）若被拆除的楼房有地下室时，宜将地下室的承重构件，如墙柱及顶板的主梁予以彻底炸毁，其爆破可与楼房同时进行，超前或滞后亦可，主要取决于爆破拆除方案。无论采用哪一种方式，有计划地炸毁地下室的承重构件，均有利于缩小楼房的坍塌范围，使上层结构的一部分坍塌物充填于地下室空间内。

（5）在闹市区或居民稠密区进行楼房拆除爆破时，应根据具体情况考虑在爆破点周围设置围挡防护排架。

（6）通常楼房内约有85%的空间充满空气，当楼房进行爆破时，空气便受到急剧压缩而形成压缩喷射气流，造成灰尘飞扬。因此，有条件时应在楼房施爆前喷水防尘；无喷水条件时应出安民告示，通知爆破点周围或下风向一定范围内的居民临时关闭门窗。

（7）楼房爆破坍塌后，有时存在一些不稳定的因素，如个别或部分梁、柱、板等构件仍未完全塌落，此时必须等待坍塌稳定后方可进入现场检查；若爆破后还有部分构件没有坍塌，必须经爆破负责人许可，在爆破一小时后方可进入现场处理。未处理前，需安排警戒人员看守，因为坍塌不完全现象的发生，往往是出现批量瞎炮导致的后果。

7.2.6　工程实例

1. 工程简况

某医学院决定对校园内四号学生宿舍危楼实施控制爆破拆除。楼体东距战备路商业楼后墙4.2m，南距金沙大厦2.8m，西侧与五号宿舍楼连通为一整体，北侧距高架通信电缆1.2m，爆区环境十分复杂，详见图7-15所示。待拆楼房为4层砖混结构，楼梯间为内部框架结构，总建筑面积4200m²，楼房平面呈"L"形，分东、西两部分，东边部分为东楼，南北长56.3m，东西长22.9m，宽13.4m，高12.8m，同样为中间走廊两侧房间结构，并且两侧房间结构与五号宿舍楼贯通。楼体全部墙壁均为石灰砂浆砖砌结构，外墙和内部承重墙体厚40cm，其余隔墙体厚27cm，梁柱、楼板及楼梯均为钢筋混凝土结构。

2. 倾倒方向及爆破方案确定

根据周围环境，采用沿建筑物平面长短轴方向定向倒塌方法均不可能，原地坍塌方法存在爆堆向四周外扩张的危险，只有首先用人工方法将其与五号宿舍楼分离，再把"L"形楼体分割成两栋独立楼房，而后采用多向折叠倒塌，并把爆堆范围控制在10m以内。

由于砖混结构的整体性较差，必须通过利用多段毫秒延期雷管，准确控制起爆顺序，依靠楼房自重在依次失稳过程中，引导楼体重心朝既定方向移动，以实现多向折叠定向倒塌。楼体分割位置及起爆顺序和倾倒方向如图7-16所示。

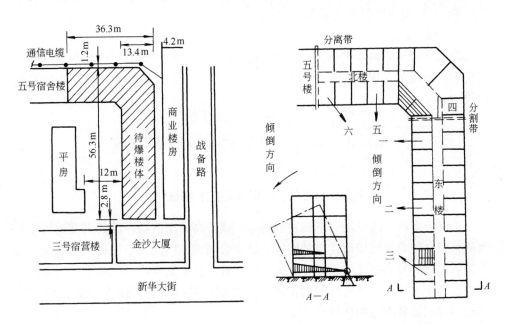

图 7-15　爆区环境平面图　　　　　图 7-16　爆破方案示意图

3. 爆破参数设计

(1) 爆破切口高度确定：二层折叠切口最大高度 $h_2 = 2.5\delta = 1.0\text{m}$；一层倾倒切口最大高度 $h_2 = 5\delta = 2.0\text{m}$。爆破时，首先起爆二层切口，使楼体在重心作用下产生折叠，以防止倒塌范围过大而冲击西侧平房，然后起爆一层倾倒切口，使楼体重心在已产生偏移条件下加速向预定方向倾倒。当楼体前沿与地面冲击碰撞后，楼体便扭曲解体。为防止楼体在倾倒过程中后坐，其反向墙壁不设置药包，以形成产生倾覆力矩的铰支点，见图7-16所示。

(2) 爆破延时分段：根据折叠定向倾倒的要求，同时为了减少爆破振动对周围建筑物的影响，本次爆破将楼房划分为6个区段，再按不同楼层共划分为12个时段进行起爆，区段划分见图7-16。

(3) 爆破参数

1) 最小抵抗线 W：立柱 $W = 25\text{cm}$；外墙 $W = 20\text{cm}$；内墙 $W = 13.5\text{cm}$。

2) 炮孔深度 l：立柱 $l = 28\text{cm}$；外墙 $l = 25\text{cm}$；内墙 $l = 16.5\text{cm}$。

3）孔距 a 和排距 b：立柱（单排）$a=42.5$cm；外墙 $a=b=35$cm；内墙 $a=b=30$cm。

4）单孔装药量 Q：立柱 $Q=55$g；外墙 $Q=35$g；内墙 $Q=20$g；外墙角孔 $Q'=1.2Q=42$g；内墙角孔 $Q'=25$g。

本次爆破按梅花形布孔，总炮孔数为 5503 个，共使用 2 号岩石硝铵炸药 140.8kg，最大一段起爆药量为 11.8kg。

4. 爆破效果

爆破后楼房的解体十分充分，爆堆高约 3.5m，沿倾倒方向坍塌距离 8.5m，楼房无后坐现象，周围的建筑设施未受任何损坏，爆破效果收到委托方的高度评价。

§7.3　烟囱、水塔的拆除控制爆破

7.3.1　烟囱、水塔拆除控制爆破特点

烟囱、水塔、跳伞塔、电视发射塔等，属于高耸结构物，即其高度远大于自身的直径。随着我国城市建设的发展，经常会遇到一些高耸结构物需要拆除，用人工或机械等方法拆除，不但耗资大、时间长，且不安全，而用控爆法拆除，一般仅需几千克炸药，就可在短时间内将其爆倒，具有迅速、经济、安全等优点，可充分显示爆破拆除的优越性。

这些高耸结构物往往大小不一，形状各异，材质不同。如烟囱的外形一般为圆形，但也有长方形，其横截面为变截面。结构材质有砖砌的，也有浇筑的钢筋混凝土，并且在其内部还砌有一定高度的耐火砖，耐火砖与烟囱内壁之间有一定的空隙——隔热层（5~8cm）。常见的砖结构烟囱的高度有 20、25、30、35、40、45、50、60m 八种。钢筋混凝土烟囱的高度一般为 80、100、180 和 210m 四种。水塔是一种高耸塔状建筑物，按其支撑形式有桁架式和圆筒式两种。顶部的水罐主要是钢筋混凝土结构，桁架式支撑除少数采用型钢结构外，大都是钢筋混凝土结构。圆筒式的支撑有砖和钢筋混凝土结构两种。

这些高耸结构物一般所处环境都比较复杂，多数位于人口稠密的城镇和工矿山的建筑群中。因此，对爆破技术的要求比较严格与苛刻，而且由于其高度较大，拆除时必须有一定的场地。

7.3.2　烟囱、水塔拆除爆破方案及其设计原理

应用控制爆破拆除烟囱、水塔等，最常用的爆破方案有如下三种：

1. 定向倒塌

定向倒塌设计的主要原理是在其倾倒一侧的底部，炸开一个大于周长 1/2 的爆破缺口，从而破坏其结构的稳定性，导致整体结构失稳和重心产生位移，于是在本身自重作用下形成倾覆力矩，迫使其按预定的方向倒塌在一定范围之内。因此，欲选用该方案时，必须有一定宽度的狭长场地，长度应不小于其高度的 1.1～1.3 倍；宽度应大于其最大直径 2.5～3.0 倍。根据资料分析，倒塌范围的大小主要与其自身的高度、强度、结构形式、地面状况以及爆破开口的尺寸等有关。

2. 折叠式倒塌

折叠式倒塌可分为单向和双向交替折叠倒塌两种方式，其基本原理是根据周围场地的大小，除在底部炸开一个缺口外，还要在烟囱、水塔中部的适当部位炸开一个或一个以上的缺口，使其朝两个或两个以上的同向或反向分段折叠倒塌。图 7-17 和图 7-18 分别为单向和双向交替折叠倒塌示意图。起爆顺序是先爆上缺口，后爆下缺口。起爆时间是上缺口起爆后，当其倾斜到 20°～25° 时，再起爆下缺口，间隔时间约 1s 左右。

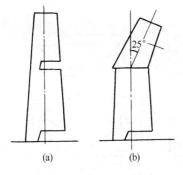

图 7-17　单向折叠爆破

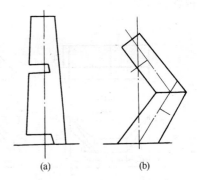

图 7-18　双向交替折叠爆破

采用折叠式倒塌，首先要确定分几段折叠，这主要由周围场地的开阔情况而定。如场地开阔，段数可少分一些；场地狭窄，应多分段数。如场地有 1/2 高度的开阔地时，一般分两段为宜。若选的段数过多，技术要求复杂，而且要搭架进行高空作业，这样既不安全，投资又大。如无 1/2 高度的开阔地时，则应采用原地坍塌方案。

3. 原地坍塌

原地坍塌原理主要是在烟囱、水塔的底部，将其支撑筒壁整个周长炸开一个足够高的缺口，然后在其本身自重的作用和重心下移过程中借助产生的重力加速度以及在下落地面时的冲击力自行解体，致使烟囱、水塔在原地破坏。

该方案仅适用于砖结构的高耸结构物的爆破拆除，且周围场地应有大于其高度的 1/6 开阔地。原地坍塌方案技术难度较大，稍有失误便会形成向任意方向倒塌的可能。如1981年南非共和国在某电厂采用原地坍塌方案爆破拆除一座高大烟囱，当竖直下落到一定高度时，其未坍毁部分突然朝一侧倒去，砸坏了发电厂的厂房和内部设备，造成数百万美元的损失。

综上所述，在选择爆破方案时，须首先进行实地勘察与测量，仔细了解周围环境与场地条件，以及结构物的几何尺寸与结构特征等。具体确定方案时应首先考虑定向倒塌，其次是折叠式倒塌，最后才是原地坍塌。

7.3.3   技 术 设 计

1. 爆破缺口

(1) 缺口形状

爆破缺口是为了创造失稳条件，因此，爆破缺口形状的好坏，将直接影响高耸结构物倒塌的准确性。目前国内在控爆拆除烟囱、水塔时常用的缺口形状有长方形（图7-19a）、梯形（图7-19b）、倒梯形（图7-19c）、斜形（图7-19d）、反斜形（图7-19e）和反人字形（图7-19f）等六种。其中梯形和长方形应用较多，效果较好。

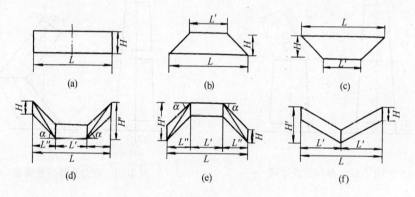

图 7-19   爆破缺口基本形状

(2) 缺口高度

缺口高度 H 是烟囱、水塔拆除爆破设计中的重要参数。砖砌体缺口高度一般不宜小于爆破部位壁厚 δ 的1.5倍，通常取 $H = (1.5 \sim 3.0)\delta$。实践证明，爆破缺口适当高一些，可防止其在倾倒过程中出现偏转，但过高则增加了钻爆工作量，因此要合理确定。钢筋混凝土结构物的缺口高度，可用前述的求临界炸毁高度的计算方法确定，但按此法计算的 H 值一般偏小，这样在倾倒的初始阶段，缺口的上下沿将相撞，有可能在倾倒过程中发生偏转，为此可采用如下经验公式：

$$H = \left(\frac{1}{6} \sim \frac{1}{4}\right)D \tag{7-14}$$

式中 D——筒壁底部直径。

(3) 缺口弧长

缺口弧长 L 的大小，对倒塌的方向和距离均有一定的影响。根据目前的实践经验，爆破缺口弧长可由下式确定：

烟囱：
$$\frac{1}{2}\pi D < L \leqslant \frac{2}{3}\pi D \qquad (7-15)$$

水塔：
$$\frac{1}{2}\pi D < L \leqslant \frac{3}{5}\pi D \qquad (7-16)$$

式中，D 意义同上。

斜形缺口倾斜段的倾角取 $\alpha = 35° \sim 45°$；斜形缺口的水平段长度 $L' = (0.36 \sim 0.4)L$，两侧倾斜段的水平长度 $L'' = (0.3 \sim 0.32)L$；斜形缺口的绝对高度 $H' = L'\tan\alpha$ 或 $H' = \frac{1}{2}L\tan\alpha$（图 7-19）。

钢筋混凝土高耸结构物，由于筒壁较薄，倒塌时后坐现象严重，有时会影响倒塌方向。为此可采用先开窗口、后炸剩余板块的爆破方案，即在保留部分与炸毁部分的分界线处，在要炸掉部分一侧先爆出对称的窗口，然后切断窗口中的钢筋，最后炸剩余板块。采用此法既可保证准确的倒塌方向，又可验证用药量是否合适以及降低一次起爆的药量。开窗口的大小要能既保证倾倒前的稳定性，又要保证倾倒时失稳。一般窗口高度可取 $(0.8 \sim 1.0)H$，即等于或稍小于缺口高度，其宽度一般在 1.5m 左右。

2. 爆破参数

(1) 孔深 l。圆筒式烟囱、水塔的爆破缺口可视为类似一个拱形建筑物，爆破时筒壁的内侧受压、外侧受拉，而砖砌体和混凝土抗拉强度远远小于其抗压强度，所以外侧的爆破漏斗比内侧易于形成。因此，要确保内外侧同时被炸毁，药包位置应靠近内侧，故一般取眼深为壁厚的 $(0.65 \sim 0.68)$ 倍（D 大于 3m）或为壁厚的 $(0.69 \sim 0.72)$ 倍（D 小于 3m）。

(2) 孔距 a 与排距 b。孔距 a 的确定主要和眼深 l 有关，应使 $a < l$。为防止冲炮，应确保炮孔装药后的堵塞长度大于或等于孔距 a。此外，孔距还与其材质以及风化程度等有关。砖结构一般取 $a = (0.8 \sim 0.85)l$；若有风化腐蚀现象时，$a = (0.85 \sim 0.9)l$；钢筋混凝土结构一般取 $a = (0.85 \sim 0.95)l$。若上下排炮孔采用梅花形交错布孔方式，一般排距取 $b = 0.85a$。

(3) 单孔装药量 Q。单孔装药量按 $Q = qabH$ 计算，在此应将 H 改为壁厚 δ，即 $Q = qab\delta$。单位体积耗药量 q 值可按表 7-1 选取。若砖结构中每间隔六行砖砌筑一道环形钢筋时，表 7-1 中的 q 值需增加 $20\% \sim 25\%$；每间隔 10 行砖砌筑一道环形钢筋，q 值需增加 $15\% \sim 20\%$。

单位体积耗药量系数 q 值　　　　表 7-1

材质	壁厚δ（cm）	q（g/m³）	材质	壁厚δ（cm）	q（g/m³）
砖体筒壁	37	2100～2500	钢筋混凝土筒壁	20	1000～1200
	49	1350～1450		30	1000～1200
	62	880～950		40	1000～1200
	75	640～690		50	900～1000
	89	440～480		60	660～730
	101	340～370		70	480～530
	114	270～300		80	410～450

7.3.4　施工及安全措施

在对烟囱、水塔等高耸结构物进行控爆拆除时，除严格遵守爆破施工与安全的有关规定外，还应注意如下有关问题：

（1）设计前必须对被拆除对象与周围环境进行详细地调查，如了解有无倾斜与裂缝，有无内衬，周围建筑物坚固程度如何，地下水以及管线网路的埋设情况等，以便为设计提供可靠的依据。

（2）在周围环境较复杂的情况下，对定向倒塌的方向和中心线需用经纬仪测量，并准确地将倒塌中心线定位于烟囱、水塔支撑的爆破部位上。

（3）必须严格按设计进行施工，炮孔既要指向烟囱、水塔圆筒的中心，又要垂直于结构物的表面。

（4）对烟囱爆破部位隔热层间的煤灰粉应清除，以防引起煤灰粉燃烧、爆炸或粉尘飞扬。爆破水塔时，为确保其倒塌方向和降低水罐撞击地面时的振动，应事先放掉罐内存水并切断阻碍定向倒塌的水管和避雷导线等。

（5）起爆前应确切地掌握当天的风向和风力；如有与倒塌方向不一致的风向且风力超过六级，应禁止起爆，以防倒向发生偏转或反向倒塌。

§7.4　基础和薄板结构拆除爆破

7.4.1　基础拆除爆破

1. 概述

基础拆除爆破是拆除爆破中，遇到工程数量最多的一种拆除爆破。这是因为基础一般都是质地坚硬牢固的实心体，若用人工或其他机械方法拆除十分困难，施工效率低和进度慢，所以基础的拆除最好采用爆破手段。其次，基础的应用范围广、数量多，因此，基础的拆除爆破是一种最常见的拆除爆破。

基础拆除爆破与其他拆除爆破相比较，具有以下一些特点：

（1）基础的种类多、形状复杂和材质多样。

基础的种类：位于室内的有各种机械设备的基础、仪器设备的基础、各种实验台及各种构筑物的基础等；位于室外的有各种厂房的基础、桥梁的基础、河岸的堤坝、碉堡、城墙以及其他各种构筑物的基础。

基础的形状：基础的形状复杂多样，有方形体、柱形体、锥形体、环形体、沟槽体、台阶体和以上各种体形的组合等。

材质：素混凝土、浆砌料石、砖砌石、天然石块以及三合土和古黏胶土等等。

由于以上原因，因此在用爆破法拆除基础时，必需因地制宜地确定炮眼的布置和选取合理的爆破参数。

（2）爆破地点的环境复杂：在室内用爆破法拆除基础时环境非常复杂，安全上的要求十分严格。首先，厂房本身是个封闭体，爆破时产生的空气冲击波受到约束，不能自由扩散，同时空气冲击波遇到墙壁发生反射时，会增大冲击波的压力，加剧了它的破坏作用。因此，在爆破时必须把所有门窗和通道打开，实行卸压。

其次，爆破作业地点离室内的机械设备、仪器、电源和其他设施和物体的距离都比较近，爆破时所产生的飞石容易将它们砸坏。因此，爆破时对它们必须加强防护，能够搬移的尽量将它们搬出室外。

此外，爆破时所产生的地震波会影响厂房和其他机械、仪器设备的基础。因此，爆破时要严格控制同时起爆的装药量和采取挖防震沟等减振措施。

（3）基础拆除爆破一般来说工程量比较小，特别是在室内的基础，无法采用机械设备清渣，所以爆破时要求破碎的块度较小和较均匀，以便于人工清渣，同时又要加强对飞石的防护。

用爆破法拆除基础时，为了满足爆破后对破碎块度和安全上的要求，可以采用以下的一些技术措施：

（1）合理选取最小抵抗线：所选取的最小抵抗线值如果过小，基础爆破虽然块度会小些，但是，增加了钻眼的工作量和炸药消耗量，在经济上是不合算的；最小抵抗线值过大，爆破后出现大块多，对人工清渣极不利。因此，必须通过现场小型试验的结果来确定。

（2）对于深度较深的炮眼，最好采用分段装药（或叫连续装药）。因为炮眼深度超过 0.7m 以后，若采用连续装药，则炸药多集中在炮眼底部，爆破后炮眼底部的介质破碎得较小，炮眼上部因药量分配不足，容易出现大块。因此，采用分段装药可使药量沿整个炮眼分布均匀，以解决介质破碎不均匀的问题。每段的装药量应根据炮眼各部位的阻力不同来分配，即从眼底到眼口逐渐递减。

（3）采用微差起爆：当一次起爆的炮眼数量较多时，若采用瞬发雷管同时起爆，不但爆破效果差，而且产生的振动大和飞石多。在这种情况下，最好采用微差（毫秒）间隔起爆。

（4）在基础的一侧或数侧挖沟：所有的基础，从其埋设的条件来看，有的埋入地表以下，有的与地面平齐，有的露出地表一定的高度。因此，在基础的一侧或数侧用人工或机械的方法挖出了一定深度和宽度的侧沟，不仅增加了自由面的数目和改善了爆破效果，而且可以降低振动和防止飞石。

（5）采用严密的覆盖措施：正如上面所谈到的，基础爆破要求破碎的块度要小些，因此势必要增大一些装药量，这样防止飞石和减振又成为安全上的突出问题。因此，在施工时，一定要采取严密的覆盖措施，并要仔细检查，以防止任何可能飞出的碎块。

2. 基础拆除爆破设计

基础拆除通常有两种情况，一种情况是要将基础全部拆除，用爆破方法来完成这种拆除工程的叫全部拆除爆破；另外一种情况是将基础拆除一部分，保留一部分，完成这种施工任务的爆破叫做切割拆除爆破。

（1）全部拆除爆破

所谓全部拆除爆破就是将坚硬的基础用爆破方法，将其全部解体破碎。究竟是采用分块解体，抑或是采用松动爆破，要根据环境条件和搬运方法及机械设备的类型来决定。一般来说，对室内的基础拆除爆破，由于大型的吊、装、运设备无法进入室内，只能采用小型机具或人工清渣，所以要求爆破后的块度要小些，均匀些，因此采用松动爆破较为适宜。对于室外和野外的基础拆除，当工程量较大和大型吊、装和运的设备能进入作业现场时，尽量采取分块解体的爆破方法。这样可以大大减少钻眼和爆破的工作量，又便于采用大型的吊、装和运输设备。

分块解体爆破法是利用光面和预裂爆破原理。有关这种方法的原理和爆破参数将在切割拆除爆破法中论述，这里只讨论松动爆破法。

爆破参数的选取：正确选取爆破参数是保证获得良好的爆破效果和确保安全的关键问题，现分别讨论如下：

1）最小抵抗线 W：最小抵抗线的大小应根据基础的材质、几何形状、尺寸和要求的块度大小等因素来综合考虑。当采用人工清渣时最小抵抗线可参照下列数据来选取：

钢筋混凝土圬工：　　　　　　　$W = 0.3 \sim 0.5 \text{m}$；

素混凝土圬工：　　　　　　　　$W = 0.4 \sim 0.6 \text{m}$；

浆砌料石、片石和砖砌圬工：$W = 0.5 \sim 0.8 \text{m}$。

当采用机械清渣时，最小抵抗线可以适当增大，可根据铲装和运输设备对块度大小的要求来确定。

2）炮眼间距 a 和排距 b：炮眼间距 a 通常与最小抵抗线 W 成比例变化，此变化常用比例系数（即邻近系数或密集系数）m 来表示。当 m 小于 1.0，即 a 小于 W 时，同排炮眼爆破后，介质多沿炮眼的连心线开裂，导致产生大块或形成切割爆破。当 a 大于 W 时，即 m 大于 1.0 时，爆破后块度较小而且均匀。因此，在全部拆除爆破中，应力求选用较大的 m 值，对于不同材料的基础，可参照下面的数据选取：

混凝土和钢筋混凝土圬工：　　$a = (1.0 \sim 2.0)W$

浆砌片石和料石圬土：　　　　$a = (1.0 \sim 2.5)W$

砖砌圬工：　　　　　　　　　$a = (1.0 \sim 3.5)W$

当采用多排炮眼爆破时，若为一次齐发起爆，炮眼排距 b 应略小于 W；若为分次逐排起爆时，b 等于 W。

3）炮眼深度 l 和炮眼直径 d：在基础拆除爆破中，一般都采用浅眼爆破，炮眼直径变化不大，一般为 32～45mm。炮眼深度 l 的大小，除了与基础的材质、形状尺寸大小和施工条件有关以外，还受到基础底部边界条件的限制。

对于基础底部的不同边界条件，眼深的最大值可按式（7-17）确定：

$$l = CH \tag{7-17}$$

式中　H——设计拆除部分的基础高度（m）；

　　　C——边界条件系数，其值见表 7-2。

边 界 条 件 系 数　　　　　　　　　　　表 7-2

边 界 条 件	系 数 C
基础底部为临空或有明显断裂面	0.6～0.7
设计的爆裂面在施工接缝处	0.7～0.85
设计的爆裂面在变截面的交界处	0.85～0.95
设计的爆裂面在强度均匀的等截面中	0.95～1.0

由于基础拆除多半采用下向炮眼，受到施工条件的限制，炮眼不能太深，太深了排粉困难而且容易夹钎，眼深最好不要超过 1.0～1.5m。

4）单个炮孔装药量 Q：可用体积计算法计算单孔装药量。体积计算法的原理：单个炮孔的装药等于该炮眼所担负的破碎的介质体积乘上破碎单位体积所需的炸药量。根据拆除爆破的不同条件，得出下列计算公式：

$$Q = qWaH \tag{7-18}$$

$$Q = qabH \tag{7-19}$$

$$Q = qBaH \tag{7-20}$$

$$Q = qW^2 l \tag{7-21}$$

式中　Q——单个炮孔的装药量（g）；

　　　q——破碎单位体积介质的用药量（g/m³），参见表 7-3；

W——最小抵抗线（m）；

a——炮眼间距（m）；

H——爆破那部分的基础高度（m）；

b——炮眼排距（m）；

B——基础的宽度或厚度（m）；

l——炮眼深度（m）。

全部拆除爆破的单位用药量和平均单位耗药量   表 7-3

材质	W (cm)	q (g/m³)			$\sum Q/V$ (g/m³)
		一个临空面	两个临空面	多个临空面	
强度较低的混凝土圬工	35～50	150～180	120～150	100～120	90～110
强度较高的混凝土圬工	35～50	180～220	150～180	120～150	110～140
混凝土桥墩和桥台帽	40～60	250～300	200～250	150～200	150～200
钢筋混凝土桥墩和台帽	35～40	440～500	360～440	—	280～360
浆砌片石或料石圬工	50～70	400～500	300～400		240～300
钻孔桩桩头 直径 1.0m	50			250～280	80～100
钻孔桩桩头 直径 0.8m	40			300～340	100～120
钻孔桩桩头 直径 0.6m	30			530～580	160～180

在上述推荐的装药量计算公式中，式（7-18）适用于光面切割爆破或多排炮眼爆破最外一排炮眼的装药量计算；式（7-19）适用于多排炮眼爆破时内部各排炮眼装药量的计算；式（7-20）适用于厚度较薄，只能在中间布置一排炮眼的基础装药量计算；式（7-21）只适用于钻孔桩头爆破时装药量的计算，式中 q 值应选用多面临空下的用药量，W 即为桩头半径 r。

（2）切割拆除爆破

切割拆除爆破就是利用光面和预裂爆破的原理，将大型基础或圬工切割解体成若干块的爆破技术，或者根据需要将一个基础拆除一部分，保留一部分。这两种情况均须沿着切割面布置一排光面炮眼，光面炮眼爆破，就能沿着切割面将基础裂开。后者要求切割面要更平整光洁些，因此，选取爆破参数要求更准确些。

光面爆破和预裂爆破的破岩原理和应用已在第 5 章介绍过，此处只结合拆除工程的实际情况，介绍爆破参数的选取。

1）炮眼间距：光面爆破和预裂爆破的炮眼间距可根据对切割平整度的要求、材质和强度来确定，一般可参考下面的公式来计算或根据类似工程的实际数据来选取：

光面爆破：$a = (0.5 \sim 0.8)W$

预裂爆破：$a = (8 \sim 12)d$

式中 d——炮眼直径；

其他符号的意义与前面公式中的符号相同。

2）单孔装药量：光面爆破单孔装药量可用公式（7-18）计算，预裂切割爆破的单孔装药量可按下式计算：

$$Q = \lambda a H \tag{7-22}$$

式中 λ——单位面积用药量系数。

3）不耦合系数：炮眼直径与药包直径之比。根据实际经验，采用 2.0～2.5 为好。

7.4.2 薄板结构拆除爆破

1. 概述

薄板结构是指用人工材料（包括混凝土、钢筋混凝土、三合土等材料）铺筑的公路路面、飞机跑道面、广场的地坪、楼板以及薄壳屋顶等结构物。

这类结构物具有以下一些特点：

（1）面积大、厚度小。常见的厚度一般只有 20～40cm，少数的厚度可达到 40～50cm，厚度超过 50cm 是非常少的。厚度超过 50cm 的不属薄板结构，可以把它看成为大型块体来处理。

（2）介质种类多、强度不均匀。常见的公路路面、飞机跑道面以及广场地坪都是在夯实原地土壤的基础上，铺上一层三合土或白灰与砂砾、砂卵石的混合层，或者是铺砌片石或块石层，然后在上面抹上一层砂浆水泥或沥青层。抹面层的厚度，薄的只有几厘米，厚的一般也只有十几厘米。

用爆破法来拆除薄板结构物时，它的难度往往比拆除基础要大得多。这是因为：

（1）材质和强度不均匀，给钻眼作业带来了很大的困难，同时也影响爆破效果。

（2）厚度小，眼浅。炮眼必须密布，增加了钻眼工作量和炸药消耗量。

（3）这类结构物一般只有一个自由面，钻眼方向一般都是垂直向下，这样炮眼方向与最小抵抗线方向一致，再加上眼浅，爆破时容易发生冲炮，难以将路面和地坪炸开，又容易发生安全事故。

2. 爆破参数的选取

根据薄板结构特点，拆除爆破时，它的眼较浅，最小抵抗线较小和单眼装药量也较小，因此为了获得较好的破碎效果，可采用密布眼和增大单位用药量的措施。爆破参数可按下面建议的原则和经验公式来确定：

（1）炮眼布置：由于只有一个自由面，为了使介质破碎得更均匀些，最好采用梅花形布眼。

（2）炮眼深度 l：

若采用垂直炮眼：

$$l = (0.7 \sim 0.8)H \tag{7-23a}$$

若采用倾斜炮眼：

$$l' = l/\sin\alpha \tag{7-23b}$$

式中　H——薄板结构物厚度；

　　　α——炮眼倾斜角度。

（3）炮眼间距：$a = (0.8 \sim 1.0)l$。

（4）炮眼排距：$b = 0.87a$。

（5）单个炮眼装药量：

$$Q = qabH \tag{7-24}$$

式中　q——单位用药量，一般取 $600 \sim 1200 \mathrm{g/m^3}$，若厚度 H 小，介质强度高则取大值；反之取小值；如三合土取 $600 \sim 800 \mathrm{g/m^3}$，素混凝土取 $800 \sim 900 \mathrm{g/m^3}$；钢筋混凝土取 $900 \sim 1200 \mathrm{g/m^3}$。

如果施工中，具备吊、装、运的机械设备，也可采用预裂切割爆破法把薄板结构切割成板块，用吊车吊装。首先根据吊车的起吊能力，在板面上画出方格网，然后沿预裂线钻预裂炮眼，炮眼间距为 $30 \sim 60 \mathrm{cm}$，切割单位面积的用药量为 $100 \sim 150 \mathrm{g}$。然后利用公式（7-22）计算单个炮眼的装药量。

3. 施工中应该注意的问题

（1）从提高爆破效果来看，宜采用倾斜眼，不要采用垂直眼，眼的倾斜角度以 $45° \sim 60°$ 为宜。

（2）由于炮眼较浅，为了防止发生冲炮，应保证堵塞质量。

（3）为了提高破碎效果，起爆时宜采用电雷管齐发起爆。如果一次起爆药量太多，振动太大，可采取分片分段齐发起爆。

（4）应配备一些风镐，对一些没有炸松和炸裂的部位，用风镐辅助破碎。

7.4.3　工　程　实　例

实例一：全部拆除爆破

1. 条件和环境

某起重设备厂锻工车间内有一座 $750 \mathrm{kg}$ 级汽锤的钢筋混凝土基础，长 $6.2 \mathrm{m}$，宽 $3.5 \mathrm{m}$，基础顶面与地表面平齐，从地表以下深 $2.5 \mathrm{m}$，因设备更新，需要把上面 $1.4 \mathrm{m}$ 厚度的一段拆除。在基础周围 $3 \sim 4 \mathrm{m}$ 的距离上有各种设备和仪表。距基础顶面高 $3.0 \mathrm{m}$ 处有两台工业电扇，再往上是天车。

2. 爆破设计

（1）开挖侧沟：因基础顶面与地平面平齐，四周无临空面，为了提高爆破效果和减振，设计在基础四周在爆破前用人工开挖出侧沟，沟宽 $0.5 \mathrm{m}$，深 $1.4 \mathrm{m}$。

（2）爆破参数设计：

1) 炮眼深度：$l = C \cdot H = 1.0 \times 1.4 = 1.4$m。

2) 最小抵抗线：$W = 0.5$m。

3) 炮眼间距：$a = (1.0 \sim 2.0) W = 0.8$m。

4) 炮眼排距：$b = 0.3$m。

5) 每个炮眼装药量：$Q = f(q_1 A + q_2 V)$。

取 $f = 1.0$，$q_1 = 40/W = 80$，$q_2 = 150$，代入上式得 $Q = f(q_1 A + q_2 V) = 106.4$g。装药时，实际取 $Q = 105$g。

因炮眼较深，为了使爆破后块度较均匀，采取间隔装药，分上、中、下三层药包，每层药包的重量分别为 25、40 和 40g。总装药量为 8.61kg，炮眼采用梅花形布置，共 11 排炮眼，炮眼总数为 82 个。

（3）起爆网路设计：采用电雷管和导爆管起爆系统，每个炮眼内均装一个非电雷管，在炮眼外实行微差起爆，第 1、11 排为零段；在第 2、10 排的一端串联一个 3 段毫秒雷管；第 3、9 排各串联一个 5 段毫秒雷管；第 4、8 和 5、7 排各串联一个 7、9 段毫秒雷管；最后第 6 排串联一个 11 段毫秒雷管，然后分组并联在一起，组成串并联网路。

3. 防护

在基础的顶面和四周，首先用干草袋覆盖一层，接着用浸水草袋覆盖三层，再在上面盖两层荆笆并用装土草袋压牢，以增加覆盖重量，最后用帆布覆盖整个基础。

实例二：钢筋混凝土楼板切割爆破

1. 条件和环境

某造纸厂转产食品，须把造纸车间加以改造，造纸车间为两层楼房，高 10m，长 70m，宽 30m。二层楼有 6 个钢筋混凝土纸浆池，楼板为现浇的钢筋混凝土结构，厚 0.2m，在其中分布钢筋网，钢筋直径 5～10mm，楼板被梁柱支承着，且嵌入外墙中。

2. 爆破设计

（1）爆破参数：沿二楼墙壁四周，距壁 0.1m 处，在楼板上布设两排炮眼，炮眼间距为 0.3m，排距为 0.15m，炮眼深度为 0.12m。在楼板上画出边长为 2～3m 的方块，沿方块线布设同样的两排炮眼。

每个炮眼的装药量按公式 $Q = f q_1 A$ 计算。由于楼板上下都是临空面，式中 $f = 1.0$，取 $q_1 = \dfrac{45}{W} = \dfrac{45}{0.1}$，$A = 0.3 \times 0.2$，则 $Q = \dfrac{45}{0.1} \times 0.3 \times 0.2 = 27$g，实际每个炮眼装 25g。

（2）起爆网路：所有炮眼均装即发雷管和导爆管，导爆管与连通管组成串联网路。为了减轻爆破振动的影响，分多次起爆。

由于楼房门窗多数已损坏，所以只用荆笆堵住门窗，以防飞石溅到楼外，楼板上的炮眼未加覆盖。

3. 爆破结果

爆破后，沿楼板四周和中间均被切开，切割宽度约 0.25m，当支承楼板的梁柱爆倒后，整个楼板塌落在地面。

§7.5 桥梁的拆除控制爆破

7.5.1 概   述

随着交通运输事业的蓬勃发展，需要拆除和改建的各种桥梁越来越多。用控制爆破方法拆除桥梁，具有安全、高效、经济等优点，因此，在国内外的应用范围也日益广泛。

目前，国内的大型铁路桥的桥跨全是钢结构，拆除时一般需将其吊运复用，需要炸毁的仅是钢筋混凝土桥墩。小型铁路桥的桥跨一般为钢筋混凝土预制构件，而桥墩为钢筋混凝土或浆砌料石，个别也有用混凝土预制块的，拆除时需全部炸毁或只炸坏桥墩。大型公路桥的结构与小型铁路桥类似，而跨度仅为几米的小型公路桥，大都为浆砌料石的拱形结构，桥墩也是浆砌料石。因此，可将桥梁的拆除控制爆破分为桥跨和桥墩两大主要部分进行论述。

从实践经验和理论分析可知，桥梁的拆除控爆方案大体上可分为以下三种：

(1) 当桥跨和桥墩均需拆除时，可应用失稳原理先爆桥墩，使桥跨塌落解体破坏。塌落后若块度较大不便清理时，可进行二次破碎。

(2) 当桥跨为拱形钢筋混凝土预制构件，而桥墩被泥砂掩埋无法钻孔时，可以炸毁拱基从而导致桥跨塌落，桥墩可用钻立孔法爆破。

(3) 当拆除城市交通要道上的桥梁时，可将桥跨结构吊运到人员车辆稀少的宽阔地带施爆，而仅对桥墩进行爆破，这样有利于安全。

7.5.2 桥跨结构的拆除爆破

1. 钢筋混凝土桥跨结构

钢筋混凝土桥跨分直梁形和拱形预制件两大类。直梁形的桥跨布筋粗密，外形尺寸规整，厚度一般大于 50cm，可以参照块形基础的拆除控爆参数进行爆破，但装药量应适当增加。拱形桥跨上部都有填土层，加之钢筋的布置特点是上粗下密，与普通梁相似，故从上向下钻孔较困难，此时可从预制构件的侧面钻孔施爆。

2. 浆砌料石桥跨结构

浆砌料石桥跨为拱形，大多在乡间小路上，因周围建筑物较少且相距较远，故爆破时比较安全。此种桥跨的爆破一般钻垂直孔，孔网参数略大于钢筋混凝土结构。

一般桥跨结构爆破最重要的安全问题是飞石伤人，因此，除通过试爆调整药量外，还应加强顶面的覆盖，且避免在各种车辆通行高峰时放炮。

7.5.3 桥墩的拆除爆破

1. 钢筋混凝土桥墩

钢筋混凝土桥墩四面临空，钻水平孔方便，故使用较多。因为钻立孔往往一个循环爆不完，这样势必要采用多次施爆才能爆完，拖延工期。

2. 浆砌料石或混凝土预制块桥墩

这类桥墩可将其底部炸开一个缺口，使其整体倒塌。在爆破这类桥墩时，因墩体内部不够密实，炸药爆炸时能量可能逸出，因此应增加装药量，一般为常规单孔装药量的 1.5～2.0 倍。

7.5.4 工 程 实 例

宝鸡市金陵河宝石公路桥，始建于 1971 年，桥全长 85m，宽 9.6m（其中行车道 7m、两侧人行道各宽 1.05m、两侧扶手栏杆各宽 0.25m），全长由 4 孔桥组成，有 3 个桥墩和 2 个桥台，图 7-20 为半个桥长的立面图。

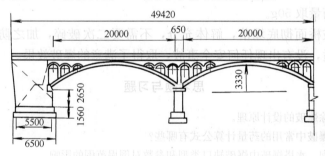

图 7-20 宝石公路桥南侧半立面图

该桥系由无锡建桥职工首创并在 20 世纪六七十年代大量建造的轻型少筋装配式双曲拱桥。拱圈由拱肋、拱波和拱板三部分组成。各拱肋间用横梁（拉杆）在横向上连为整体，增加了桥的稳定性。路面为 10cm 厚的碎石沥青，在其下面填入砂土层。

由于桥墩已全部被泥砂掩埋，只有待周围挖出临空面后再施爆。桥面主要的承重构件是拱肋和拱波，根据失稳原理，只要将其彻底炸毁，就可破坏桥跨的支撑使桥跨塌落。

爆破桥跨时如爆点选在每孔桥的中部，则每孔桥形成两个悬臂梁，可达到桥跨下塌的目的。但中部钻孔不方便，因为从上向下打眼必须经过路面、填土层和防水层，拱波部位的眼深不易钻到设计要求。而炸毁每孔桥的根部时，拱波的炮孔可从台龛（直壁拱形每孔桥有6个）内自上向下钻孔，施工条件较好，易保证质量，故决定炸毁每孔桥的根部。同时考虑拱肋是钢筋混凝土预制构件，强度较高，塌落后不易摔断，为避免二次破碎爆破，对拱肋中段也予以施爆。

拱肋和拱上部的台龛墙钻水平炮孔，拱波钻垂直眼。眼深和单孔装药量按下式计算：

$$l = 0.65H \tag{7-25}$$

$$Q = qabHK' \tag{7-26}$$

式中　K'——强化装药系数，$K'=1.4\sim2.0$；

　　　q——单位体积耗药量；混凝土时取 $200g/m^3$，钢筋混凝土时取 $400g/m^3$；

　　　a、b、H 意义同前。

桥墩长 9.6m，高 5.32m，是密布粗筋的钢筋混凝土结构。由于被泥砂掩埋，只能从上向下分层爆破。炮眼间距取 40~50cm，炸药单耗取 $400g/m^3$，可根据一次爆破体积求出每孔装药量。

桥台由水泥砂浆砌石而成，厚度为 40~45cm，在根部钻 4 排孔，孔深 30cm、眼距 40cm、排距 30cm、三角形布孔。考虑灌浆不实，块间空隙较大等因素，单孔装药量取 50g。

该次爆破桥面彻底塌落，解体充分，不需要二次破碎，加之防飞石措施得当，药量合适，没有出现任何安全事故，取得了满意的爆破效果。

思考题与习题

1. 说明拆除爆破的设计原理。
2. 在拆除爆破中常用的药量计算公式有哪些？
3. 试述烟囱、水塔爆破中爆破缺口类型和参数对倒塌范围的影响。
4. 试述框架结构承重立柱最小失稳高度的计算方法。
5. 楼房爆破时电爆网路敷设的规范方法有哪些？
6. 桥梁控爆拆除方案有哪几种？

第 8 章 爆破安全技术

§8.1 爆破地震效应

8.1.1 爆破地震波的特征

当炸药在固体介质中爆炸产生的应力波通过破裂圈后，由于应力波强度迅速衰减，它只能引起介质质点产生弹性振动，这种弹性振动是以弹性波的形式向外传播，称为爆破地震波。

爆破地震波是一种复杂的波系，包含体波和面波。面波，特别是其中的瑞利波，由于它的频率低、衰减慢、携带的能量较多，是造成地震破坏的主要因素。

典型的地震波波形由前震段（相）、主震段（相）、尾震段（相）三部分组成，如图 8-1 所示。前震段（相）通常由频率较高、振幅较小的不规则波形组成；接着，出现频率为 5~100Hz 的大振幅波形，称为主震段（相）；随后，以近似谐波衰减的振动形式进入尾震段（相）。尾震段（相）的频率与主震段相近。

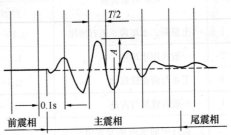

图 8-1 典型的爆破地震波波形图

爆破地震作用的持续时间随介质性质和爆源距离的不同而不同，一般为 0.4~2.0s。

8.1.2 爆破地震效应

爆破地震波向外传播过程中引起地表振动而产生的破坏效应称为爆破地震效应。

爆破地震效应的强弱与爆破特性（爆破方法、炸药类型及其装药量等）、传播地层特性（地质、地形等）以及地面建（构）物类型有关，这种破坏效应具体表现为：

① 爆破地震振动幅值大，但衰减快，破坏范围小；天然地震振动幅值虽小，但衰减缓慢，破坏范围比前者大得多；

② 爆破地震的地面加速度振动频率较高（约 10～20Hz 及以上），远超过普通工程结构的自振频率；天然地震地面加速度振动频率较低（一般 2～5Hz），与普通工程结构的自振频率相接近；

③ 爆破地震的持续时间很短，在 0.4～2.0s；而天然地震主震相持续时间多在 10～40s。

8.1.3　爆破振动的安全判据和安全允许距离

1. 爆破振动的安全判据

《爆破安全规程》GB 6722—2014 规定：评估爆破对不同类型建（构）筑物、设施设备和其他保护对象的振动影响，应采用不同的安全判据和允许标准。地面建筑物、电站（厂）中心控制室设备、隧道与巷道、岩石高边坡和新浇大体积混凝土的爆破振动判据，采用保护对象所在地基础质点峰值振动速度和主振频率，安全允许标准如表 8-1 所示。

爆破振动安全允许标准

表 8-1

序号	保护对象类别	安全允许质点振动速度 V（cm/s）		
		$f \leqslant 10Hz$	$10Hz < f \leqslant 50Hz$	$f > 50Hz$
1	土窑洞、土坯房、毛石房屋	0.15～0.45	0.45～0.9	0.9～1.5
2	一般民用建筑物	1.5～2.0	2.0～2.5	2.5～3.0
3	工业与商业建筑物	2.5～3.5	3.5～4.5	4.2～5.0
4	一般古建筑与古迹	0.1～0.2	0.2～0.3	0.3～0.5
5	运行中的水电站及发电厂中心控制室设备	0.5～0.6	0.6～0.7	0.7～0.9
6	水工隧道	7.0～8.0	8.0～10.0	10.0～15.0
7	交通隧道	10.0～12.0	12.0～15.0	15.0～20.0
8	矿山巷道	15.0～18.0	18.0～25.0	20.0～30.0
9	永久性岩石高边坡	5.0～9.0	8.0～12.0	10.0～15.0
10	新浇大体积混凝土（C20）： 龄期：初凝～3 天 龄期：3～7 天 龄期：7～28 天	1.5～2.0 3.0～4.0 7.0～8.0	2.0～2.5 4.0～5.0 8.0～10.0	2.5～3.0 5.0～7.0 10.0～12.0

注：1. 爆破振动监测应同时测定质点振动相互垂直的三个分量；

2. 表中质点振动速度为三分量中的最大值，振动频率为主振频率；

3. 频率范围根据现场实测波形或按如下数据选取：硐室爆破<20Hz，露天深孔爆破 10～60Hz，露天浅孔爆破 40～100Hz，地下深孔爆破 30～100Hz，地下浅孔爆破 60～300Hz。

按表 8-1 选定安全允许质点振速时，应认真分析以下影响因素：

① 选取建筑物安全允许振速时，应综合考虑建筑物的重要性、建筑质量、新旧程度、自振频率、地基条件等因素；

② 省级以上（含省级）重点保护古建筑与古迹的安全允许振速，应经专家论证选取；

③ 选取隧道、巷道安全允许振速时，应综合考虑构筑物的重要性、围岩分类、支护状况、开挖跨度、埋深大小、爆源方向、周边环境等；

④ 非挡水新浇大体积混凝土的安全允许振速按表 8-1 给出的上限值选取。

其他一些国家爆破振动的安全标准如表 8-2～表 8-4 所示。

德国标准（BRD—DIN4150） 表 8-2

建筑物类型	质点振动合速度（cm/s）		
	<10Hz	10～50Hz	50～100Hz
工业建筑及商业建筑	2.0	2.0～4.0	4.0～5.0
民用建筑	0.5	0.5～1.5	1.5～2.0
敏感性建筑	0.3	0.3～0.8	0.8～1.2

瑞士标准 表 8-3

建筑物类型	质点振动合速度（cm/s）	
	10～60Hz	60～90Hz
钢结构、钢筋混凝土结构	3.0	3.0～4.0
砖混结构	1.8	1.8～2.5
砖石墙体、木阁楼	1.2	1.2～1.8
历史性敏感性建筑	0.8	0.8～1.2

印度标准 表 8-4

建筑物类型	质点振动合速度（cm/s）	
	<24Hz	>24Hz
一般民房	0.5	1.0
工业建筑	1.25	2.5
古建筑物	0.2	0.5

2. 爆破振动速度的计算

爆破振动速度的计算按公式（8-1）计算：

$$V = K \left(\frac{Q^{1/3}}{R} \right)^{\alpha} \tag{8-1}$$

式中 V——地面质点振动速度（cm/s）；

Q——一次爆破装药量（kg），齐爆时为总装药量，延时爆破时为最大一段装药量；

R——爆心至观测点的距离（m）；

K、α——与爆破点至保护对象间的地形、地质条件有关的系数和衰减指数，应通过现场试验确定；在无试验数据的条件下可按表 8-5 选取。

爆区不同岩性的 K、α 值　　　　　　　　　　　　　　　　表 8-5

岩　性	K	α
坚硬岩石	50～150	1.3～1.5
中硬岩石	150～250	1.5～1.8
软岩石	250～350	1.8～2.0

3. 爆破振动安全允许距离的计算

在爆破设计时，为避免爆破振动对周围建筑物产生破坏性影响，必须计算爆破振动的安全允许距离，利用式（8-1）得到：

$$R = \left(\frac{K}{V}\right)^{1/\alpha} Q^{1/3} \tag{8-2}$$

式中　R——爆破振动安全允许距离（m）；

Q——炸药量（kg），齐发爆破为总药量，延时爆破为最大单段装药量；

V——保护对象所在地安全允许质点振动速度（cm/s）；

K、α——与爆破点至保护对象间的地形、地质条件有关的系数和衰减指数，应通过现场试验确定；在无试验数据的条件下可按表 8-5 选取。

群药包爆破，且各药包至保护目标的距离差值超过平均距离的 10% 时，用等效距离 R_e 和等效药量 Q_e 分别代替上式的 R 和 Q 值。R_e 和 Q_e 的计算采用加权平均值法，计算公式为：

$$Q_e = Q_1 \left(\frac{R_e}{R_1}\right)^3 + Q_2 \left(\frac{R_e}{R_2}\right)^3 + \cdots + Q_m \left(\frac{R_e}{R_m}\right)^3 \tag{8-3}$$

$$R_e = \frac{Q_1^{1/3} R_1 + Q_2^{1/3} R_2 + \cdots + Q_m^{1/3} R_m}{Q_1^{1/3} + Q_2^{1/3} + \cdots + Q_m^{1/3}} \tag{8-4}$$

式中　Q_1、Q_2、$\cdots$、Q_m——各个装药的装药量（kg）；

R_1、R_2、$\cdots$、R_m——各个装药至保护对象的距离（m）；

Q_e——等效药量（kg）；

R_e——等效爆破振动安全允许距离（m）。

条形药包爆破振动安全距离计算一般是将条形药包以 1.0～1.5 倍最小抵抗线长度分为多个集中药包，参照群药包爆破时的方法计算其等效距离和等效药量。

8.1.4　爆破地震效应的安全设防

1. 控制一次爆破的最大用药量。

根据爆破类型和爆破周围需保护对象，按表 8-1 确定爆破振动安全允许速度 V 后，即可利用公式 8-4 计算出一次爆破的最大用药量 Q_{max}：

$$Q_{max} = R^3 (V/K)^{3/\alpha} \tag{8-5}$$

当设计药量大于 Q_{max} 而又没有其他可靠的降振措施时，就必须采用分次爆破来控制一次爆破的最大用药量。

2. 开挖减振沟槽或采用预裂爆破。

在爆体周围合理位置的土体中开挖一定宽度（便于施工）和深度（超过药包底部 20～30cm）的减振沟槽或在主爆区边界钻凿一定深度、间距和孔径的单排或多排隔振孔，可以降低爆破振动对保护建筑（结构）物的破坏。矿山爆破一般采用预裂爆破降低爆破振动效应。作为预裂用的孔、缝和沟，应注意防止充水，否则降振效果将大大降低。

3. 采用空气间隔装药结构或使用做功能力低、爆速低的炸药。根据爆破工程类别，采用适宜的空气间隔、不偶合、垫层装药结构或使用做功能力低、爆速低的炸药可起到降振的目的。

4. 采用延时爆破，合理安排起爆顺序。理论与实践表明，延时爆破比齐发爆破具有明显的降振效果，但在井下有瓦斯与煤尘爆炸危险的工作面爆破时，从起爆到最后一段的延期时间不应超过 130ms。

不同的起爆顺序，主震方向不同，如排间起爆时，主震方向为排间方向，因此应根据爆破环境合理安排起爆顺序。

5. 在特殊建（构）筑物附近或爆破条件复杂地区进行大量爆破或拆除爆破时，应进行必要的爆破地振监测，以确保被保护物的安全，并为安全验算提供较为准确的经验数据。

§8.2　爆破冲击波与爆破噪声

8.2.1　爆　破　冲　击　波

1. 爆破冲击波的产生和传播

炸药在空气中爆炸时，爆炸产物高速向空中膨胀，使周围空气受压缩，形成压力很高的冲击波，这种冲击波称为爆破空气冲击波。露天爆破时，爆破产生的部分高温高压气体随着爆破岩体的运动，沿着爆破裂隙冲入大气中形成空气冲击波，由于炸药能量消耗于破碎和抛掷岩块，因而只有一部分炸药能量转化为空气冲击波。所以，裸露药包爆破产生的空气冲击波强度要远大于同药量的加强抛掷爆破产生的冲击波强度。

空气冲击波在传播过程中，最初以极高的速度运动，且具有较大的正压力并产生超压 ΔP，随后由于能量不断消耗，其速度迅速衰减，波阵面后压力急剧下降。当爆炸产物膨胀到某一特定体积（或极限体积）时，它的压力降至周围介质未扰动时的初始压力 P_0，但爆炸产物并没有停止运动，由于惯性作用而过度膨胀，一直到某最大容积。此时，爆炸产物的平均压力低于介质未扰动时的初始压力，出现了"负压区"。典型的冲击波脉动压力波形曲线简称 $\Delta P\text{-}t$ 曲线，如图 8-2 所示。

冲击波在空气中传播的情况如图 8-3 所示，图中 t_1、t_2、t_3、t_4 分别表示爆炸后的不同时间。从图中可以看出，空气冲击波在传播过程中，波阵面上的压力、速度等参量下降较快，且初始阶段衰减快，后期衰减慢；最后达到初始压力 P_0 时，冲击波就衰减为声波。

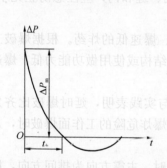

图 8-2　空气冲击波 $\Delta P\text{-}t$ 曲线

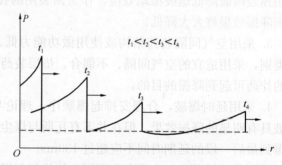

图 8-3　冲击波在空气中传播示意图

空气冲击波的传播和危害范围受爆破周围环境及地形影响较大，如在峡谷地形爆破时，沿沟的纵深方向或沟的出口方向冲击波传播较远；在山的一侧爆破时，山后影响较小；巷道中爆破产生的空气冲击波、直达波和巷道壁相互作用产生一些复杂的波，至非正常反射过程的后期，直达波和反射波的汇合形成平面波阵面的空气冲击波。

2. 爆破空气冲击波的安全允许距离

爆破空气冲击波的安全判据主要根据空气冲击波产生的超压值大小对人或建筑物的损害程度综合判定，并确定相应的安全距离。

（1）露天地表爆破当一次爆破药量不超过 25kg，按下式确定空气冲击波对在掩体内避炮作业人员的安全允许距离：

$$R_k = 25\sqrt[3]{Q} \tag{8-6}$$

式中　R_k——空气冲击波对掩体内人员的最小允许距离（m）；

Q——一次爆破梯恩梯炸药当量（kg），秒延时爆破为最大一段药量，毫秒延时爆破为总药量。

（2）爆炸加工或特殊工程需要在地表进行大当量爆炸时，应核算不同保护对象所承受的空气冲击波超压值，并确定相应的安全允许距离。在平坦地形条件下爆破时，超压按下式计算：

$$\Delta P = 14(Q/R^3) + 4.3(Q^{2/3}/R^2) + 1.1(Q^{1/3}/R) \tag{8-7}$$

式中　ΔP——空气冲击波超压值（10^5 Pa）；

　　　Q——一次爆破的梯恩梯炸药当量（kg），秒延时爆破为最大一段药量，毫秒延时爆破为总药量；

　　　R——爆源至保护对象的距离（m）。

空气冲击波超压的安全允许标准：对不设防非作业人员为 0.02×10^5 Pa；掩体中的作业人员为 0.1×10^5 Pa；建筑物的破坏程度与超压关系如表 8-6 所示。

建筑物的破坏程度与超压关系　　　　　　　　　　表 8-6

破坏等级		1	2	3	4	5	6	7
破坏等级名称		基本无破坏	次轻度破坏	轻度破坏	中等破坏	次严重破坏	严重破坏	完全破坏
超压 ΔP（10^5 Pa）		<0.02	0.02~0.09	0.09~0.25	0.25~0.40	0.40~0.55	0.55~0.76	>0.76
建筑物破坏程度	玻璃	偶然破坏	少部分破成大块，大部分呈小块	大部分破成小块到粉碎	粉碎	—	—	—
	木门窗	无损坏	窗扇少量破坏	窗扇大量破坏，门扇、窗框破坏	窗扇掉落、内倒，窗框、门扇大量破坏	门、窗扇摧毁，窗框掉落	—	—
	砖外墙	无损坏	无损坏	出现小裂缝，宽度小于 5mm，稍有倾斜	出现较大裂缝，缝宽 5~50mm，明显倾斜，砖踩出现小裂缝	出现大于 50mm 的大裂缝，严重倾斜，砖踩出现较大裂缝	部分倒塌	大部分到全部倒塌
	木屋盖	无损坏	无损坏	木屋面板变形，偶见折裂	木屋面板、木檩条折裂，木屋架支座松动	木檩条折断，木屋架杆件偶见折断，支座错位	部分倒塌	全部倒塌

破坏等级	1	2	3	4	5	6	7
建筑物破坏程度 · 瓦屋面	无损坏	少量移动	大量移动	大量移动到全部掀动	—	—	—
钢筋混凝土屋盖	无损坏	无损坏	无损坏	出现小于1mm 的小裂缝	出现 1～2mm 宽的裂缝,修复后可继续使用	出现大于2mm 的裂缝	承重砖墙全部倒塌,钢筋混凝土承重柱严重破坏
顶棚	无损坏	抹灰少量掉落	抹灰大量掉落	木龙骨部分破坏下垂	塌落	—	—
内墙	无损坏	板条墙抹灰少量掉落	板条墙抹灰大量掉落	砖内墙出现小裂缝	砖内墙出现大裂缝	砖内墙出现严重裂缝至部分倒塌	砖内墙大部分倒塌
钢筋混凝土柱	无损坏	无损坏	无损坏	无损坏	无破坏	有倾斜	在较大倾斜

（3）地下爆破作业，对人员和其他保护对象的空气冲击波安全允许距离由设计确定。

地下采矿爆破一般按能量计算，即将实际装药量 Q 转变为爆破产生空气冲击波的裸露药包炸药量 Q'，然后以 Q' 计算超压。

$$Q' = \eta Q \qquad (8\text{-}8)$$

式中　η——转换系数，深孔爆破为 $0.08 \sim 0.12$，浅孔爆破为 $0.05 \sim 0.10$。

表 8-7 列出在空气冲击波不同超压 ΔP 作用下巷道内设施的破坏情况。

巷道内冲击波超压和破坏情况对照表　　　　表 8-7

结构类型		ΔP（$\times 10^5$ Pa）	破坏特点
25cm 厚的钢筋混凝土墙		2.80～3.50	强烈变形，混凝土脱落，出现大裂缝
24～37cm 厚的混凝土墙		0.49～0.56	强烈变形，混凝土脱落，出现大裂缝
24～36cm 厚的砖墙		0.14～0.21	出现裂缝，遭到破坏
直径为 14～16cm 的圆木支撑		0.10～0.13	因弯曲而破坏
1t 重的设备（通风机、电耙）		0.40～0.60	翻倒、破坏、脱离基础
机车	车位朝爆破中心	1.40～1.70	脱轨、车厢变形
	侧向朝爆破中心	0.40～0.75	脱轨、车厢变形
提升机械		1.40～2.50	翻倒、部分变形、零件损坏
风管		0.15～0.35	因支撑折断而变形
电线		0.35～0.42	折断

3. 爆破空气冲击波的安全防护

为了确保人员和建筑物等的安全，在爆破作业时，必须对空气冲击波加以控制，使之低于允许的超压值。可采用以下技术措施对爆破空气冲击波进行安全防护：

(1) 尽量避免采用安全导爆索起爆网路，必须采用时应覆盖砂土。

(2) 控制一次起爆药量。从空间、时间上将总装药量平均分配到各个爆破部位，以防止产生强烈的冲击波。

(3) 优化爆破参数，选择适宜的装药结构。合理控制最小抵抗线大小和方向，选择空气间隔、不偶合装药结构，确保堵塞长度和质量，以有效控制空气冲击波的产生。

(4) 在爆破区与保护物附近构筑阻波墙（砖墙、砂袋、砌石墙或水袋等），设置吸波体（用可吸收冲击波材料做成），使空气冲击波在传播过程中被削弱。矿井巷道中，采用薄膜水袋阻波墙既可削弱冲击波又可降尘并稀释有毒气体。

8.2.2 爆破作业噪声

1. 爆破作业噪声及其标准

爆破作业噪声是爆破空气冲击波衰减后继续传播的声波，是由各种不同频率、不同强度的声音无规律地组合在一起所形成的杂声。

无声波传播时空气所具有的压强为静压强。当有声波传播时，空气在某瞬时就产生附加压强 ΔP，称为瞬时声压。ΔP 有正、负值之分，是随时间而不断变化的，常用其均方根值，即有效值 P 来表示，称为有效声压，简称声压。

当频率为 $1000\mathrm{Hz}$ 时，正常人耳刚刚能听到的声音声压是 $2\times10^{-5}\mathrm{Pa}$，而刚刚使人耳产生疼痛感觉的声压是 $20\mathrm{Pa}$，两者相差 10^6 倍。因其数字变化范围太大，直接以声压绝对值来表示声音强弱程度不方便记忆使用。因此，采用声压级，用以表示声音的大小，人耳适听的声压级范围是 $0\sim120\mathrm{dB}$，声压级 L_P 与声压 P 的关系为：

$$L_\mathrm{P} = 20 \log_{10} \frac{P}{P_0}$$

式中　L_p——声压级（dB）；

　　　P——声压（0.1Pa）；

　　　P_0——基准声压，为 $2\times10^{-5}\mathrm{Pa}$。

声压级 L_P 亦称"声压水平"。基准声压 P_0 亦称"参考声压"（或听阈）。某声音的声压与基准声压之比的常用对数的 20 倍等于1，则这个声音的声压级为1分贝，用"dB"表示，当噪声强度为 120dB 时，相应超压为 20Pa。

联合国世界卫生组织（WHO）关于噪声的资料指出：噪声超过 120dB，对人体健康是危险区；90～120dB，是过渡区；小于 90dB 是安全区。

表 8-8 列举了爆破噪声控制标准。表 8-9 为美国矿务局公布的对人员的爆破噪声安全标准。

《爆破安全规程》规定：爆破噪声为间歇性脉冲噪声，在城镇爆破作业中每一个脉冲噪声应控制在 120dB 以下。复杂环境条件下，噪声控制由安全评估确定。

爆破噪声控制标准　　　　　　　　　　　　　表 8-8

声环境功能区类别	对应区域	不同时段控制标准（dB）	
		昼间	夜间
0 类	康复疗养区、有重病号的医疗卫生区或生活区，进入冬眠的养殖动物区	65	55
1 类	居民住宅、一般医疗卫生、文化教育、科研设计、行政办公为主要功能，需要保持安静的区域	90	70
2 类	以商业金融、集市贸易为主要功能，或者居住、商业、工业混杂，需要维护住宅安静的区域；噪声敏感动物集中养殖区，如养鸡场等	100	80
3 类	以工业生产、仓储物流为主要功能，需要防止工业噪声对周围环境产生严重影响的区域	110	85
4 类	人员警戒边界，非噪声敏感动物集中养殖区，如养猪场等	120	90
施工作业区	矿山、水利、交通、铁道、基建工程和爆炸加工的施工厂区内	125	110

美国矿务局公布的噪声标准　　　　　　　　　　　　表 8-9

等级	安全限	警戒限	最大允许值	城市控爆标准
噪声标准（dB）	128	128～136	136	90

对工地常用施工作业机具，如装载机、推土机、凿岩机的噪声测试表明，在作业点 10m 处，噪声一般为 90dB。

2. 爆破噪声防护

爆破噪声是由爆破空气冲击波衰减而成的。因此，控制爆破空气冲击波的措施，也可作为控制爆破噪声的措施。此外，还可以采取以下预防措施：

（1）为了降低爆破噪声，在控制爆破中应避免雷管裸露，且尽量不用导爆索起爆网路。

（2）尽量不用裸露爆破。非常情况下用裸露爆破时，应对药包进行严密覆盖，并计算噪声影响的安全距离。

（3）严格控制单位炸药消耗量、单孔药量和一次起爆药量。

（4）保证填塞质量和填塞长度，严防冲炮。

（5）实施毫秒爆破，在设计起爆顺序时，必须注意防止在保护对象所在地噪声叠加的可能性。

（6）安排合理的爆破时间，尽量避免在早晨或下午较晚时间起爆，避开大气效应导致噪声增强。

（7）加强人员个体防护。个人防护噪声的用品有：耳塞、防声棉、耳罩、防护帽和防护衣等。

§8.3 爆破飞散物

8.3.1 爆破飞散物的产生和危害

在工程爆破中，个别飞散物由于获得较大的能量常常会飞得较远，因其方向难于准确预测，往往给爆区附近人员、建筑物和设备等安全造成严重威胁。

抛掷爆破、裸露药包爆破、大块解体二次爆破以及高耸建筑物拆除爆破中爆体落地撞击等均易产生飞得较远的个别飞散物；爆破施工中，因过量装药、起爆顺序安排不当、最小抵抗线偏小、炮孔堵塞质量差、炮孔（药室）处于地质软弱带以及地形等也极易产生个别飞散物。

8.3.2 爆破飞散物的飞散距离和安全距离

1. 爆破飞散物的飞散距离

由于爆破飞散物形成的复杂性，不能准确地确定个别飞散物飞散距离。但人们根据大量的实际工程资料，提出了许多经验的近似计算公式。

硐室爆破个别飞散物安全距离可按下式估算：

$$R_F = 20K_F \cdot n^2 \cdot W \tag{8-10}$$

式中　R_F——爆破飞散物安全距离（m）；

　　　K_F——安全系数，一般取 1.0～1.5，根据地形与不同方向上可能产生飞散物的条件而定；

　　　n——爆破作用指数；

　　　W——最小抵抗线（m）。

应逐个药包进行计算，选取最大值为个别飞散物安全距离。

2. 爆破飞散物对人员的安全距离

《爆破安全规程》GB 6722—2014 规定：爆破时，个别飞散物对人员的安全距离不应小于表 8-10 的规定；对设备或建设物的安全允许距离，应由设计确定。抛掷爆破时，个别飞散物对人员、设备和建筑物的安全距离，应由设计确定。

爆破个别飞散物对人员的安全允许距离　　　　　　　表 8-10

爆破类型和方法		个别飞散物的最小安全距离（m）
露天土岩爆破	a. 浅孔爆破法破大块	300
	b. 浅孔台阶爆破	200（复杂地质条件下或未形成台阶工作面时不小于 300）
	c. 深孔台阶爆破	按设计，但不大于 200
	d. 硐室爆破	按设计，但不大于 300
水下爆破	a. 水深小于 1.5m	与露天土岩爆破相同
	b. 水深大于 1.5m	由设计确定
破冰工程	a. 爆破薄冰凌	50
	b. 爆破覆冰	100
	c. 爆破阻塞的流冰	200
	d. 爆破厚度大于 2m 的冰层或爆破阻塞流冰一次用药量超过 300kg	300
爆破金属物	a. 在露天爆破场	1500
	b. 在装甲爆破坑内	150
	c. 在厂区内的空场上	由设计确定
	d. 爆破热凝结构和爆破压接	按照设计，但不小于 30
	e. 爆炸加工	按设计确定
拆除爆破、城镇浅孔爆破及复杂环境深孔爆破		由设计确定
地震勘探爆破	a. 浅井或地表爆破	按照设计，但不小于 100
	b. 在深孔中爆破	按照设计，但不小于 30
用爆破器扩大钻井		按照设计，但不小于 50

注：沿山坡爆破时，下坡方向的飞散物安全距离应增大 50%。

8.3.3　爆破飞散物的防护

爆破飞散物的安全防护必须从爆破设计、施工以及主动防护三方面考虑，主要措施有：

（1）选择并确定合理的爆破参数。

合理的装药量、最小抵抗线大小与方向、堵塞长度、起爆顺序与时差以及爆炸作用指数是控制爆破个别飞散物的主要参数。过大的装药量、爆炸作用指数，过小的最小抵抗线和堵塞长度均可导致较远的爆破飞散物。多排爆破时要选择合理的延期时间，防止因前排带炮（后冲），造成后排最小抵抗线大小与方向失控。

（2）选择适宜的炸药和装药结构。

在满足工程要求基础上，选用做功能力低、爆速低的炸药，采用不偶合装药结构、反向起爆、挤压爆破等技术有利于控制爆破飞散物。

（3）做好爆区地质、地形勘测工作，合理确定炮孔（药室）位置，严防将炮孔（药室）布置在软弱地质破碎带。

（4）严格控制堵塞质量。爆破施工中，既要保证一定的堵塞长度，还要保障堵塞密实，严防堵塞物中夹杂碎石。

（5）在复杂环境条件下需严格控制爆破个别飞散物时，必须采取主动防护措施：对人员可设置掩体；对爆破体和保护对象进行覆盖或在爆区与被保护对象间设置防护排架等，以防个别飞散物穿过；覆盖材料应便于固定、不易抛散和拆散，并能防止细小碎块的穿透；在爆破体尺寸较小、附近有重要保护对象、周围人员活动频繁条件下，应做多层覆盖；覆盖范围应大于炮孔的分布范围。

§8.4 拒 爆 和 早 爆

8.4.1 拒 爆

工程爆破中，装药未能按设计要求爆炸的现象称为拒爆。拒爆既影响爆破效果，也将造成安全隐患。从爆破网络上，拒爆可分为部分网路未爆或整个网路未爆；从爆破器材分为：雷管与炸药均未爆，雷管爆炸但未能起爆炸药，仅有雷管和少量炸药爆炸。

1. 产生拒爆的原因

（1）起爆网路导致拒爆总的原因是未能保证网路中每个雷管流过的电流达到额定值。具体分为：

① 爆破网路电阻太大，未经改正，即强行起爆。

② 爆破网路错接或漏接，导致流过部分雷管的电流小于最小发火电流，或通电时间过短，不能保证所有雷管得到所必需的点燃冲能。

③ 起爆器内电池电压不足，不能保证达到规定的充电电压，导致起爆器实际的起爆能力降低。起爆器充电时间过短，未达到规定的电压值。交流电压低，输出功率不够。

④ 网路因导线破损并与积水或泥浆接触引起漏电或短路，致使流过部分雷管的电流未能达到引爆雷管所需的最小电流。

⑤ 串并联电起爆网路各支路不均等，导致通过个别支路小于起爆雷管所需的最小电流值。

（2）导爆管起爆导致拒爆的原因：雷管接头不好；连接器质量有问题或漏

接；毫秒爆破时导爆管被冲断；导爆管有漏药段、有水、局部被拉细等；部分网路被先爆炮孔产生的飞石砸坏。

（3）导火索起爆网路的拒爆原因：导火索受潮，导火索断药或出现死疙瘩；连接处加工不好；漏点火。

（4）雷管方面。雷管引起拒爆大致有以下几个原因：雷管受潮，或因雷管密封防水失效；使用了非同厂同批生产的电雷管，或电雷管电阻值之差大于 0.3Ω；雷管质量不合格，又未经质量性能检测。

（5）炸药方面导致拒爆的原因：炸药超过了有效期，或保管不善，受潮变质，发生硬化；粉状混合炸药装药时药卷被捣实，使密度过大。

（6）装药、堵塞作业引起拒爆的原因：药卷与炮孔壁之间的间隙不合适，存在间隙效应；药卷之间没有很好的接触，被岩粉等阻隔；装药过密，炸药感度降低；装药、堵塞时操作不当，损坏网路；在含水炮孔中装填硝铵炸药时，炸药防水不当或防水失效。

2. 预防拒爆的措施

根据对产生拒爆原因的分析，预防拒爆必须从网路设计、雷管、炸药选择和装药堵塞等各个环节入手，认真设计，精心施工。预防拒爆的主要措施：

（1）选用同厂同批生产的电雷管，并用爆破电桥或爆破欧姆表检查雷管的电阻。剔出断路或电阻值不稳定的雷管，把雷管按阻值的大小分类，所使用的同批同一网路康铜桥丝雷管电阻值差不得超过 0.3Ω，镍铬桥丝雷管的电阻值差不得超过 0.8Ω。

（2）有水的炮眼，使用抗水型炸药。

（3）装药前，首先必须清除炮眼内的岩粉，再用木质炮棍将药卷轻轻推入，不得用力捣实，只要炮眼内的各药卷彼此密接即可。

（4）选择起爆能力与爆破网络匹配的电源。发爆器一定要使用高质量的电池，不得使用过期的或劣质的电池。

（5）连线后检查整个线路，查看有无连错或漏连；进行爆破网路准爆电流的计算，起爆前用专用爆破电桥测量爆破网路的电阻，实测的总电阻值与计算值之差应小于 10%。

（6）对导爆管雷管的非电起爆网路，连接质量尤其重要，认真做好器材质量检测和连接，确保准确无误。

3. 拒爆处理的原则和方法

（1）处理拒爆必须遵循以下原则：

1）处理前应由爆破负责人及相关领导划定警界范围，并在现场设立警戒标志，同时采取相应的安全措施，与拒爆处理无关人员不得进入警戒区。

2）拒爆的处理必须由有经验的爆破员完成。对硐室爆破的拒爆处理，应由爆破工程技术人员提出方案，并经单位主要负责人批准后方可进行。

3）电力起爆发生拒爆时，应立即切断电源，及时将起爆电路短路。

4）导爆索和导爆管起爆网路发生拒爆时，应首先检查导爆管是否有破损或断裂，发现有破损或断裂时应修复后重新起爆。

5）严禁从炮孔中取出原来放置的起爆药或从药卷中拉出电雷管；无论有无残余炸药，均严禁将炮孔残底继续加深；严禁用钻孔的办法往外掏药；严禁用压风吹拒爆炮孔。

6）拒爆处理后应仔细检查爆堆，收集残余的爆破器材，统一销毁；在不能确定爆堆无残余的爆破器材之前，应采取预防措施。

7）在拒爆处理完毕前，严禁在该地点进行任何与处理拒爆无关的工作。

8）拒爆的炮孔处理完毕后，必须详细检查、收集未爆的雷管。

拒爆处理后应由处理者填写登记卡或提交报告，登记卡的内容包括：产生拒爆的原因、处理的方法和结果、安全措施等。

（2）拒爆的处理方法

产生拒爆的原因及爆破条件不同，处理拒爆的方法不同。针对不同情况的拒爆处理方法为：

1）裸露爆破的拒爆处理

① 可去掉部分封泥，安置新的起爆药包，重新加上封泥起爆；如发现炸药受潮变质，则应将变质炸药取出销毁，重新敷药后起爆。

② 处理水下裸露爆破和破冰爆破的拒爆，可在拒爆附近另投入裸露药包诱爆，也可将药包回收销毁。

2）浅孔爆破的拒爆处理

① 经检查确认起爆网路完好时，可重新起爆。

② 可打平行孔装药爆破，平行孔距拒爆炮孔不应小于 0.3m；对于浅孔药壶爆破，平行孔距拒爆药壶边缘不应小于 0.5m，为确定平行炮孔的方向准确，可从拒爆孔口掏出部分填塞物，并插入木棍做导向标志。

③ 用木、竹或其他不产生火花的材料制成的工具，轻轻地将炮孔内填塞物掏出，用药包诱爆。

④ 在安全地点外用远距离操纵的风水喷管吹出拒爆填塞物及炸药，但应采取措施回收雷管。

⑤ 处理非抗水硝铵炸药的拒爆，可将填塞物掏出，再向孔内注水，使其失效，但要回收雷管。

⑥ 拒爆应在当班处理。当班不能处理或未处理完毕，应将拒爆情况（拒爆数目和炮孔方向，装药数量和起爆药包位置，处理方法和处理意见）在现场交接清楚，由下一班继续处理。

　　3）深孔爆破的拒爆处理

　　① 爆破网路未受破坏，且最小抵抗线无变化者，可重新连线起爆；最小抵抗线有变化者，应验算安全距离，并加大警戒范围后，再连线起爆。

　　② 在距拒爆孔口不小于10倍炮孔直径处另打平行孔，装药起爆。爆破参数由爆破工程技术人员确定，并经爆破领导人批准。

　　③ 所用炸药为非抗水性硝铵炸药，且孔壁完好时，可取出部分填塞物，向孔内灌水使之失效，然后再做进一步处理。

　　4）硐室爆破的拒爆处理

　　① 如能找出起爆网路的电线、导爆索或导爆管，经检查正常仍能起爆者，应重新测量最小抵抗线，重划警戒范围，连线起爆。

　　② 可沿竖井或平硐清除填塞物，并重新敷设网路，连线起爆，或取出炸药和起爆体。

　　5）水下炮孔爆破的拒爆处理

　　① 因起爆网路绝缘不好或连接错误造成的拒爆，可重新连网起爆。

　　② 因填塞长度大于炸药的殉爆距离或全部用水填塞而造成的拒爆，可另装入起爆药包诱爆。

　　③ 可在拒爆药包附近投入裸露药包诱爆。

　　6）其他条件爆破的拒爆处理

　　① 地震勘探爆破发生拒爆时，应从炮孔中取出拒爆药包销毁；不能从炮孔中取出药包者，可装填新起爆药包进行诱爆。

　　② 处理金属结构物爆破拒爆，应掏出或吹出填塞物，重新装起爆药包诱爆。

　　③ 处理热凝物爆破的拒爆时，应待炮孔温度冷却到40℃以下，才准掏出或吹出填塞物，重新装药起爆。

8.4.2　早　　爆

　　早爆指爆破装药在设计规定的起爆时间之前的意外爆炸。一旦早爆发生，将会导致严重的事故，造成人员伤亡和财产损失。因此，在爆破作业中，必须依照有关规程，制定严格有效的措施，预防早爆的发生。

　　1. 外来电流引起早爆的预防

　　外来电流是引发电起爆网路早爆的主要因素。电起爆网路的外来电流有：杂散电流、静电感应电流、雷电和射频电流等。消除这些外来电流的产生，并降低起爆网路对外来电流的敏感性，是预防外来电流引起早爆的有效措施。

　　（1）杂散电流的来源及其引起早爆的防治

　　1）架线电机车的电气牵引网路电流经金属物或大地返回直流变电所的电流。在轨道接头电阻较大，轨道与巷道底板之间的过渡电阻较小的情况下，会有大量电流流入地下，形成杂散电流。架线式电机车牵引网路漏电也是井下杂散电流的主要来源。

2）动力或照明交流电漏电。井下电气发生漏电，遇有潮湿环境或金属导体时，即形成杂散电流。

3）化学作用漏电。装药过程中，洒落在巷道底板上的硝铵炸药，遇水可能形成化学电源，当铁轨、风水管等导体之间存在电位差时，即产生杂散电流。

4）大地的自然电流。

防止杂散电流引起早爆的措施：

1）现场测试杂散电流。预防杂散电流引起早爆的最好办法就是在现场测定杂散电流值。测量仪器有专用杂散电流测定仪。杂散电流测定应在开始钻眼前和开始装药前多次进行，每次测量时间为 0.5～2.0min。一旦杂散电流超过规定值，则必须停止装药工作，并采取有效措施消除杂散电流或改变起爆方案。爆破安全规程规定：在杂散电流大于 30mA 的工作面不应采用普通电雷管起爆。

2）尽量减少杂散电流的来源。爆破网络接线前要切断工作面（作业现场）电源，改用矿灯或电压不高于 36V 的照明器材；并在铁轨接头处焊接铜导线以减小电阻，采用绝缘道岔或排除巷道积水，以增大巷道底板与铁轨之间的电阻，减小或防止架线式电机车牵引网路的漏电。

3）正确进行起爆操作，防止杂散电流流入起爆网路。雷管检查合格后，立即将脚线短路，直至工作面开始连接爆破网络的时候，再断开；接线时要保证接线牢固、不要松动，裸露的接头互相保持一定距离，不要靠近，不要与岩石或水相接触，接头上要保持清洁，避免各种污物混入接头；装药后，必须把电雷管脚线悬空，严禁电雷管脚线、爆破母线与运输设备、电气设备以及采掘机械等导电体相接触；整个爆破网路必须从工作面向起爆站的方向敷设，即先接好雷管网，再把完整的雷管网接到连接线上，接下来把连接线接到母线上，最后再接母线的短路接头，切不可反向敷设。

4）使用抗杂散电流的电雷管。通常为紫铜桥丝低电阻电雷管。低电阻值的抗杂散电流电雷管必须采用高能起爆器起爆。

5）采用非电雷管起爆网路系统。如：导爆管、导爆索、导火索等起爆网路，但对在井下有瓦斯或煤尘工作面使用时，有特别的安全规定。

（2）静电的危害及其引起早爆的预防

静电指绝缘物质上携带的静电荷，它是由不同的物质接触摩擦时在物质间发生电子转移而形成的带电现象。静电的特点是高电压、小电流，静电电压可高达几千甚至上万伏。

静电的危害主要是它能聚积在物体表面上而达到很高的电位，并发生静电放电火花。当高电位的带电体与零电位或低电位物体接触形成不大的间隙时，就会发生静电放电火花。这种贮存起来的静电荷也可能通过电雷管导线向大地放电，而引起雷管爆炸。

除正常电流引起静电外，固体颗粒的运动，特别是在干燥条件下的颗粒运动，也将产生静电。当今，装药车、装药器的使用已越来越普遍，用压气输送炸药也可能产生静电。当作业地点相对湿度小而炸药与输药管之间的绝缘程度高时，则药粒以高速在输药管内运行所产生的静电电压可达 20～30kV，对电爆网路有一定的引爆危险。

压气装药中，装填像铵油炸药这样一类的小颗粒散装爆破剂时，炸药颗粒在压气作用下，经过输药软管进行装填时，由于药粒间彼此接触与分离，可以产生少量的电荷。

测定静电电压，可使用 Q_3-V 型静电电压表或 KS-325 型集电式电位测定仪等。如测定压气输药管静电时，可采用金属集电环。将集电环紧密地固定在输药管的内壁或外壁，并用静电电压表分别测出电压值。

预防静电引起早爆的措施：

1) 在压气装药系统中要采用专用半导体材料软管。一般输药胶管，其体积电阻值很高，极易聚集静电。采用半导体软管和接地装置以后，可以显著地降低静电引爆的可能性。半导体输药管在低压时，导电性差，随着电压升高其导电性也相应提高，因而静电不容易集聚起来。半导体输药软管必须同时具有两个特性：①它必须具有足够的导电性，以保证将装药过程中产生的静电通过适当的接地装置导走；②它还必须具有足够的电阻，以保证不致形成一条低阻通路，让危险的杂散电流通过它达到起爆药包中的电雷管。

2) 对装药工艺系统采用良好的接地装置。为防止静电集聚，在装药过程中装药器和输药管都必须接地，并且整个装药系统的接地电阻不应大于 $10^5\Omega$。操作人员应穿半导体胶靴，始终手持装药管，随时导走身上的电荷。深孔装药完毕，再在孔口处装电雷管，以免在装药过程中引起电雷管的早爆。

对导电性极不好的岩石，为了确保良好的接地，需要用接地杆将装药容器与充水炮孔连接起来。

在装药期间，雷管的脚线应当短路，但不接地。在导电性比较好的岩石中，脚线接地可能受杂散电流影响。在导电不好的岩石中，脚线接地可能增加静电引爆的危险。

3) 采用抗静电雷管。抗静电雷管采用体积电阻为 $1000\ \Omega/cm^3$ 的半导体塑料塞，代替普通电雷管的绝缘塞。有一根裸露的脚穿过半导体塑料塞，裸露脚线与金属管壳之间构成静电道路，使管壳与雷管引火头之间的电位相等或接近，而不因火花放电而引爆。

4）预防机械产生的静电影响。对爆区附近的一切机械运转设备，除要有良好的接地外，雷管和电爆网路要尽量远离这些设备。必要时，在可能产生静电的区域附近，连接电爆网路时，以及整个网路起爆之前，机械运转设备必须暂停运行。机械系统的接地导线应远离钢轨、导线和管路，避免钢轨和金属管线将杂电流传送到爆破网路。

5）采用非电起爆网路或系统，见杂散电流引起早爆的预防。

（3）雷电及引起早爆的预防

雷电是自然界的静电放电现象。带有异性电荷的雷云相遇或雷云与地面突起物接近时，它们之间就发生激烈的放电。雷电能量很大，在雷电放电地点往往出现强烈闪光和爆炸的轰鸣声。

在露天、平硐或隧道爆破作业中，雷电的危害：

1）雷电形成电磁感应。电爆网路被电磁场的磁力线切割后，在电爆网路中产生的电流强度大于电雷管的最小准爆电流时，就会引起雷管爆炸，导致早爆事故。

2）雷电形成静电感应。雷击能产生约 20000A 的电流和相当于炸药爆轰的高压气柱，如果直接击中爆区，则全部或部分电爆网路可能被起爆。由于雷电产生很大的电流，即使远离的雷电，也可能给地下或露天作业的起爆系统带来危害。

通过带电云块的电场作用，电爆网路中的导体能积累感应电荷，这些电荷在云块放电后就变成为自由电荷，以较高的电势沿导体传播，可能导致雷管早爆。

为了安全起见，每当爆区附近出现雷电时，地面或地下爆破作业均应停止，一切人员必须撤到安全地点。

为了防止雷电引起早爆，雷雨天和雷击区不得采用电力起爆法，而应改用非电起爆法。

对爆炸库和有爆炸危险的工房，必须安设避雷装置，防止雷击引爆。

（4）射频电流及其引起早爆的预防

无线广播、雷达、电视发射台等发射的射频达到一定强度时，能够产生引发雷管的电流，因而在地面，特别是城市拆除爆破中，应对射频能引起重视。

电爆网路中内感生的射频电流强度取决于发射机的功率、频率、距离和导线布置情况。因而，为防止射频电流引起的早爆事故，首先应了解爆区附近有无射频源，了解各种发射机的频率和功率，并用射频电流仪进行检测。同时，应采取如下措施：

1）确定合理的安全距离。不同类型、频率、发射功率条件下的发射机安全距离见表 8-11～表 8-13；

爆区与中长波电台的安全允许距离　　　　　　　　　　　表 8-11

发射功率（kW）	0.005~0.025	0.025~0.05	0.050~0.1	0.1~0.25	0.25~0.5	0.5~1
安全允许距离（m）	30	45	67	100	136	198
发射功率（kW）	1~2.5	2.5~5	5~10	10~25	25~50	50~100
安全允许距离（m）	305	455	670	1060	1520	2130

爆区与移动式调频（FM）发射机的安全允许距离　　　　　　表 8-12

发射功率（W）	1~10	10~30	30~60	60~250	250~600
安全允许距离（m）	1.5	3.0	4.5	9.0	13.0

爆区与甚高频（VHF）、超高频（UHF）电视发射机的安全允许距离　　表 8-13

发射功率（W）	1~10	10~10^2	10^2~10^3	10^3~10^4	10^4~10^5	10^5~10^6	10^6~5×10^6
VHF 安全允许距离（m）	1.5	6.0	18.0	60.0	182.0	609.0	
UHF 安全允许距离（m）	0.8	2.4	7.6	24.4	76.2	244.0	609.0

注：调频发射机（FM）的安全允许距离与 VHF 相同。

2）在有发射源附近运输电雷管或在运输工具装有无线发射机时，应将电雷管装入密闭的金属箱中；

3）对民用或不重要的发射机，可进行协调临时关闭，暂停发射机工作；

4）手持式或其他移动式通信工具进入爆区应事先关闭；

5）采用非电起爆网路。

（5）感应电流及其引起早爆的预防

动力线、变压器、电源开关和接地的回馈铁轨附近，都存在一定强度的电磁场，在这样的环境下实施电雷管起爆，电起爆网路可能产生感应电流。如果感应电流达到一定强度，就可能起爆电雷管，造成事故。

感应电流产生的条件是存在闭合电路，因此在连接起爆网路时，具有较大的危险性。

感应电流可用杂散电流测定仪配合环路线圈进行测定。通过测量，可判定感应电流的大小和最大感应电流的方向。

预防感应电流的危害，可采取以下措施：

1）电爆网路平行输电线路时，应尽可能远离；

2）两根母线、连接线尽量靠近；

3）炮孔间尽量采用并联，少采用串联；

4）采用非电起爆网路。

2. 操作不当引起早爆的预防

　　装药及炮孔堵塞过程的挤压或撞击也可能引起早爆，因此装药和炮孔填塞施工中，必须根据《爆破安全规程》GB 6722—2014 和《煤矿安全规程》的要求，进行正确的操作。

　　(1) 起爆药卷的装配

　　装配起爆药卷时，必须遵守下列规定：

　　1) 从成束的电雷管中抽取单个电雷管时，不得手拉脚线硬拽管体，也不得手拉管体硬拽脚线，应将成束的电雷管脚线理顺，然后拉住前端脚线将电雷管抽出。抽出单个电雷管后，必须将其脚线扭结、短路。

　　2) 装配起爆药卷时，必须防止电雷管受振动、冲击，折断脚线和损坏脚线绝缘层。

　　3) 电雷管必须从药卷的顶部装入，严禁将电雷管斜插在药卷的中部或捆在药卷上。严禁用电雷管代替竹、木棍扎眼。电雷管必须全部插入药卷内。

　　4) 电雷管插入药卷后，必须用脚线将药卷缠住，并将电雷管脚线扭结、短路。

　　5) 在矿山巷道中，起爆药的装配必须在顶板完好、支架完整、避开电气设备和导电体的爆破工作地点附近进行。严禁坐在爆炸材料箱上装配起爆药卷。装配起爆药卷数量，以当时当地实际需要的数量为限。

　　(2) 装药

　　井下爆破装药必须遵守以下规定：

　　1) 装药前，首先必须清除炮眼内的煤粉或岩粉，再用木质或竹质炮棍将药卷轻轻推入，不得冲撞或捣实。炮眼内的各药卷必须彼此密接。

　　2) 在装药过程中，不应拔出或硬拉起爆药包中的导火索、导爆索和电雷管脚线。

　　3) 炮孔卡堵或雷管脚线及导爆索损坏时应及时处理。在雷管或起爆药放入之前，可用非金属长杆处理，装入起爆药包后，不应使用任何工具冲击、挤压。无法处理时必须插上标志，按拒爆处理。

　　4) 从带有电雷管的起爆药包或起爆体装填工作开始，工作面应停止其他一切工作并停电。这时，工作面应采用安全蓄电池灯、安全灯或绝缘手电筒照明。

　　5) 装药时，每个炮孔同时操作人员不应超过 3 人，严禁向炮孔内投掷起爆体和受冲击易爆的炸药。

　　6) 装药时的炮棍应采用木质材料制作，严禁使用塑料、金属或带金属包头的炮棍。

　　地面爆破条件下，装药时除遵循井下爆破装药的各项规定外，还应做到：

　　1) 在爆破区域内放置和使用爆炸材料过程中，20m 以内严禁烟火，10m 以内严禁非工作人员进入。

2）装药前在爆破区四周插好警戒旗，严禁与工作无关人员和车辆进入爆破区。

3）雷管脚线、导爆索、导爆管的连线和装药布设必须由专人负责。

4）不应抛掷起爆药包和敏感较高的炸药，起爆药装入后应采取有效措施，防止后续药卷直接冲击起爆药包。

5）机械化装药时，必须由专人操作。

同时，爆破母线和连接线应符合下列要求：

1）煤矿井下爆破母线必须符合标准。

2）爆破母线和连接线、电雷管脚线和连接线、脚线和脚线之间的接头必须相互扭紧并悬挂，不得与轨道、金属管、金属网、钢丝绳、刮板输送机等导电体相接触。

3）巷道掘进时，爆破母线应随用随挂。不使用的爆破母线要固定，但特殊情况下，在采取安全措施后，可不受此限。

4）爆破母线与电缆、电线、信号线应分别挂在巷道的两侧。如果必须挂在同一侧，爆破母线必须挂在电缆的下方，并应保持 0.3m 以上的距离。

5）只准采用绝缘母线单回路爆破，严禁用轨道、金属管、金属网、水或大地等当作回路。

6）爆破前，爆破母线必须扭结、短路。

（3）炮孔填塞

装入炸药后，每个炮孔必须填塞炮泥，炮孔填塞时，应遵循以下规定：

1）炮孔填塞时，不得捣鼓直接接触药包的填塞材料或用填塞材料冲击起爆药包。

2）填塞作业应避免夹扁、挤压和拉扯导爆管、导爆索，并应保护好雷管引出线。

3）发现有堵塞物卡孔应及时处理，可用非金属杆或高压风处理。

4）硐室爆破的填塞应按从里向外的顺序进行，并在填塞过程中注意对起爆网路的保护和监测。

3. 爆破器材不良引起早爆的预防

爆破器材不良引起早爆的事故时有发生。预防措施：

（1）爆破不得使用变质或过期的爆破器材。

（2）采用导火索起爆时，必须在装药前对其燃速进行抽样检测，不合要求则不能使用。

（3）应当依照爆破的具体环境条件，选用满足要求的爆破器材品种。如：有外来电流危险时，选用抗杂散电流电雷管或非电起爆系统等。

（4）拆除爆破中，用爆破法清除炉瘤时，需要将炸药、雷管放置到高温环境中，为预防早爆，设计与施工中应当注意以下几个方面：

①　尽量选用耐热炸药，并做好炸药及起爆器材的隔热保护，必要时还应对采用的隔热保护方法进行可靠性测试，保证在一定时间内，炸药及起爆材料温度不超过80℃；

②　禁止采用电雷管起爆，宜采用火雷管起爆系统；

③　装药前对炮孔进行降温处理，并测试温度，温度超过200℃时不应进行装药作业；

④　待所有起爆前的工作准备完成后，方可进行装药作业。装入炸药后，应尽快起爆，以缩短炸药及起爆材料在炮孔内的停留时间。

思考题与习题

1. 什么叫爆破地震波和爆破地震效应？爆破地震效应如何评判？如何安全设防？

2. 什么叫爆破空气冲击波？其安全允许距离如何确定？如何安全设防？

3. 爆破噪声如何防护？

4. 爆破飞散物安全距离如何确定？如何防护？

5. 什么叫拒爆和早爆？产生拒爆和早爆的原因有哪些？预防措施有哪些？处理拒爆的常用方法有哪些？

第9章 钻孔方法与钻孔机具

§9.1 钻孔方法及其分类

利用各种钻具钻孔是实施爆破的第一步工作，爆破效率的提高在很大程度上依赖于凿岩（机具）设备的发展。很显然，在用人工打眼或绳索式冲击钻机钻孔的年代，想实施深孔微差爆破技术就非常困难，更不用说采用光面爆破、预裂爆破等要求密集钻孔的爆破新技术。20 世纪 50 年代问世的高效率潜孔钻机以及稍后的牙轮钻机和高频风动冲击钻机，尤其是 2000 年出现的集钻孔、装药和装岩为一体的遥控采掘设备，使得爆破作业的效率大大提高，爆破效果更加理想。爆破机具、设备的发展，促进了爆破技术的日益进步。

根据采用的机具和孔底岩石的破碎机理，可将钻孔方法分为：冲击式、旋转式、旋转冲击式和滚压式四种。

根据钻孔直径和钻孔深度可将钻孔方法分为浅孔钻孔、中深孔钻孔和深孔钻孔三种。通常把孔径小于 50mm，孔深不超过 3～5m 的炮孔称为浅孔或浅眼；孔径为 50～70mm，孔深为 5～12m 的为中深孔；孔径不小于 80mm，孔深大于 12～15m 的为深孔。

9.1.1 冲击式钻孔方法

冲击钻孔时，钻孔机工具不断受到冲击作用，每冲击一次后，钻头转动一个角度，使钻刃移至新位置上，再进行下一次冲击，其过程如图 9-1 所示。

钻头在冲击力 P_D 的作用下，侵入岩石并形成一条凿痕 AB，随后将钻头转动一个角度并再次冲击，于是在岩石上形成一条新的凿痕 $A'B'$。在 $A'B'$ 位置进行第二次冲击时，由于孔底中心部分岩石已经破碎，增大了单位刃长上的冲击荷载，又由于有了第一次冲击所形成的凿痕起着自由面的作用，所以除了形成第二条凿痕外，只要转动角度和冲击与岩石的强度相匹配，两个凿痕之间的岩石（扇形体 AOA' 和 BOB'）在第二次冲击力的作用下，也将同时被剪切掉。钻机不断重复上

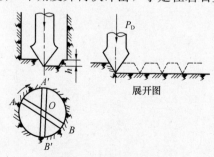

图 9-1 冲击式钻孔过程

述动作，即可完成整个圆面的破碎并前进深度 h。破碎后的岩屑要不断利用压风或水流排除孔外，以避免重复破碎。

这种冲击—转动—排粉的过程连续不断地循环进行，从而构成冲击式钻孔过程。在硬岩中钻孔一般采用冲击式钻机，凿岩机是冲击式钻孔法的代表工具。

9.1.2 旋转式钻孔法

旋转式钻孔的过程如图 9-2 所示。旋转式钻孔时，切割型钻头在轴压力 P 的作用下，克服岩石的抗压强度并侵入岩石一定深度 h，同时钻头在回转力 P_c 的作用下，克服岩石的抗切削强度，将岩石一层层的切割下来，钻头运行的轨迹是沿螺旋线下降，破碎的岩屑被排除孔外。

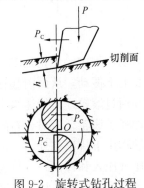

图 9-2　旋转式钻孔过程

这样，压入—回转切削—排粉的过程连续不断地进行，从而形成旋转式钻孔过程。

在软弱岩层或煤层中钻孔，一般采用旋转钻孔法。该方法的代表性机具是电钻。

9.1.3 旋转冲击式钻孔法

旋转冲击式钻孔法是旋转式和冲击式钻孔的结合，其过程如图 9-3 所示。旋转冲击钻孔时，钻头在回转切削的同时，既有轴压力 P 的作用，又有冲击力 P_D 和回转力矩 P_c 的作用。它与冲击式的区别在于钻头连续旋转，与旋转式的区别是增加了冲击作用。

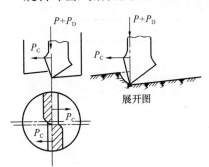

图 9-3　旋转冲击式钻孔过程

压入—回转切削—冲击—排粉，连续不断地进行，就构成了旋转冲击式钻孔过程。

旋转冲击式钻孔法适用于在硬岩中进行大孔径的钻孔作业。这种钻孔方法通常使用潜孔钻机。

9.1.4 滚压式钻孔

滚压式钻孔是以牙轮钻头的滚压作用破碎孔底岩石的，其作用过程如图 9-4 所示。凿岩过程中，钻机通过钻杆给牙轮钻头施以轴压 P，同时钻杆绕自身轴旋转，带动牙轮钻头绕钻杆做公转运动，而牙轮又绕自身轴做自转，即在岩石上形成滚动。

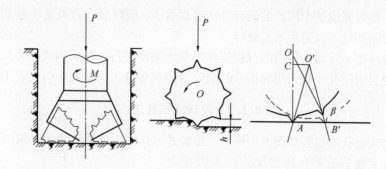

图 9-4 牙轮钻头滚压钻孔过程

在滚动过程中,牙轮是以一个齿到两个齿又到一个齿交替地滚压岩石,使牙轮的轴心上下振动,从而引起钻杆周期性地弹性伸缩,钻杆的弹性能不断作用于牙轮,并通过滚轮牙齿传递给岩石,引起作用处岩石破碎,同时钻杆振动引起的冲击又加强了滚轮牙齿对岩石的破碎。滚压作用后的岩屑在钻头上喷嘴喷出的压缩气体的作用下排出孔外。

滚压(压入和冲击)—排粉动作持续进行,直到完成钻眼过程。

在硬岩中进行大孔径钻眼时,一般采用滚压式钻孔法,牙轮钻机是滚压式钻眼法的代表机具。

上述四种钻眼方法都是利用机械力的作用,在岩石内产生应力使之破碎的方法,均属于机械法,与之相应的钻机类型如表 9-1 所示。

钻眼方法与相应钻机类型对照   表 9-1

钻孔方法	钻机名称	钻机形式	钻机重量
冲击式钻孔	风动凿岩机	手持式 气腿式 导轨式 向上式	<30kg <30kg 38~80kg 40~45kg
	电动凿岩机	水(气)腿式 架钻式	25~30kg
	液压凿岩机	导轨式	130~360kg
	内燃凿岩机	手持式	<30kg
旋转式钻眼	煤电钻	手持式	<18kg
	岩石电钻	导轨式 钻架式	35~40kg
	液压钻	导轨式	
旋转冲击式	潜孔钻机	架钻式 台车式	150~360kg 6~45t
滚压式钻眼	牙轮钻机		80~120t

注:架钻设备有台车、伞形钻架和环形钻架。

除了以上钻孔方法外，还有水射流钻孔、电水锤钻孔、超声波钻孔、激光钻孔、热能钻孔以及微波钻孔等多种钻眼方法，这些方法目前仍处于试验研究阶段。

§9.2 浅孔钻孔机具

浅孔钻眼机具的动力形式主要有：风动、电动、内燃、液压等。下面介绍几种常用的浅孔钻眼机具。

9.2.1 风动凿岩机的结构与工作原理

风动凿岩机是以压缩空气为动力的钻孔机具。按其支架方式可分为手持式、气腿式、向上式（伸缩式）和导轨式几种。

按冲击频率分，风动凿岩机可分为低频、中频和高频三种。冲击频率在2000 次/min 以下的为低频，2000～2500 次/min 为中频，超过 2500 次/min 的为高频。国产气腿式凿岩机，一般都是中、低频凿岩机，目前只有 YTP-26 等少数型号的为高频凿岩机。

气腿式凿岩机由于机身重量由气腿支撑，减轻了体力劳动，因而在岩巷包括一些铁路、公路或其他功用的隧道掘进中应用比较广泛。手持式凿岩机，因其操作人工体力消耗大，所以目前已很少使用。

与气腿轴线平行（旁侧气腿）或气腿整体连接在同一轴线上的凿岩机，称为向上式凿岩机，专门用于反井、煤仓和打锚杆施工。

导轨式凿岩机属于大功率凿岩机，其质量在 35kg 以上，配备有导轨架和自动推进装置。在巷道或隧道内钻眼时，需将导轨架、自动推进装置和凿岩机安设在起支撑作用的钻架上，或者与凿岩台车、钻装机配合使用；在立井内钻眼时，则与伞钻或环形钻架配合使用。

凿岩机的类型很多，但主机构造和动作原理大致相同。下面以 YT-23（7655）型气腿凿岩机为例介绍凿岩机的构造和工作原理。

TY-23（7655）型气腿凿岩机（其外形如图 9-5 所示）由柄体 1、缸体 2 和机头 3 组成，用两根螺栓 4 将它们组装在一起（图 9-6）。TY-23（7655）型气腿凿岩机的工作系统由冲击机构、转钎机构、排粉机构和润滑系统组成。

1. 冲击机构

YT-23（7655）型气腿凿岩机的冲击机构由气缸、活塞和配气系统组成。借助配气系统可以自动变换压气进入气缸的方向，使活塞完成往复运动，即冲程和回程。当活塞做冲程运动时，活塞冲击钎尾，将冲击功经钎杆、钎头传递给岩石，完成冲击做功过程，其工作原理如图 9-7 所示。

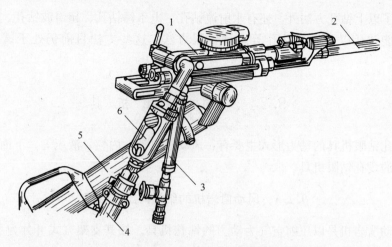

图 9-5   YT-23（7655）型气腿凿岩机外形图
1—凿岩机主机；2—钎子；3—水管；4—压气软管；5—气腿；6—注油器

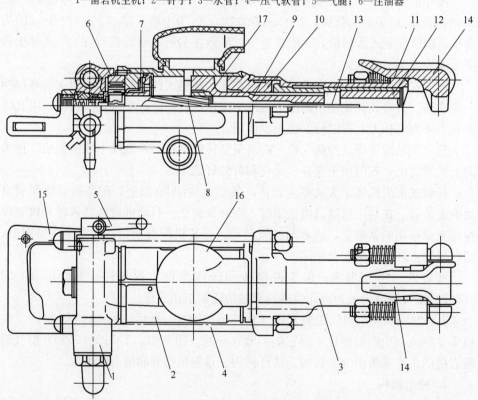

图 9-6   YT-23（7655）型凿岩机构造图

1—柄体；2—缸体；3—机头；4—螺杆；5—操纵阀；6—棘轮；7—配气阀；8—螺旋棒；9—活塞；
10—导向套；11—转动套；12—钎套；13—水针；14—钎卡；15—把手；16—消声罩；17—螺旋母

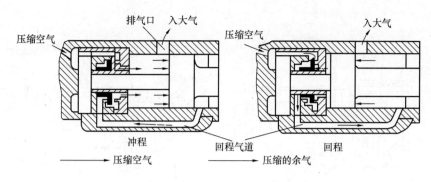

图 9-7 凿岩机冲击工作原理示意图

（1）冲程运动：压缩空气从操纵阀经气道进入滑阀的前腔再进入气缸的后腔施加于活塞的左端面，此时，活塞的右端即气缸的前腔与大气相通，所以，活塞左右两端面的压力不同，从而推动活塞自左向右运动，开始冲击行程。当活塞右端面越过排气口时，气缸前腔被封闭，前腔的余气受活塞压缩，被压缩的余气压力逐渐升高，并经回程气道至滑阀的后腔，使滑阀的左端面压力逐渐升高。当活塞的左端面越过排气口后，气缸后腔与大气相通，压缩空气突然逸出造成压力骤然下降，这时，作用在滑阀左端面上的余气压力大于右端面上的压力，滑阀被推向右运动，关闭了原来压缩空气的通道。同时，活塞冲击钎尾，结束冲程，开始回程。

（2）回程运动：当滑阀移至右端，封闭与气缸后腔的通路后，压缩空气将沿滑阀左端的气路经回程通路进入气缸前腔推动活塞做回程运动。当活塞左端面越过排气口，活塞将压缩气缸后腔的余气，使压力逐渐升高，并使滑阀右端面所受余气压力增高。当活塞右端越过排气口后，气缸前腔与大气相通，压缩空气突然逸出，压力骤然下降。这时作用在滑阀右端的压力高于左端的压力，从而推动滑阀向左端运动，封闭了回程气道的通路，回程结束，压缩空气又从滑阀右端进入气缸后腔，开始又一个冲程运动。

由此可见，活塞的往复运动是靠配气系统来实现的。配气系统是控制压缩空气反复进入气缸前腔、后腔的机构，它的形式主要有环阀配气装置、控制阀配气装置和无阀配气。前面介绍的是环阀配气装置，下面简单介绍一下其他几种配气装置。

（1）控制阀配气：控制阀配气装置主要应用在 YT-24 凿岩机上。它的特点是配气阀的换位是由压气推动的，这样，可以保证活塞走完全部冲程，但是，在缸体上要多加工两条控制气道，阀的加工也比较复杂，其工作原理如图 9-8所示。

冲程时，配气阀位于阀柜后方，压气经 1、2、3、5、6 进入气缸后腔，推动活塞前进。当活塞后端面打开控制气道 8 时，一部分压气经 8 进入气室 9 推阀向

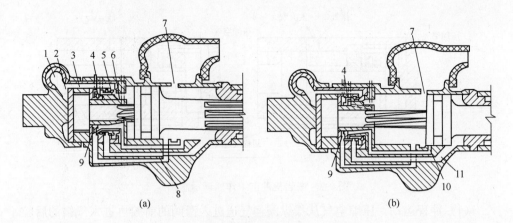

图 9-8　控制阀配气原理

（a）冲程；（b）回程

前换位。此时，活塞还继续前进使气缸后腔接通排气孔 7 并冲击钎子。

回程时，配气阀位于阀柜前方，压气经孔道 11 进入气缸使活塞后退。在活塞前端面打开控制气道 10 时，压气进入气室 4 推阀后移换位。

（2）无阀配气：无阀配气没有专用的配气阀，它利用与活塞连在一起的一段圆柱，随着活塞的移动来完成配气工作。其结构简单，能充分压气膨胀做功。这种凿岩机的活塞冲程较短，冲击频率较高，故钻速快、耗气少、效率高，但噪声及振动比较大，其工作原理见图 9-9。

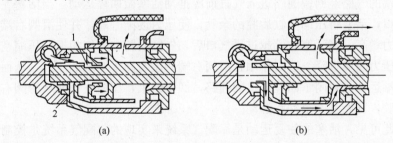

图 9-9　无阀配气原理

（a）冲程；（b）回程

冲程时，活塞及配气圆杆均位于后方，压气经气道 1 进入气缸后腔推活塞前进。当圆杆封闭住气道 1 时，后腔停止进气，依靠已充入气缸后腔的压气膨胀做功，使活塞继续前进并打开排气口，使后腔排气。此时，活塞靠惯性向前冲击钎子，同时配气圆杆打开进气道 2。

回程时，压气由气道 2 进入气缸前腔，推活塞和配气圆杆后退，陆续封闭气道 2，打开排气口，最终再打开气道 1，又进行下一个冲程运动。

2. 转钎机构

YT-23（7655）型凿岩机采用棘轮、螺旋棒，并利用活塞的往复运动经过转动套筒等转动件来转动钎子，其转钎机构如图 9-10 所示。该机构由棘轮、螺旋棒、活塞、导向套、转动套和钎套筒所组成。环形棘轮 1 的内侧有棘齿，棘轮用键固定在机体的柄体上。螺旋棒 3 的大头端镶有棘爪 2 并借助弹簧或压缩空气将棘爪顶在棘轮的棘齿上。螺旋棒上铣有螺旋槽与固定在活塞头内的螺旋母相啮合，活塞柄 4 上的花键与转动套 5 内的花键配合，转动套前端是钎套筒 6，钎套筒的内孔为六方形，六方形钎尾 7 插在套筒内。

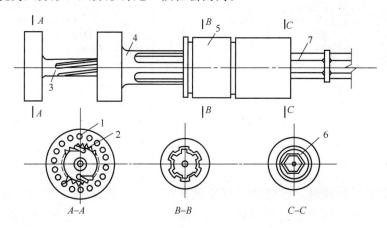

图 9-10 凿岩机转钎机构

1—环形棘轮；2—棘爪；3—螺旋棒；4—活塞柄；5—转动套；6—钎套；7—钎子

转钎机构的转钎动作：当活塞做冲程运动时，活塞做直线运动，带动螺旋棒转动。活塞回程时螺旋棒被棘爪卡住，迫使活塞回转，从而带动转动套筒、钎套筒和钎子转动。活塞每往复一次，钎子被转动一个角度，而且是在活塞回程时实现的。

除上述机构外，还有一种外棘轮式的活塞螺旋槽转钎机构，该机构常用于无阀凿岩机，其结构如图 9-11 所示。

这种机构在活塞锤上有 4 条直槽 6 和 4 条斜槽 3，直槽与转动套 7 咬合，斜槽与外齿轮 4 咬合。外齿棘轮与安装在机壳上的棘爪 5 组成逆止机构，使棘轮只能按图中实线箭头方向旋转，不能逆转。冲程时，活塞迫使棘轮转动，活塞不转。回程时，由于棘轮不能逆转，斜槽迫使活塞一面后退一面旋转，

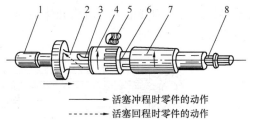

→ 活塞冲程时零件的动作

---→ 活塞回程时零件的动作

图 9-11 外棘轮式的活塞螺旋槽转钎机构

1—配气圆杆；2—活塞；3—活塞螺旋槽；4—外棘轮；
5—棘爪；6—活塞直槽；7—转动套；8—钎子

同时直槽推动转动套和钎子一起转动。

3. 排粉系统

为了消除排出的岩粉对人体的危害，我国规定钻眼工作必须采用湿式排粉。现代生产的凿岩机都配有轴向供水系统，并都采用风水联动系统，其系统如图 9-12 所示。

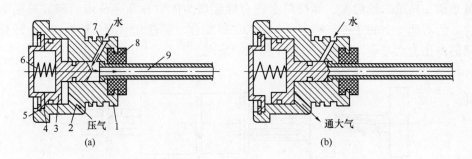

图 9-12   风水联动注水机构

1—大螺母；2—气道；3—注水阀；4—压盖；5—密封圈；6—弹簧；7—水道；

8—密封胶圈；9—水针

当凿岩机开动时，通到柄体气室的压缩空气除进入气缸推动活塞往复运动外，有一部分压缩空气经柄体端部大螺母 1 上的气道 2 进入注水阀右端面，克服弹簧 6 的阻力，推阀左移，开启水路，水经柄体上的给水接头经水道 7 进入水针 9。水针插入钎子的中心孔内，水经由钎子中心孔进入钻眼的眼底。注入的水有一定的压力与岩粉形成浆液后，从钎杆与钻眼壁之间的间隙排出孔外。

当凿岩机停止工作时，柄体气室无压缩空气，弹簧 6 推动注水阀后移，关闭水道 7，停止供水。

大多数凿岩机除有注水排粉系统外，还有强力吹扫炮眼的系统，其结构如图 9-13 所示。当将把手扳到强吹位置时，凿岩机停止运转也停止供水，这时压缩空气直接经缸体上的气道 2 和机头壳体上的气孔 3 进入钎子中心孔，经过钎子中心到达岩底，强力吹出岩粉。

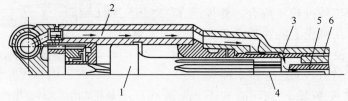

图 9-13   凿岩机强力吹扫系统

1—活塞；2—气道；3—气孔；4—水针；5—钎尾；6—六方套

4. 润滑系统

为使凿岩机正常工作，减少机件磨损，延长机件寿命，凿岩机必须有良好的润滑系统。现代凿岩机均采用独立的自动注油器实现润滑。注油器有悬挂式和落地式两种。悬挂式注油器悬挂在风管弯头处，容油量较小。落地式注油器放在离凿岩机不远的进风管中部，容量较大。它们的构造原理基本相同。悬挂式注油器构造及实物照片如图 9-14 所示。

国产手持式气动凿岩机、国产气腿式气动凿岩机、向上式气动凿岩机和国产导轨式气动凿岩机的技术性能分别见表 9-2、表 9-3、表 9-4 和表 9-5。

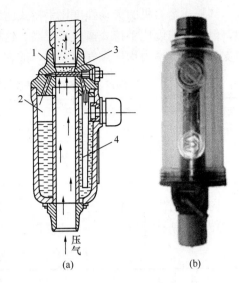

图 9-14 悬挂式注油器结构及实物照片
（a）注油器结构图；（b）注油器实物照片
1—气孔；2—油室；3—出油孔；4—输油管

国产手持式气动凿岩机的技术性能参数表　　　表 9-2

型　号	Y6	Y20	YH24	Y24	QY-30	YZ25
重量(kg)	6	18	24	24	23	24
耗气量($m^3 \cdot min^{-1}$)	≤0.57	≤1.5	≤3.0	≤3.0	2.4	2.9
钻孔直径(mm)	20	34～42	34～42	34～42	38～42	34～42
钻孔深度(m)	0.5	3	5	5	4	6
钎尾尺寸(mm×mm)	$\phi15\times88$	$\phi22\times108$	$\phi22\times108$	$\phi22\times108$	$\phi25.4\times30$	$\phi25.4\times30$
工作气压(MPa)	0.4	0.4	0.4	0.4	0.5	0.5
适用岩石	大理石 花岗岩	中硬以 上岩石	中硬以 上岩石	中硬以 上岩石	中硬以 上岩石	中硬以 上岩石

手持式凿岩机的冲击功和扭矩都较小，凿岩速度低，劳动强度大。钻孔直径以 40mm 以下为宜，最大钻孔直径可达 56mm；钻孔深度以 2～3m 为宜，最大可达 7m。适宜钻凿垂直或向下的斜孔，一般用于小台阶和小型地下硐室爆破钻孔。

国产气腿式气动凿岩机的技术性能参数表　　　表 9-3

型　号	TA24A	YT24	YT28	TA288
重量(kg)	24	24	26	27
耗气量($m^3 \cdot min^{-1}$)	≤4.7	≤4.0	≤4.9	≤4.9
钻孔直径(mm)	34～42	34～42	34～42	34～42
钻孔深度(m)	5	5	5	5
钎尾尺寸(mm×mm)	$\phi22\times108$	$\phi22\times108$	$\phi22\times108$	$\phi22\times108$
工作气压(MPa)	0.63	0.63	0.63	0.63

气腿式凿岩机的劳动强度比手持式凿岩机低，钻孔参数与手持式凿岩机相类似，但凿岩速度比手持式凿岩机要高。这类凿岩机的最大特点是凿岩过程中的定向支撑和施加推力均依靠气腿完成，适宜于钻水平或小倾角的炮孔。

国产 YSP45 向上式气动凿岩机技术性能参数表　　　　表 9-4

全长 (mm)	重量 (kg)	工作气压 (MPa)	耗气量 (m³·min⁻¹)	钻孔直径 (mm)	钻孔深度 (m)	推进行程 (mm)	钎尾尺寸 (mm×mm)
1500	45	0.63, 0.5, 0.4	≤6.8, ≤6.0, ≤5.5	34～42	6	720	$\phi22×108$

向上式凿岩机适宜打向上 60°～90°的炮孔。一般用于采场和天井(竖井)中的凿岩作业。钻孔深度 2～5m，孔径以 36～48mm 为宜。

国产导轨式气动凿岩机技术特征　　　　表 9-5

型号	YGP28	YG40	YG80	YGZ70	YGZ90
重量(kg)	30	36	74	70	90
长度(mm)	630	680	900	800	883
工作气压(MPa)	0.5	0.5	0.5	0.5～0.7	0.5～0.7
气缸直径(mm)	95	85	120	110	125
活塞行程(mm)	50	80	70	45	62
冲击频率(Hz)	≥45	≥27	≥29	≥42	≥33
冲技能(J)	80	≥100	180	≥100	≥200
耗气量(m³·min⁻¹)	≤4.5	≤5	8.5	≤7.5	≤11
扭矩(N·m)	≥30	38	100	≥65	≥120
使用水压(MPa)	0.2～0.3	0.3～0.5	0.3～0.5	0.4～0.6	0.4～0.6
钻孔直径(mm)	38～62	40～55	50～75	40～55	50～80
钻孔深度(m)	6	15	40	8	30
钎尾尺寸(mm×mm)	$\phi22×108$	$\phi32×97$	$\phi38×97$	$\phi25×159$	$\phi38×97$

导轨式凿岩机有两个特点：一是钻孔直径一般为 40～80mm，钻孔深度一般为 5～8m，最大深度 30m。二是凿岩过程中对凿岩机的支撑和施加推力，是依靠导轨和凿岩机上的单独动力机构完成。理论上讲，导轨式凿岩机可钻各个方向的炮孔，实践中要根据凿岩台车或支架的性能而定。

9.2.2　电动凿岩机的构造和工作原理

电动凿岩机是直接以电动机为动力，将电动机的旋转动作变为冲击或直接用电产生冲击破岩的凿岩机械。与风动凿岩机相比，它不需要功率较大的空气压缩机（包括辅助设备）和敷设管路，直接利用电能可节省动力，且噪声低、劳动条件好。缺点是冲击功小，钻速慢，操作时发热，零件寿命短。另外，电动机使用电压为 380V 的电源，安全性比较差。

电动凿岩机的结构形式有：偏心块式、活塞压气式、凸轮弹簧式和离心锤式等。由无锡煤矿电动钻岩机厂生产的 YD-2.2 型电动凿岩机采用隔爆型水冷式电动机，可用于煤矿井下，其结构为偏心块式，工作原理如图 9-15 所示。

YD-2.2 型电动机由冲击锤、偏心块、滑槽、棘轮、电动机及机体外壳等部分构成。电动机带动滑槽 1 旋转，滑槽内的滚轮 2 经其小轴 3 带动偏心块 4 和 5 绕冲击锤 7 的动轴 6 转动。偏心块转动时产生离心力 F，其分力 F_x 作用在冲击锤上，使它在缸套和导向套内做直线往复运动，滚轮 2 在

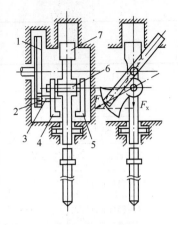

图 9-15　偏心块式电动凿岩机
工作原理

1—滑槽；2—滚轮；3—小轴；
4—主偏心块；5—偏心块；
6—动轴；7—活塞锤

滑槽 1 内滚动。冲击锤向下运动时，靠偏心块的离心力和冲击锤的惯性力产生动能打击钎子；向上运动时，产生的动能压缩缸套内气室的空气产生压气能。当冲击锤再次向下运动时，压气能转为膨胀功，用来加强冲击锤的冲击力。冲击锤每冲击一次，靠冲击锤上的螺旋槽及螺旋套，外棘轮等机构使钎子转动一个角度。国产电动凿岩机技术指标见表 9-6。

国产电动凿岩机的类型及技术指标　　　　　　　　　　表 9-6

技术特征	型　号			
	YD-2.2	YD-25(东风-25)	YD-31(东风-31)	YD-30
质量(kg)	30	25	31	30
凿眼直径(mm)	4.3	40	40	38
凿眼深度(m)	5	4	4	4
适用岩石(MPa)	60~100	60~100	60~100	60~100
冲击功(N·m)	>40	45	45	>45
冲击频率(次·min^{-1})	2800	2000~2100	2000~2100	2000~2100
扭力矩(N·cm)	>1000	1000	1000	≥1800
凿岩速度(mm·min^{-1})	—	180(f=8~10)	180	150(f=8~10)
钎杆转速(r·min^{-1})	—	230—270	230—270	140
功率(kW)	2.2	2	2	2.5

续表

技术特征	型　号			
	YD-2.2	YD-25(东风-25)	YD-31(东风-31)	YD-30
频率(Hz)	50	200	50	50
电压(V)	127	220	380	380
转速(r·min⁻¹)	2860	11400	2840	2840
隔爆性能	隔爆，水冷式	不隔爆，水冷	不隔爆，水冷	不隔爆，水冷
钎杆规格(mm)	B22 或 B25	B22	B22	B22
水管内径(mm)	13	13	13	13
冲洗钻杆水压(MPa)	0.2~0.3	0.2~0.3	0.2~0.3	0.3~0.5
外形尺寸 (长×宽×高)(mm)	570×380×230	600×245×200	700×270×200	678×267×170
支腿	水腿式 ST-140	气腿式	气腿式	手摇支架
最大长度(mm)	2880	2350	2350	—
最小长度(mm)	1680	1400	1400	—
最大推进力(N)	水压 0.8MPa， 1400N	—	—	—
附属设备	工农 36 型三缸活塞泵，电缆控制箱，六芯矿用隔爆插销	4kW、200Hz 发电机组，0.3m³ 空气压缩机	SDK-380/2-3 漏电控制箱，0.2m³ 回转式空气压缩机	SDK-380/2-3 漏电控制箱
制造厂	无锡煤矿电动凿岩机厂	浙江龙游探矿厂	浙江龙游探矿厂	江西宜春风动工具厂

9.2.3　煤电钻和岩石电钻的工作原理

1. 煤电钻

煤电钻主要用在岩石静态单轴抗压强度小于 30MPa 的软岩或煤层上钻眼，其扭矩和功率较小。煤电钻由电动机、减速器、散热风扇、开关和手柄等部分组成，其构造如图 9-16 所示。

煤电钻电动机采用三相交流鼠笼式全封闭感应电机，电压为 127V，功率为 0.9~1.6kW（多为 1.2kW）。减速器一般由二级外啮合圆柱齿轮构成。散热器

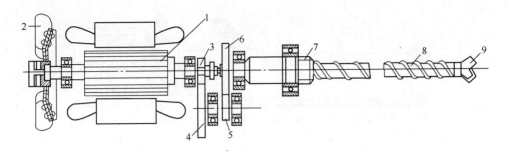

图 9-16　煤电钻结构

1—电动机；2—风扇；3、4、5、6—减速器齿轮；7—电钻心轴；8、9—钻杆、钎头

装在机轴后端与电机同步运转。电机通过减速后带动心轴转动，钎子插在心轴的插孔内，从而带动钎子转动。密封防爆型的外壳用铝合金铸造，在手柄上设有开关。

　　使用煤电钻时应保持推力均匀，开眼后将推进方向保持平直，不能歪曲别劲。如果工作时温升太高（大于 50℃）或声音不正常（有冲击声、摩擦声、接触不良产生的嗡嗡声等），均应停止使用，并送机修车间检修。钻眼完毕应拔掉防爆插头，并将电钻和电缆撤到安全地点，以免放炮时砸伤。钻眼时如果遇到坚硬物体（例如，煤层中的夹矸等），应放慢推进速度，以免电动机超负荷运转，使得升温过高甚至烧毁。

　　煤电钻工作时的轴推力全靠工人用手和胸部推顶产生，为了安全，在手柄和后盖上均包有橡胶绝缘包层。煤电钻润滑采用钙基润滑脂，维修时一次加足，使用中不需注油。

　　2. 岩石电钻

　　岩石电钻可在中等硬度（单轴抗压强度 $\sigma_c = 40 \sim 80 \text{MPa}$）岩石上钻眼，它的扭矩、功率比煤电钻大，要求施加较大的轴向推力。与冲击式凿岩机比较，岩石电钻的优点是：直接利用电能，能量利用效率高，设备简单，以切削方式破岩，钻速高，噪声低。

　　岩石电钻的构造原理与煤电钻基本相同，多采用 $2 \sim 2.5 \text{kW}$ 电动机，以保证有足够的旋转力矩，有效地切削岩石，此外由于要求轴推力大，需要有推进机构和架钻设备。

　　岩石电钻的推进机构有链条推进、钢丝绳推进、螺杆推进和液压推进等方式。钻架设备有框架、台车或钻装机等形式。图 9-17 为链条推进的岩石电钻的结构和传动系统，岩石电钻安装在导轨 2 上，通过导向链轮 7 在固定链条 4 上做前后运动。链轮的运动是由电动机经齿轮、蜗杆、蜗轮减速后，通过摩擦离合器来带动的。链轮可正转和反转，从而使电钻在导轨上前进和后退。整个岩石电钻连同推进机构可以装在框架上或放在台车上。

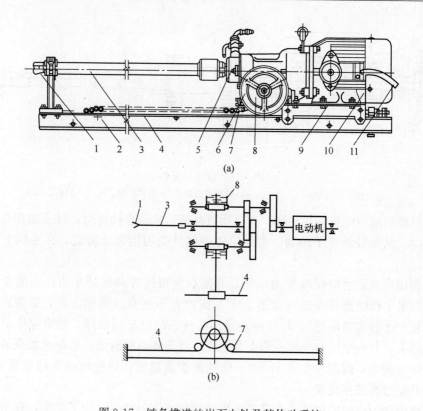

图 9-17 链条推进的岩石电钻及其传动系统

（a）岩石电钻；（b）传动系统

1—钻头；2—导轨；3—钻杆；4—链条；5—供水装置；6—手轮；7—导向链轮；
8—离合器；9—滑架；10—岩石电钻；11—电缆

常见国产煤电钻、岩石电钻的类型和技术指标见表 9-7。

电钻的类型和技术指标 表 9-7

技术特征	煤电钻			岩石电钻	
	MZ$_2$-12	SD-12	MSZ-12	DZ$_2$-2.0 风冷	YZ$_2$S 水冷
质量（kg）	15.25	18	13.5	40	35
功率（kW）	1.2	1.2	1.2	2	2
额定电压（V）	127	127	127	127/380	380
额定电流（A）	9	9.1	9.5	13/4.4	4.7
相数	3	3	3	3	3
电机效率（%）	79.5	75	74	79	78
电机转速（r·min^{-1}）	2850	2750	2800	2790	2820
电钻转速（r·min^{-1}）	640	610/430	630	230/300/340	240/260

技术特征	煤电钻			岩石电钻	
	MZ$_2$-12	SD-12	MSZ-12	DZ$_2$-2.0 风冷	YZ$_2$S 水冷
电钻扭矩(N·m)	17.6	18/26	17	—	—
外形尺寸 (长×宽×高)(mm)	336×318 ×218	425×330 ×265	310×300 ×200	650×320 ×320	625×260 ×300
推进速度(mm·min^{-1})	—	—	—	368/470/545	264/468
退钻速度(mm·min^{-1})	—	—	—		7.2/10.8
最大推力(N)	—	—	—	700	700
钻孔深度(m)				1.5~2	1.8
供水方式				侧向	侧向
推进方式				链条	链条
隔爆性能	隔爆	隔爆	隔爆	隔爆	隔爆
钻孔直径(mm)	38~45	36~45	36~45	36~45	38~42

注：表中电钻型号含义为：M——煤；Z——钻；S——手；D——电。

9.2.4 液压凿岩机的工作原理

液压凿岩机是一种以液压为动力的新型凿岩机。由于油的压力比压气压力大得多，通常都在 10MPa 以上，而且油有黏滞性，几乎不能被压缩也不能膨胀做功，并且可以循环使用等，使液压凿岩机的构造与压气凿岩机的基本部分既相似而又有许多不同之处。液压凿岩机也是由油缸的冲击机构、转钎机构和排粉系统所组成。

1. 冲击机构

液压凿岩机借助配油阀使高压油交替地进入活塞的前后油腔形成压力差，使活塞做往复运动。当高压油进入活塞后腔，则推动活塞做冲程运动，冲击钎尾；当高压油进入活塞前腔，则使活塞做回程运动。同风动凿岩机一样，液压凿岩机造成冲击动作的关键部位是配油阀，其种类主要有四种：独立的配油滑阀、套筒式配油阀、利用旋转马达驱动的旋转式配油阀、利用活塞运动实现配油的无阀式配油。

2. 转钎机构

液压凿岩机的转钎机构都是采用独立机构，由液压马达带动一组齿轮而带动钎子转动。

3. 排粉系统

液压凿岩机由于结构上的特点，无法使用轴向供水，只能采用侧向供水排除岩粉。在该系统中，钎尾上套有给水接头（套接头部分的钎尾断面为圆形），堵

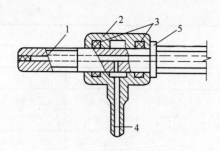

图 9-18 旁侧供水系统

1—钎尾；2—给水套（接头）；3—密封圈；
4—进水接头；5—钎肩

住钎尾中心孔，水不经凿岩机，直接由钎尾侧面经水孔进入钎子（图 9-18）。与风动凿岩机相比，液压凿岩机的主要优点如下：

（1）钻速提高 2～3 倍以上；

（2）噪声降低 10～15dB；

（3）工作环境改善，油雾水气消除了；

（4）可钻较深和大直径的炮孔。

国产液压凿岩机的主要技术指标见表 9-8。

国产液压凿岩机的主要技术指标   表 9-8

型号	冲击能 (J)	钎杆转速 (r·min⁻¹)	最大扭矩 (N·m)	冲击压力 (MPa)	冲击频率 (Hz)	炮眼直径 (mm)
YYG-80	150	0～300	150	10～12	50	＜50
GYYG-20	200	0～250	200	13	50	50～120
CYY-20	200	0～250	300	16（20）	37～66	＜50
YYG-250B	240～250	0～250	300	12～13	50	50～120
YYG-90A	150～200	0～300	140	12.5～13.5	48～58	＜50
YYG-90	200～250	0～260	200	12～16	41～50	＜50
YYG-250A	350～500	0～150	700	12.5～13.5	32～37	＜50
DZYG38B	300	0～300	500 或 750	15～21.5	40～60	65～125
YYGJ-90	—	0～250	300	16～18	44～64	＜50
YYGJ110	220～300	—	—	—	—	＜50
YYGK-300	130～220	0～300	240	16～20	42～62	＜50
YYGK-200	—	0～300	240	16～20	38～60	＜50
YYG120	—	—	200	15	36～55	＜50
YYG110	—	—	200	15～24	40～53	＜50
YYG150	—	—	550～1000	25	40～60	＜50
HYD200	200	200～400	300	14～16	34～67	27～64
HYD300	300	200～400	100～300	16～19	34～67	38～89

9.2.5 凿岩台车

凿岩台车是将凿岩机构、推进机构、定位装置等安装在机械底盘或钻架上进行凿岩的设备。

凿岩台车一般由行走部分、钻臂和凿岩机推进机构三部分组成。凿岩台车的行走部分有轨轮式、履带式两种。钻臂采用液压操纵，根据钻臂数量不同，有 1 臂、3 臂、4 臂、5 臂的台车。推进机构有风动马达丝杠推进方式、油缸钢绳推进方式等。

图 9-19 为国产 CGJ-2 型凿岩台车，台车上配有 2 台 YT-24 型凿岩机，两个钻臂为液压控制。钻臂铰接在转柱油缸 12 的上部耳环 a 点，推进器与钻臂前端 b 点铰接。转柱是一个螺旋副摆动油缸，可使钻臂绕转柱轴线左右摆动，摆角向内 30°、向外 40°。

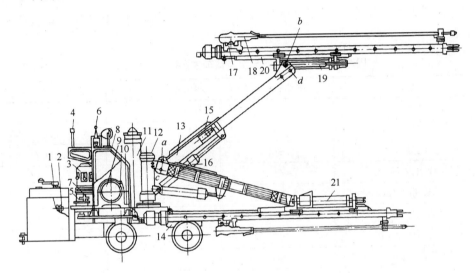

图 9-19　CGJ-2 型凿岩台车

1—行走控制器；2—电阻器；3—油泵风马达；4—多路换向阀；5—制动器；6—风阀；7—联轴器；8—操作台；9—电机；10—减速器；11—固定气缸；12—转柱油缸；13—钻臂；14—车架；15—俯仰角油缸；16—升降油缸；17—跑床；18—凿岩机；19—水平摆角油缸；20—补偿油缸；21—回转油缸

在转柱下部耳环上铰接有升降油缸缸体，其活塞杆端部与钻臂铰接，借助升降油缸可使钻臂上下摆动。钻臂上下摆动时，借助平行四连杆机构可使推进器保持平行升降，以保证钻眼的平行度。平行四连杆机构是由布置在钻臂内腔的俯仰角油缸 15、曲柄 bd、钻臂和转柱耳 ac 环构成的。俯仰角油缸的缸体与转柱上部耳环 c 点铰接，活塞杆与钻臂前端曲柄 d 点铰接。

推进器采用风动马达丝杠推进方式。风动马达带动丝杠转动，从而使跑床 17 和固定在其上的凿岩机沿导轨架移动。改变风动马达的转动方向，可使凿岩机前进或后退。调节风动马达转速可控制轴推力和推进速度。

借助水平摆角油缸 19 和俯仰角油缸 15，可使推进器水平摆动和绕钻臂前端

b 点垂直摆动，以适应转凿不同方向的炮眼的需要。补偿油缸 20 可使导轨架做前后移动。回转油缸也是一个螺旋副摆动油缸，可使推进器连同导轨架绕该油缸轴线翻转 180°，以适应钻凿巷道周边眼和底眼的需要。

台车以直流电动机驱动轨轮行走。凿岩时，可用制动器 5 刹住轨轮，同时利用压气使固定气缸 11 内的活塞杆伸出，支撑在巷道顶板上。台车上还配备有电气系统、液压系统、供水系统、行走系统和操纵台。

根据凿岩台车使用的场所不同，凿岩台车有露天凿岩台车和地下凿岩台车之分。按行走方式不同，露天凿岩台车分为履带式、轮胎式和轨轮式；按驱动方式不同，露天凿岩台车可分为气动凿岩钻车、全液压凿岩钻车、气液联合式露天凿岩钻车。国产全液压履带式露天凿岩钻车的主要技术性能参数见表 9-9。

国产全液压履带式露天凿岩钻车主要技术性能参数　　　　表 9-9

型号	TROC712-HC-00	TROC712-HC-01	TROC812-HCS-00
重量（kg）	29650	9900	10800
柴油机功率（kW）	104	104	125
行走速度（km·h⁻¹）	1.5/3.7	1.5/3.7	1.5/3.7
牵引力（kN）	75	75	75
离地间隙（mm）	370	370	370
履带调平范围（°）	±10	±10	±10
爬坡能力（°）	30	30	30
空压机最大工作压力（MPa）	0.8	0.8	1.05
正常工作压力（MPa）	0.7	0.7	0.95
空压机排气量（L·s⁻¹）	82.5（0.7MPa 时）	82.5（0.7MPa 时）	82.5（0.7MPa 时）
推进长度（mm）	4400	4400	4400
最大推拉力（kN）	13	13	20
凿岩机型号	COP1238ME		
凿岩机重量（kg）	150		
冲击频率（Hz）	40～60	40～60	40～60
回转速度（r·min⁻¹）	0～250	0～250	0～200
冲击压力（MPa）	12～24	12～24	15～25
钻孔直径（mm）	48～89	48～89	64～115
钎杆型号	R32，T38，T45	R32，T38	T38，T45

地下凿岩台车按照用途可分为掘进钻车、采矿钻车和锚杆钻车等。我国产掘进钻车和采矿钻车的主要技术性能参数分别见表 9-10、表 9-11。

国产 CMJ 系列掘进钻车主要技术性能参数 表 9-10

型 号		CMJ2	CMJ17	CMJ27
钻比数量(个)		2	2	2
使用巷道断面(宽×高)(m×m)		3×4	5.02×3.5	5.97×4.6
最小转弯半径(mm)		6000	6000	6000
工作状态稳车工作宽度(mm)		1900	1900	1900
重量(kg)		7200	7800	8500
钻孔直径(mm)		27~42	27~42	27~42
冲洗水压力(MPa)		≥0.6	≥0.6	≥0.6
钻孔深度(mm)		1500	2100	3000
使用钎杆长度(mm)		1975	2475	3350
凿岩机型号		HYD-300 液压凿岩机	HYD-300 液压凿岩机	HYD-300 液压凿岩机
电动机功率(kW)		45	45	45
推进器	类型特征	液压缸-钢丝绳	液压缸-钢丝绳	液压缸-钢丝绳
	推进方式	液压缸-钢丝绳推进	液压缸-钢丝绳推进	液压缸-钢丝绳推进
	总长度(mm)	3900	3900	3900
	推进行程(mm)	1500	2100	2500
	推进力(kN)	8	8	8
	推进速度(m·min⁻¹)	14.5	14.5	14.5
钻臂	类型特征	液压回转钻臂	液压回转钻臂	液压回转钻臂
	伸缩长度(mm)	1600	2400	2600
	推荐补偿行程(mm)	1500	1500	1500
	推进器俯仰角度(°)	俯105, 仰15	俯105, 仰15	俯105, 仰15
	摆动角度(°)	内15, 外45	内15, 外45	内15, 外45
	臂身回转驱动方式	马达-蜗轮蜗杆	马达-蜗轮蜗杆	马达-蜗轮蜗杆
	臂身回转角度(°)	正180, 反180	正180, 反180	正180, 反180
行走机构	行走方式	电动机-马达	电动机-马达	电动机-马达
	驱动机构形式	液压马达-履带	液压马达-履带	液压马达-履带
	行走速度(km·h⁻¹)	1.25	1.25	1.25
	爬坡能力(°)	±16	±16	±16
液压泵站	泵型号	MDB(A)-4×28.5FL-F	MDB(A)-4×28.5FL-F	MDB(A)-4×28.5FL-F
	工作压力(MPa)	21	21	21
	工作流量(L·min⁻¹)	160	160	160

国产 CTC14 系列采矿钻车主要技术性能参数   表 9-11

型号		CTC14AJ1	CTC14B
外形尺寸(长×宽×高)(mm×mm×mm)	运输状态	4700×1900×2300	4830×1810×2300
	工作状态	3860×1900×2700	3860×1810×2800
钻孔直径(mm)		50～80	50～80
最大孔深(m)		30	30
行走速度(km·h^{-1})		0.51	0.51
最小转弯半径(mm)		6000	6000
行走驱动功率(kW)		5.5×2	4×2
爬坡能力(°)		18	18
支臂起落范围(°)		20～95	20～95
支臂平移范围(mm)		1700	1700
推进器回转范围(°)		90	90
推进器推进力(kN)		13.7	13.7
推进器补偿长度(m)		0.72	0.72
滑架行程(m)		1.42	1.42
工作气压(MPa)		0.5～0.63	0.5～0.63
工作油压(MPa)		8--10	8～10
水压(MPa)		0.4～0.6	0.4～0.6
耗气量(L·s^{-1})		≤217	≤217
行走方式		气动马达驱动减速器	气动马达驱动减速器
配置的凿岩机		YG290	YG290

采用凿岩钻车既能比较精确地钻凿出一定角度、孔位和孔深的钻孔，又可以钻凿较大直径的中深孔、深孔，而且还能提供最优的轴推力。操作人员可以远离工作面，一人可操纵多台凿岩机，不仅明显改善作业条件，有利安全作业，而且钻孔质量高，并能显著提高凿岩效率。

凡是达到一定断面积的隧道和地下硐室均可采用凿岩钻车钻孔。掘进钻车主要用于矿山巷道和硐室的掘进以及铁路、公路、水工隧道等工程开挖的钻孔作业，有的掘进钻车还可用于钻凿采矿炮孔、锚杆孔等。采矿钻车是回采落矿进行钻凿炮孔的设备，配套的是重型、中型导轨式凿岩机，一般钻孔直径不大于 115mm。

§9.3 深孔钻孔机具

目前，露天深孔爆破的穿孔方法，除火钻外，均属于机械破碎。在机械破碎中，根据破岩原理不同，可分为滚压破碎、冲击破碎和切削破碎等。

露天穿孔设备的选择，主要取决于岩石性质、爆破规模和炮孔直径。

9.3.1 潜孔钻机

潜孔钻机的工作方式属于风动冲击式凿岩，它在穿孔过程中风动冲击器跟随钻头潜入孔内，故称潜孔钻机。潜孔钻机通常是把潜孔式凿岩机、推进装置、定位装置等安装在机械底盘或钻架上进行钻孔作业。

1. 潜孔钻机的种类及适用条件

露天爆破用的潜孔钻机按重量和钻孔直径分为轻型钻机、中型钻机和重型钻机。

（1）轻型钻机：轻型潜孔钻机 CLQ-80 型，适用于穿凿孔径 80～130mm、深 20m 的钻孔。

（2）中型钻机：主要有 YQ-150A 型和 KQ-150 型钻机，适用于穿凿孔径 150～170mm、深 17.5m 的钻孔。

（3）重型钻机：主要有 KQ-200 型，适用于穿凿孔径 200～220mm、深 19m 的钻孔；KQ-250 型，适用于大型露天矿山，可钻孔径 230～250mm、深 18m 的垂直炮孔。

2. 潜孔钻机的优缺点

（1）潜孔钻机的主要优点

1）潜孔冲击器的活塞直接撞击在钻头上，能量损失少，穿孔速度受孔深影响少，因此能穿凿直径较大和较深的炮孔。

2）冲击器潜入孔内工作，噪声小。

3）冲击器排出的废气可用来排渣，节省动力。

4）冲击力的传递不需经过钻杆和连接套，钻杆使用寿命长。

5）与牙轮钻机比较，潜孔穿孔轴压小，钻孔不易斜，钻机轻，设备购置费用低。

（2）潜孔钻机的主要缺点

1）冲击器的气缸直径受到钻孔直径限制，孔径越小，穿孔速度越低。所以，常用潜孔冲击器的钻孔孔径在 80mm 以上。

2）当孔径在 200mm 以上时，穿孔速度没有牙轮钻机快，而动力约多消耗 30%～40%，作业成本高。

国产潜孔钻机主要技术规格见表 9-12。

国产潜孔钻机主要技术性能参数　　　　表 9-12

型号	钻孔直径 (mm)	钻孔深度 (m)	工作气压 (MPa)	推进力 (kN)	扭矩 (kN·m)	压气用量 (m³·min⁻¹)
KQY90	80～130	20.0	0.50～0.70	4.5	—	7.0
KSZ100	80～130	20.0	0.50～0.70	—	—	12.0
KQD100	80～120	20.0	0.50～0.70	4.5	—	7.0
CLQ15	100～115	20.0	0.63	10.0	1.70	14.4
KQLG115	90～115	20.0	0.63～1.20	12.0	1.70	20.0
KQLG165	155～165	水平 70.0	0.63～2.00	31.0	2.40	34.8
TC101	105～115	20.0	0.63	13.0	1.70	15.5
TC102	105～115	20.0	0.63～2.00	13.0	1.70	16.8
CLQG15	105～130	20.0	0.4～0.63 1.0～1.5	13.0	—	24.0
TC308A	105～130	40.0	0.63～2.10	15.0	—	18.0
KQL120	90～115	20.0	0.63	—	0.90	16.2
KQC120	90～120	20.0	1.0～1.60	—	0.90	18.0
KQL150	150～175	17.5	0.63	—	2.40	17.4
CTQ500	90～100	20.0	0.63	0.5	—	9.0
HCR-C180	65～90	20.0	—	—	—	—
HCR-C300	75～125	20.0	—	3.2	—	—
CLQ80A	80～120	30.0	0.63～0.70	10.0	—	16.8
CM－220	105～115	—	0.70～1.20	10.0	—	20.0
CM－351	110～165	—	1.05～2.46	13.6	—	21.0
CM－120	80～130	—	0.63	10.0	—	16.8

3. 潜孔钻机工作原理

以 KQ-200 型潜孔钻机为例（图 9-20），钻机由钻具、回转供风机构、提升推进机构、钻架及其起落机构、行走机构以及供风、除尘等机构组成。

（1）行走机构：行走机构的履带 1 采用双电机分别拖动，行走传动机构 2 通过两条弯板套筒滚子链以传动左右两条行走履带。

（2）钻架起落机构：采用机械传动，钻架 8 通过钻架支撑轴 13 安装在机架前部的龙门柱上端，并利用安装在机棚上面的钻架起落机构 4，由两根大齿条 12 推拉钻架起落。齿条既作为起落架的推杆，又当作使钻架稳定地停在 0°～90° 中间任意位置上的支撑杆。当钻机行走时，可把钻架落下，平放在托架 5 上。

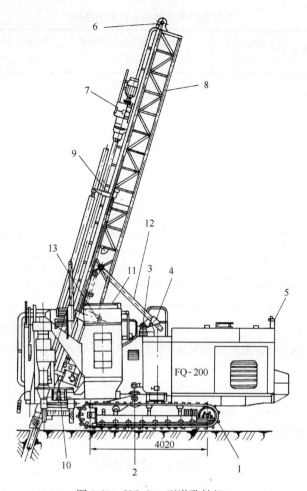

图 9-20　KQ-200 型潜孔钻机

1—行走履带；2—行走传动机；3—钻架起落电机；4—钻架起落机构；5—托架；
6—提升链条；7—回转供风机械；8—钻架；9—送杆器；10—空心环；11—干式除
尘器；12—起落齿条；13—钻架支撑轴

（3）钻具的推进与提升机构：通过两根并列的封闭链条 6 接在回转供风机构
7 的滑板上。当提升机构运转时，链条带动回转供风机构及钻杆沿着钻架的滑道
上升或下降，使钻具推进凿岩和提升移位。

（4）送杆器 9 安装在钻架左侧下半部，它的作用是接、卸副钻杆。当不使用
副钻杆时，将它放在钻架旁边的备用位置。钻架下端有空心环 10，是钻杆的轴
承，并在接、卸钻杆时用它把钻杆卡住。

4. 潜孔钻机生产技术参数

钻机生产能力主要取决于矿岩性质和工作风压。在风压为 0.5MPa 的条件
下，几种钻机生产能力指标见表 9-13。

几种国产潜孔钻机生产能力指标　　　　　　　　表 9-13

钻机型号	冲击器型号	钻头直径 (mm)	岩石静态单轴抗压强度 (MPa)	穿孔速度 (m·h⁻¹)	台班效率 (m·台班⁻¹)
CLQ-80	J-100 QC-100	110	60～80	$8\sim12$	40～50
			100～120	$5\sim7$	30～40
			120～140	$3\sim4$	20～30
			160～180	$2\sim3$	12～16
YQ-150A	J-150	155	60～80	$10\sim15$	60～70
	QC-150B	165	100～120	$6\sim8$	35～45
	J-170	175	120～140	$4\sim5$	25～35
	W-170		160～180	$2.5\sim3.5$	18～22
KQ-200	J-200	210	60～80	$12\sim18$	70～80
			100～120	$7\sim9$	40～50
	W-200	210	120～140	$4.5\sim6$	30～40
KQ-250	QC-250	250	160～180	$3\sim4$	20～25

　　潜孔钻机是一种大直径深孔钻孔设备。潜孔钻机的钻杆不传递冲击能，故冲击能量损失很少，可钻凿更深炮孔。同时，冲击器潜入孔内，噪声低，钻孔偏差小、精度高。

　　目前国内生产的潜孔钻机的最大直径为 180mm，最大钻孔深度达到 80m，形成了履带式、轮胎式、架柱式、胶轮式等类型，品种齐全，广泛用于地下采矿和地面石方开挖爆破工程中。目前国外的潜孔钻机最大直径已超过 300mm。

9.3.2　牙轮钻机

　　牙轮钻机的穿孔，是通过推压和回转机构给钻头以高钻压和扭矩，将岩石在静压、少量冲击和剪切作用下破碎的，这种破碎形式称滚压破碎。牙轮钻机是一种高效率的穿孔设备，一般穿孔直径为 250～310mm，少数为 380mm，并有向420mm 发展的趋势。目前，牙轮钻机广泛用于大型露天爆破。

　　1. 牙轮钻机的类型（表 9-14）

牙轮钻机的类型　　　　　　　　　表 9-14

分类方式	牙轮钻机名称
按加压传动方式	钢绳-液压式牙轮钻机
	封闭链-齿条式牙轮钻机
按钻机大小	轻型牙轮钻机
	中型牙轮钻机
	重型牙轮钻机

国产牙轮钻机在 20 世纪末形成了比较完整的两大系列产品：KY 系列和 YZ 系列，其中 KY 系列牙轮钻机机型有 KY-150、KY-200、KY-250、KY-310 型，钻孔直径 120～310mm；YZ 系列牙轮钻机机型有 YZ-12、YZ-35、YZ-55、YZ-55A 型，钻孔直径 95～380mm。部分国产牙轮钻机的性能参数如表 9-15 所示。

部分国产牙轮钻机主要技术性能参数　表 9-15

型　号	孔径 (mm)	孔深 (mm)	轴压力 (kN)	钻速 (m·min⁻¹)	装机容量 (kW)	自重 (t)	生产厂家
YZ-35D	250	18.5	350	0～1.33	470	95	衡阳重型
YZ-55A	310～380	19	600	0～1.98	560	150	机械有限
KY-250B	250	18	580	0～2	390	105	公司
KY-310	310	17.5	490	0～4.5	394	150	南昌凯马
KY-250C	250	18	400	0～2.5	500	105	有限公司
KY310	310	17.5	500	0～4.5	405	123	洛阳矿山
KY380	380	17.0	550	0～8.5	630	125	机械厂

2. 牙轮钻机的优缺点及选择

牙轮钻机的优点如下：

(1) 与钢绳冲击钻机相比，穿孔效率高 3～5 倍，穿孔成本低 10%～30%。

(2) 在坚硬以下岩石中钻直径大于 150mm 的炮孔，牙轮钻机优于潜孔钻机，穿孔效率高 2～3 倍，每米炮孔穿孔费用低 15%。

牙轮钻机的缺点如下：

(1) 钻压高，钻机重，设备购置费用高。

(2) 在极坚硬岩石中或炮孔直径小于 150mm 时，成本比潜钻机高。钻头使用寿命较低，每米炮孔凿岩成本比潜孔钻高。

牙轮钻机的选择必须与爆破规模、岩石性质、装运设备相适应，见表 9-16。

牙轮钻机选择　表 9-16

炮孔直径 (mm)	岩石硬度		
	中硬	坚硬	极硬
120～150	ZX-150 KY-150	KY-150	—
170～270	KY-250 YZ-35 45-R	YZ-35 45-R KY-250	YZ-35
270～310	60-R（Ⅲ） YZ-55	60-R（Ⅲ） KY-310 YZ-55	60-R（Ⅲ） KY-310 YZ-55
310～380	YZ-55 60-R（Ⅲ）	YZ-55 60-R（Ⅲ）	YZ-55 60-R（Ⅲ）

3. 牙轮钻机的工作原理

（1）钢绳-液压式牙轮钻机的加压和提升原理。如图 9-21 所示，钻具的加压和提升是通过双向作用的油缸 1、钢绳 2 和滑轮组 3 来实现的。钢绳 2 的末端 A、B 固定在杆端装置上。由于采用复式滑轮组，油缸活塞杆每推进 1m，加压小车 6 及钻具推进 3m。钻杆的回转是靠钻架上部的回转电机 7 带动减速器来实现的。

（2）封闭链-齿条式牙轮钻机的加压工作原理。如图 9-22 所示，封闭链条由主动链轮 7 驱动，链条带动回转机构上的大链轮 3 及跟大链同轴的小齿轮 4，小齿轮与固定在钻架上的齿条啮合，使回转机构沿齿条上下运动，以实现对钻杆的推压和提升。

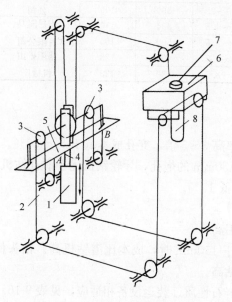

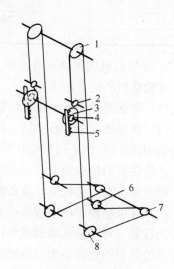

图 9-21   钢绳-液压缸式牙轮钻机
加压原理示意图

1—双向作用油缸；2—钢绳；3—滑轮；4—油缸
活塞杆；5—杆端装置；6—加压小车；7—回转
电动机；8—钻杆

图 9-22   封闭链-齿条式牙轮钻机
加压原理示意图

1—天轮；2—导向轮；3—大链轮；4—小
齿轮；5—齿条；6—张紧链轮；7—主动
链轮；8—底轮

（3）牙轮钻头的工作原理。如图 9-23 所示，牙轮钻头由牙爪、牙轮、轴承等部件组成。牙轮可绕牙爪轴颈自转，并同时随着钻杆的回转而绕钻杆轴线公转。牙轮在旋转过程中依靠钻压压入和冲击破碎岩石，由于车轮体的复锥形状、超顶和移轴等，使牙轮在孔底工作时产生一定量的滑动。牙轮齿的滑动对岩石产生剪切破碎。因此，牙轮钻头破碎岩石实际上是冲击、压入挖凿和剪切的复合作用。被破碎的岩屑用压风由钻孔的环形空间排到地表。另一部分风流则通过挡渣管和牙爪风道进入轴承各部，用以驱散轴承内的热量，清洗和防止污物进入轴承内腔。

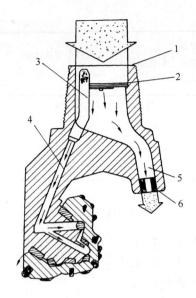

图 9-23　牙轮钻头风流系统图

1—进风口；2—逆止阀；3—挡渣管；4—冷却风道；5—排渣风道；6—喷嘴

4. 牙轮钻机生产技术指标

牙轮钻机生产能力主要取决于岩石性质和钻机工作参数。几种钻机的生产能力见表 9-17。

牙轮钻机生产能力　　　　　　　　　　表 9-17

岩石名称	岩石单轴抗压强度 (MPa)	钻机型号	钻头直径 (mm)	穿孔速度 (m·h^{-1})	生产能力 (万 m·台年$^{-1}$)	每米爆破量 (t·m^{-1})	爆破量 (万 t·台年$^{-1}$)
软到中硬：玢岩，蚀变千枚岩，石灰岩，风化闪长岩，混合岩，绿泥片岩，页岩	50～80	KY-150	150	30	5	—	—
		KY-250	220	26～45	5	140	700
		45-R	250	26～45	7.5	140	900～1100
中硬到坚硬：矽化灰岩，花岗岩，白云岩，斑岩，赤铁矿，安山岩，花钢片麻岩，辉绿岩	100～140	KY-150	150	15	3.5	—	—
		KY-250	250	18～25	4	100	400
		45-R	250	25～30	5	100～110	500～550
		60-R（Ⅲ）	310	25～30	6	100～110	600～660
坚硬岩石：灰色磁铁矿，细粒闪长岩，细晶花岗岩，致密含铜砂岩等	140～160	45-R	250	10～16	3	80	240
		KY-310	310	10～16	3.6	125	450
		60-R（Ⅲ）	310	10～16	4.5	125	563

续表

岩石名称	岩石单轴抗压强度（MPa）	钻机型号	钻头直径（mm）	穿孔速度（m·h⁻¹）	生产能力（万 m·台年⁻¹）	每米爆破量（t·m⁻¹）	爆破量（万 t·台年⁻¹）
极坚硬岩石：致密磁铁矿，致密磁铁石英岩，透闪石，钒钛磁铁	160～180	KY-310 60-R（Ⅲ）	310 310	6～8 6～8	2.5 3	80～90 80～90	210 250

9.3.3　伞形钻架（简称伞钻）

伞形钻架是立井掘进施工中应用最普遍的凿岩机。

1. 伞形钻架的类型及主要技术特征

伞形钻架的技术特征见表 9-18。

伞形钻架的类型及主要特征　　　　　表 9-18

技术特征	FJD-6 型	FJD-9 型	备注
支撑臂个数（个）	3	3	
支撑臂支撑范围①（直径）(m)	5～6.8	4.9～9.5	
动臂个数（个）	6	9	—
动臂工作范围：			
水平摆动角（°）	120	80	
垂直炮眼的圈径范围（m）	1.34～6.8	1.64～8.6	
配用凿岩机：型号	YGZ70	YGZ70	钎尾 25mm×159mm
数量（台）	6	9	
动力形式：	风动-液压	风动-液压	
油泵风马达型号	TJ8	TJ8	
功率（kW）	6	6	—
油泵型号	YB-A25C-FF	CB-C25C-FL	
油泵工作压力（MPa）	5	6	
推进器形式：	风马达-丝杠	风马达-丝杠	
推进行程	3	4	
推进风马达型号	TBIB-1	TM1-4	—
功率（kW）	1	4	
工作风压（MPa）	0.5～0.6	0.5～0.6	
工作水压（MPa）	0.4～0.5	0.4～0.5	
最大耗风量（m³·min⁻¹）	50	80	
收拢后外形尺寸：			—
高（m）	4.5	5	
外接圆直径（m）	1.5	1.6	
总质量（t）	5	8.5	

① FJD-6 型伞形钻架支撑臂加长后，支撑范围可达到 7.5m。

2. 伞形钻架的结构及动作原理

伞钻由中央立柱、支撑臂、动臂、推进器、液压系统和压气系统组成。现以图 9-24 所示的 FJD-6 型伞钻为例来介绍伞钻的结构和动作原理。

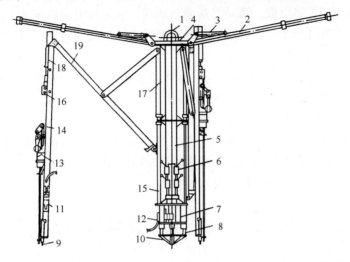

图 9-24　FJD-6 型伞形钻架

1—吊环；2—支撑臂油缸；3—升降油缸；4—顶盘；5—立柱钢管；6—液压阀；7—调高器；8—调高器油缸；9—活顶尖；10—底座；11—操纵阀组；12—风马达及油泵；13—YGZ-70 凿岩机；14—滑轨；15—滑道；16—推进风马达；17—动臂油缸；18—升降油缸；19—动臂

(1) 中央立柱：伞钻的躯干，它上面安装了 3 个支撑臂，6 个（或 9 个）动臂和液压系统。立柱钢管兼作液压系统的油箱。在立柱底盘上有 3 个同步调高器油缸，可在工作面不平时调整伞钻的高度。顶盘上的吊环和下端底座用来吊运、停放和支撑伞钻。

(2) 支撑臂：由三组升降油缸、支撑臂油缸组成，和立柱顶盘羊角座构成转动杆机构。由升降油缸将支撑臂油缸从收拢位置（垂直向下）拉到工作位置（水平向上 $10°\sim15°$），然后将中央立柱底座置于井筒中心，调整 3 个支撑臂油缸，调直立柱后，使其支脚牢固地支撑在井臂上。

(3) 动臂：在中央立柱周围对称布置 6 组（或 9 组）相同的动臂。动臂与滑道、滑块、拉杆组成曲柄摇杆机构。用动臂油缸推动滑道中的滑块，使动臂运动，从而使与动臂铰接的推进器做径向移动。此外，动臂能沿圆周转动，可使安装在推进器上的凿岩机在 $120°$ 扇形区域内凿岩。

(4) 推进器：在 6 个或 9 个动臂上分别装有 6 组（或 9 组）推进器，每组由滑轨、风马达、升降气缸、活顶尖等组成。

当动臂把推进器送到要求的位置后，升降气缸把滑轨放下，并使活顶尖顶紧在工作面上，以保持推进的稳定。滑轨上装风马达，带动丝杠旋转，丝杠与安装凿岩机的滑架螺母咬合，从而可使滑架连同凿岩机上、下移动。压气和给水系统，由安设在滑轨一侧的操纵阀组来控制。

（5）液压系统：由油箱、油泵、油缸、液压阀（包括手动换向阀、单向节流阀、溢流阀）和管路组成。风动马达驱动油泵。油泵打出的高压油，经各种阀到油缸，推动活塞进行工作。卸载后的油，经回油管流回油箱进行过滤，组成油路循环。

（6）压气系统：压气自吊盘经一根直径 100mm 的压气胶管送至分风器后，再用 6 条直径 38mm 的胶管分别接至各凿岩机操纵阀组的注油器上，另有一条 25mm 胶管接至油泵风马达的注油器上。

经操纵阀组的压气分成 5 路：1 路供推进风马达；1 路供升降气缸；另外 3 路接 YGZ-70 型凿岩机，供回转、冲击、强吹排粉用。

打完眼后，收拢伞钻，提至井口安放。

§9.4　凿岩方法与设备新进展

钻眼爆破依然是各类岩石巷道、硐室、隧道以及井筒等工程掘进和采矿落矿的主要方法。近年来，国内外在凿岩爆破方法与设备方面的新进展，主要表现在以下几个方面。

9.4.1　提出并不断完善的精细爆破理念

1. 精细爆破的定义和内涵

所谓精细化爆破，是指通过定量化的爆破设计、精心的爆破施工和精细化的爆破管理，进行炸药爆炸能量释放与介质破碎、抛掷等过程的控制，即达到预期的爆破效果，又实现爆破有害效应的控制，最终实现安全可靠、绿色环保及经济合理的爆破作业。同时，精细爆破又是以社会可持续发展理论、科学发展观和低碳经济为理论指导的，是其在工程爆破领域重要应用的体现。因此，精细爆破不仅仅是一种爆破工艺，更是一种关于爆破的新理念。

精细爆破的目标与传统的控制爆破一样，既要达到预期的爆破效果，又要将爆破破坏范围、建构筑物的倒塌方向、破碎块体的抛掷距离与堆积范围以及爆破地震波、空气冲击波、噪声和破碎物飞散等的危害控制在规定的限度之内，实现爆破效果和爆破有害效应的有效控制。但是，精细爆破所追求的目标比传统的控制爆破更高，其目的是使爆破过程和效果的可控度更高，有害效应更低，安全性更高，对环境的影响更小，经济效应更显著。

精细爆破是一种不断发展的理念，随着人们对爆炸作用过程和岩石爆破理论认识的不断提高和深入，以及相关技术的不断发展，精细化爆破的理论和实践将得到进一步的完善和发展，并对工程爆破技术的发展产生深远的影响。

2. 精细化爆破的技术体系

精细爆破不仅指爆破作用本身，更是一种理念，是一种系统工程和一种技术体系。精细爆破技术体系的内容包括：精细爆破的目标、精细爆破的关键技术、实现精细爆破的技术支撑条件、综合评价和监理体系。

1）精细爆破目标

精细爆破的目标：一是安全可靠，技术先进，辨别和控制危险源；二是绿色环保，控制爆破有害效应和减少对自然环境的不利影响，推动资源节约型和环境友好型社会的建设；三是经济合理。简而言之，精细爆破的目标就是确保安全，低成本、低消耗、低排放，保护环境。

2）精细爆破的关键技术

实现精细爆破的关键技术是定量化的爆破设计、精心施工和精细化的管理（实时监控和科学管理）。

定量化爆破设计的内容包括：

爆破设计的理论和方法包括：临近轮廓面的爆破设计原理和方法、爆破孔网参数与装药量计算、炸药选型的理论与方法、装药结构设计计算理论、起爆系统与起爆网路的设计方法和段间毫秒延期的选择等。

爆破效果的预测包括：给定地质条件和爆破参数条件下，爆破块度分布模型及预测方法；爆破后抛掷堆积计算理论与方法等。

爆破负面效应的预测预报包括：爆破影响深度分布的计算理论与预测方法、爆破振动和冲击波的衰减规律、爆破个别飞散物的抛掷距离计算等。

精心施工的内容包括：精确测量放样与钻孔定位；基于现场爆破条件的反馈设计与施工优化；精心装药、填塞、连网和起爆作业等。

实时监控与科学管理的内容包括：爆破影响深度的实时监测；爆破振动、冲击波、噪声和粉尘的跟踪监测与信息反馈；炸药与起爆器材性能参数的检测；爆破监控信息的及时反馈等。

科学管理的内容包括：建立考虑爆破工程类型、规模、重要性、影响程度和工程复杂程度等因素的爆破工程分级管理办法；爆破设计与施工的方案审查与监理制度；爆破技术人员的分类管理与培训制度；爆破作业与安全的管理与奖惩制度等。

3）实现精细爆破的技术支撑条件

实现精细爆破的技术支撑条件包括：新技术、新工艺、新材料和新设备，即"四新"技术。

9.4.2 岩石巷道安全高效掘进技术的发展

我国国有重点煤矿每年巷道掘进总进尺超过 800 万 m，在大力推广应用综掘设备进行煤巷掘进的同时，钻爆法依然是岩石巷道掘进的首选。提高岩巷钻爆法施工的机械化水平，尤其是研发相关凿岩的新技术、装备和工艺，是实现岩巷道安全高效掘进的基本保障。

我国在岩石巷道掘进技术方面的发展主要表现在：

1. 基于新型液压钻车的深部大断面巷道深孔爆破配套技术及装备的成功应用和实践

深孔爆破是深部大断面岩巷快速掘进的必然趋势，深孔掏槽技术和破岩机理的研究是关键，尤其是炮孔深度超过 2.5m 情况下，气腿式凿岩机已不适应安全高效掘进，全液压钻车将是钻爆法掘进的主要设备，尤其是钻支一体的新型液压钻车，以及基于新型液压钻车的深孔爆破技术装备的和与之配套的排矸运输设备的不断完善和发展，大大提高了岩石巷道快速掘进的装备水平。

2. 大断面巷道精细爆破及周边定向断裂控爆破机理的研究与应用

随着"节能减排"的观念深入人心，掘进断面和爆破药量不断加大，为减少围岩损伤，达到安全高效的目的，控制炸药能量释放的精细爆破及"绿色"爆破必将有更大的发展。如果周边控制爆破专用药卷能够得到推广，岩巷钻爆法的安全高效快速掘进将变得更容易。

3. 基于深孔预裂松动爆破的全岩掘进机掘进工艺的研究与应用

全岩掘进机的破岩机理与钻爆法相比具有先天的优势，更有利于实现岩巷的安全高效快速掘进。随着全岩掘进装备的不断发展，我国的大断面岩巷掘进已在神木、东胜等现代化矿区出现了综掘占主导的局面。在硬岩巷道施工中，辅助采用深孔预裂松动爆破，有利于实现大断面硬岩巷道的综合机械化掘进，为破解现阶段硬岩巷综掘机低效率的难题进行了有益探索，并取得了突破性成果。

4. 新型截割技术和破岩理论的研究与应用

随着控制技术、制造工艺、液压技术的发展，以及新型破岩方法的出现，利用滚压破岩原理以及将盘形滚刀破岩技术应用到综掘机上，能极大地提高掘进机截割硬岩的能力，使得悬臂式掘进机应用更广泛。

5. 综掘的自动化和遥控化研究与应用

综掘自动化研究的重点是掘进机自动控制系统。该系统应是推进方向监控、全功能遥控、智能监测、预报型故障诊断、记忆截割及数据远程传输等系统的总称。综掘自动化是建设数字化矿山的重要环节，通过数字化矿山建设，实现远程控制、可视化，真正实现综掘自动化、智能化，促进煤矿企业的安全高效发展。

6. 全断面硬岩掘进机（TBM）适应性研究

全断面硬岩掘进机是当今世界上公认的快速开挖隧洞的最有效的机具。现阶段岩石全断面掘进机虽然可连续作业，工序简单，施工速度快，但构造复杂、成本高，对掘进巷道的岩石性质和长度及断面均有一定要求。所以，其小型化是适应煤矿岩巷条件必然趋势。

9.4.3　凿岩装备技术的发展方向

破岩装备发展方向主要体现在设备的大型化、无轨化、高效化、液压化和自动化等方面。为了适应大型矿山的发展需要，提高每米炮孔爆破量和降低成本，露天钻机不断大型化。露天牙轮钻机的穿孔孔径将发展到 $500 \sim 600mm$，轴压力、功率和机重也相应加大。与大型凿岩钻机配套发展大规格、高气压潜孔冲击器及高气压钻头，发挥大孔径凿岩爆破的低成本、高效率的优势。

发展高效率的地下中深孔和深孔无轨采矿凿岩设备，形成系列产品以满足各种条件下的不同需要。发展采用液压凿岩机、水压凿岩机取代气动凿岩机，采用大型顶锤式液压钻机替代中深孔（气动）潜孔钻机。

在井巷掘进中发展中深孔无轨凿岩设备，以满足提高掘进速度的要求。发展机械式无损破岩装备，不断扩大其应用范围。

发展卫星定位实现露天炮孔精确定位系统、炮孔可编程控制系统、自动监测与诊断系统、遥控凿岩和智能防卡钻技术，以及能识别矿岩特性使钻机在最佳参数下作业的智能化钻机，发展凿岩机器人，实现凿岩循环自动化、智能化，达到自动开孔、自动定位与移位以及实现遥控操作等目标。

矿道断面感知技术、钻孔定位技术、智能钻进技术和岩层识别技术是智能化凿岩机器人的 4 个关键技术。以这些关键技术为支撑，我国中南大学承担的国家"863"智能机器人主题的"实用化隧道凿岩机器人"研发项目，在凿岩机器人机构、传感器系统、控制系统、控制方法以及实用性试验研究等方面做了许多有益的探索，所研制的 JSZY2-90M 门架式两臂隧道凿岩机器人样机，具有自动防卡钎、孔位自动引导与自动钻孔的功能，为实现矿井下安全、高效以及高精准度钻爆的智能化凿岩设备的研发和应用奠定了基础。

思考题与习题

1. 根据破岩机理，可将钻眼方法分为哪几类？其代表机具是什么？
2. YT-23（7655）型凿岩机的工作系统主要由哪几部分组成？
3. 冲击凿岩原理是什么？

主 要 参 考 文 献

1 中华人民共和国国家标准. GB 6722—2014 爆破安全规程 [S]. 北京：中国标准出版社，2014.
2 郭进平，聂兴信. 新编爆破工程实用技术大全 [M]. 北京：光明日报出版社，2003.
3 王文龙. 钻眼爆破 [M]. 北京：煤炭工业出版社，1984.
4 高尔新，杨仁树. 爆破工程 [M]. 徐州：中国矿业大学出版社，1999.
5 李夕兵. 凿岩爆破工程 [M]. 长沙：中南大学出版社，2011.
6 杨军，陈鹏万，胡刚. 现代爆破技术 [M]. 北京：北京理工大学出版社，2005.
7 冯叔瑜. 城市控制爆破. 第二版 [M]. 北京：中国铁道出版社，1996.
8 J. 亨利奇. 爆炸动力学及其应用 [M]. 北京：科学出版社，1987.
9 张云鹏. 爆破工程 [M]. 北京：冶金工业出版社，2011.
10 史雅语，金骥良，顾毅成. 工程爆破实践 [M]. 合肥：中国科学技术大学出版社，2002.
11 刘殿中. 工程爆破实用手册 [M]. 北京：冶金工业出版社，1999.
12 高全臣，张金泉. 煤矿爆破实用手册 [M]. 北京：煤炭工业出版社，2008.
13 汪旭光. 爆破设计与施工 [M]. 北京：冶金工业出版社，2014.

高校土木工程专业指导委员会规划推荐教材（经典精品系列教材）

征订号	书 名	定价	作 者	备 注
V16537	土木工程施工（上册）（第二版）	46.00	重庆大学、同济大学、哈尔滨工业大学	21世纪课程教材、"十二五"国家规划教材、教育部2009年度普通高等教育精品教材
V16538	土木工程施工（下册）（第二版）	47.00	重庆大学、同济大学、哈尔滨工业大学	21世纪课程教材、"十二五"国家规划教材、教育部2009年度普通高等教育精品教材
V16543	岩土工程测试与监测技术	29.00	宰金珉	"十二五"国家规划教材
V25576	建筑结构抗震设计（第四版）（附精品课程网址）	34.00	李国强 等	"十二五"国家规划教材、土建学科"十二五"规划教材
V22301	土木工程制图（第四版）（含教学资源光盘）	58.00	卢传贤 等	21世纪课程教材、"十二五"国家规划教材、土建学科"十二五"规划教材
V22302	土木工程制图习题集（第四版）	20.00	卢传贤 等	21世纪课程教材、"十二五"国家规划教材、土建学科"十二五"规划教材
V21718	岩石力学（第二版）	29.00	张永兴	"十二五"国家规划教材、土建学科"十二五"规划教材
V20960	钢结构基本原理（第二版）	39.00	沈祖炎 等	21世纪课程教材、"十二五"国家规划教材、土建学科"十二五"规划教材
V16338	房屋钢结构设计	55.00	沈祖炎、陈以一、陈扬骥	"十二五"国家规划教材、土建学科"十二五"规划教材、教育部2008年度普通高等教育精品教材
V24535	路基工程（第二版）	38.00	刘建坤、曾巧玲 等	"十二五"国家规划教材
V20313	建筑工程事故分析与处理（第三版）	44.00	江见鲸 等	"十二五"国家规划教材、土建学科"十二五"规划教材、教育部2007年度普通高等教育精品教材
V13522	特种基础工程	19.00	谢新宇、俞建霖	"十二五"国家规划教材
V20935	工程结构荷载与可靠度设计原理（第三版）	27.00	李国强 等	面向21世纪课程教材、"十二五"国家规划教材
V19939	地下建筑结构（第二版）（赠送课件）	45.00	朱合华 等	"十二五"国家规划教材、土建学科"十二五"规划教材、教育部2011年度普通高等教育精品教材
V13494	房屋建筑学（第四版）（含光盘）	49.00	同济大学、西安建筑科技大学、东南大学、重庆大学	"十二五"国家规划教材、教育部2007年度普通高等教育精品教材
V20319	流体力学（第二版）	30.00	刘鹤年	21世纪课程教材、"十二五"国家规划教材、土建学科"十二五"规划教材
V12972	桥梁施工（含光盘）	37.00	许克宾	"十二五"国家规划教材
V19477	工程结构抗震设计（第二版）	28.00	李爱群 等	"十二五"国家规划教材、土建学科"十二五"规划教材
V20317	建筑结构试验	27.00	易伟建、张望喜	"十二五"国家规划教材、土建学科"十二五"规划教材
V21003	地基处理	22.00	龚晓南	"十二五"国家规划教材
V20915	轨道工程	36.00	陈秀方	"十二五"国家规划教材

续表

征订号	书 名	定价	作 者	备 注
V21757	爆破工程	26.00	东兆星 等	"十二五"国家规划教材
V20961	岩土工程勘察	34.00	王奎华	"十二五"国家规划教材
V20764	钢-混凝土组合结构	33.00	聂建国 等	"十二五"国家规划教材
V19566	土力学（第三版）	36.00	东南大学、浙江大学、湖南大学、苏州科技学院	21世纪课程教材、"十二五"国家规划教材、土建学科"十二五"规划教材
V24832	基础工程（第二版）（附课件）	48.00	华南理工大学	21世纪课程教材、"十二五"国家规划教材、土建学科"十二五"规划教材
V21506	混凝土结构（上册）——混凝土结构设计原理(第五版)(含光盘)	48.00	东南大学、天津大学、同济大学	21世纪课程教材、"十二五"国家规划教材、土建学科"十二五"规划教材、教育部2009年度普通高等教育精品教材
V22466	混凝土结构（中册）——混凝土结构与砌体结构设计（第五版）	56.00	东南大学、同济大学、天津大学	21世纪课程教材、"十二五"国家规划教材、土建学科"十二五"规划教材、教育部2009年度普通高等教育精品教材
V22023	混凝土结构（下册）——混凝土桥梁设计（第五版）	49.00	东南大学、同济大学、天津大学	21世纪课程教材、"十二五"国家规划教材、土建学科"十二五"规划教材、教育部2009年度普通高等教育精品教材
V11404	混凝土结构及砌体结构(上)	42.00	滕智明 等	"十二五"国家规划教材
V11439	混凝土结构及砌体结构(下)	39.00	罗福午 等	"十二五"国家规划教材
V25362	钢结构（上册）——钢结构基础（第三版）	52.00	陈绍蕃	"十二五"国家规划教材、土建学科"十二五"规划教材
V25363	钢结构（下册）——房屋建筑钢结构设计(第二版)	32.00	陈绍蕃	"十二五"国家规划教材、土建学科"十二五"规划教材
V22020	混凝土结构基本原理（第二版）	48.00	张誉 等	21世纪课程教材、"十二五"国家规划教材
V21673	混凝土及砌体结构(上册)	37.00	哈尔滨工业大学、大连理工大学等	"十二五"国家规划教材
V10132	混凝土及砌体结构(下册)	19.00	哈尔滨工业大学、大连理工大学等	"十二五"国家规划教材
V20495	土木工程材料（第二版）	38.00	湖南大学、天津大学、同济大学、东南大学	21世纪课程教材、"十二五"国家规划教材、土建学科"十二五"规划教材
V18285	土木工程概论	18.00	沈祖炎	"十二五"国家规划教材
V19590	土木工程概论（第二版）	42.00	丁大钧 等	21世纪课程教材、"十二五"国家规划教材、教育部2011年度普通高等教育精品教材
V20095	工程地质学(第二版)	33.00	石振明 等	21世纪课程教材、"十二五"国家规划教材、土建学科"十二五"规划教材
V20916	水文学	25.00	雏文生	21世纪课程教材、"十二五"国家规划教材
V22601	高层建筑结构设计（第二版）	45.00	钱稼茹	"十二五"国家规划教材、土建学科"十二五"规划教材
V19359	桥梁工程（第二版）	39.00	房贞政	"十二五"国家规划教材
V23453	砌体结构（第三版）	32.00	东南大学、同济大学、郑州大学合编	21世纪课程教材、"十二五"国家规划教材、教育部2011年度普通高等教育精品教材